中国近代科普和科学教育研究丛书
霍益萍　金忠明　王伦信　主编

中国近代民众科普史

王伦信　陈洪杰　唐　颖　王春秋　著

科学普及出版社
·北　京·

图书在版编目(CIP)数据

中国近代民众科普史/王伦信等著. —北京:科学普及出版社,2007.9
(中国近代科普和科学教育研究丛书/霍益萍等主编)
ISBN 978-7-110-06679-9

Ⅰ.中… Ⅱ.王… Ⅲ.科学普及-历史-中国-近代 Ⅳ.N4-092

中国版本图书馆 CIP 数据核字(2007)第 139651 号

自 2006 年 4 月起本社图书封面均贴有防伪标志,未贴防伪标志的为盗版图书。

科学普及出版社出版
北京市海淀区中关村南大街16号 邮政编码:100081
电话:010-62103210 传真:010-62183872
http://www.kjpbooks.com.cn
北京正道印刷厂印刷

*

开本:787 毫米×960 毫米 1/16 印张:22 字数:370 千字
2007 年 9 月第 1 版 2009 年 1 月第 2 次印刷
印数:3801—7800 册 定价:35.00 元
ISBN 978-7-110-06679-9/N·87

**(凡购买本社的图书，如有缺页、倒页、
脱页者，本社发行部负责调换)**

本书为《全民科学素质行动计划纲要》起草阶段试点项目——“中国科协青少年科技创新人才培养项目”的终期研究成果。

策划编辑：徐扬科
责任编辑：谭建新
责任印制：李春利
封面设计：耕者设计工作室

科教联手的丰硕成果

（序一）

在世界科学技术迅猛发展、知识经济日益勃兴的今天，国家实力的增强、国民财富的增长和人民生活的改善无一不与科技的发展息息相关；科技竞争已成为国与国之间综合国力竞争的焦点。科技竞争关键在人才。它不仅需要数以千万计的专门人才和一大批拔尖创新人才，还需要具备基本科学素质的广大公民作为基础和支撑。在这种大趋势下，重视和强调创新，呼唤和凸显创新人才的价值，关注和着力提高全民科学素养，就成为政府、科技界和教育界乃至社会各界的重要任务。2003 年，经国务院批复同意，中国科协会同中组部、中宣部、教育部、科技部等单位正式启动了《全民科学素质行动计划纲要》（以下简称《纲要》）的制定工作。“科技教育、传播与普及”、“创新人才”、“全民科学素质”这三个有着密切联系的关键词，勾勒出这部《纲要》的中心内容。

作为一项建设创新型国家的基础性社会工程，《纲要》以尽快在整体上大幅度提高全民科学素质，促进经济社会和人的全面发展，为提升自主创新能力和综合国力打下雄厚的人力资源基础为目标，强调了提高未成年人科学素质在创新型国家发展战略中的重要性，突出了中小学科学教育发展的迫切性，特别提出“建立科技界和教育界合作推动科学教育发展的有效机制，动员高等学校、科研院所的科技专家参与中小学科学课程教材建设、教学方法改革和科学教师培训”，强调通过建立“科教合作”的有效机制，从制度上为科学教师的专业发展及中小学科学教育改革的实施提供保障。

俗话说，十年树木，百年树人，国民科学素质的养成是一个滴水穿石、涵养化育的长期任务。它既非三年五载可以完成，又需要从小抓起，从未成年人开始。随着义务教育的普及，未成年人主要的活动时间和地点在学校，负有教书育人职责的教师自然就成为决定未成年人科学素质的关键因素。对于广大教师来说，按照《纲要》的要求，从以往单纯围绕着教材、教参和习题的释疑解惑转向帮助学生“了解必要的科学技术知识，掌握基本的科学方法，树立科学思想，崇尚科学精神，并具有一定的应用它们处理实际问题、参与公共事务的能力”，是一个根本性的转变和有相当难度的自我跨越。科学教师亟须来自方方面面的帮助。那些创造并掌握了大量的科学知识，理解科学教育的本质，以科学方法的应用为职业习惯，其工作本身就崇尚、分享和体现着科学精神的科技专家，无疑是科学教师天然的、最好的合作伙伴。

中国科协青少年科技中心长期以来以组织开展青少年科技活动、提高青少年科学素质为己任，在链接青少年科技创新学习活动和社会丰富资源的平台上，一直是一个输送传递有效资源的二传手。在以往30年的时间里，中国科协与教育部、科技部等相关部门共同开展了“全国青少年科技创新大赛”、“明天小小科学家奖励活动”、“大手拉小手青少年科技传播行动”等一系列品牌活动。随着时代的变化和全社会对创新人才的呼唤，这样的品牌活动如何从单纯的选拔拓展到从培养到选拔的全程跟进，这是摆在我们面前的重大课题。恰逢《纲要》的起草把“科教合作”作为非常重要的举措提出，中国科协青少年科技中心结合多年的实际工作，在进行了比较广泛的调查研究基础上，试图在科技创新人才培育方面有一些新的突破。2002年7月，开始设计“中国科协青少年科技创新人才培养项目”，2003年1月项目正式启动。

创新人才培养项目的规划和实施凝聚了项目组人员的心血。它的构架是立体的、多方位的、可持续的，具有很大的拓展空间。从首席专家的聘任到实验学校的选定，从参与项目的科学家、大学教师、科研人员团队的组成到项目的阶段性规划，每推进一步都是一次新的尝试。期间，项目组完成了“全国青少年科技创新服务平台”（www. xiaoxiaotong. org）的建设，并在服务平台上专门开辟了为项目服务的“创新研究院”（www. xiaoxiao-tong. net）。项目实现了从理论到实践、从实践再到理论的螺旋式发展，服务平台进行了全程跟进服务。

把科技专家引进培训高中科学教师的课堂，看似简单，实非易事。科技专家需要实现从研究人员向培训师角色的转变，科学教师则要经历由一般意义上的教师到做好带领学生实践科技创新的导师的转变。这是两个比较大的转变，仅凭这两个群体自己的力量显然较难完成。作为二传手的中国科协青少年科技中心协调各方力量，发挥各方的优势，建立起科技专家和科学教师之间的纽带和桥梁。“科教合作”从单纯的科学家和科学教师两者之间的合作扩大为科学界和教育界多个相关部门和力量的整合，变成了一个全新的运作系统建构和运作机制的探索。所谓“科教合作”，关键在“合作”，即哪些合作方、多大合作面、什么合作内容和怎样合作等。“中国科协青少年科技创新人才培养项目”用五年的成功实践表明，科技界可以寻找更多与教育界合作的内容，在中小学科技教育改革、青少年科技人才的培养中扮演更重要的角色，发挥更大的作用。这正是这个项目的意义和价值所在。

一个项目的质量完全取决于一支好的团队。“中国科协青少年科技创新人才培养项目”由中国科协青少年科技中心和华东师范大学教育学系、河北大学网络中心、中科之源教育发展有限公司等单位共同合作完成。项目组由务实能干、富有培训经验、充满事业心和责任感的华东师大教育学系霍益萍教授担任执行组长（首席专家），来自不同地区和单位的几十位同志参与。五年中，项目组的同志团结协作、开拓创新，在各实验学校的大力支持下，做了大量开拓性的工作，很好地完成了既定的目标和任务。通过项目的实施，不仅形成了一个胜任高中教师培训的科技专家和学科教学专家团队，推动了学校科技创新活动的蓬勃开展，而且在理论研究方面也有一些新的突破。呈现给读者的这两套丛书就是项目组成员对相关领域内容思考、探索和研究的结果。

《“中国科协青少年科技创新人才培养项目”实验丛书》由《科教合作——高中科学教师培训新探索》、《在项目研究中和学生一起成长——十位教师及其学生的成长日记》两书组成。前者对项目实施情况及成效进行了总结和分析，后者展示了十位教师及其学生成长的心路历程。丛书从整体和个案两个方面将项目提升到一定的高度，展开了讨论和研究，用具体而实在的事例诠释了“科教合作”的意义和作用，具有很大的现实意义和理论价值。

《中国近代科普和科学教育研究丛书》由《中国近代民众科普史》、《中国近代中小学科学教育史》、《中国近代科学教育思想研究》和《科学家与中国近代科普和科学教育——以中国科学社为例》四本书组成。这是结合项目的实施，从历史角度所做的全新的挖掘和研究。它为从事科普事业的同志提供了弥足珍贵的历史借鉴，填补了这方面的一些空白。

特别值得提出的是：这两套丛书的作者，不仅有专家教授，有参与过培训的科学教师，还有因跟随霍益萍教授到培训现场实习而愿意从事科普和科学教育研究的研究生。这是项目的额外收获，由此组织起来的队伍无疑将进一步壮大“科教合作”、培育科技创新人才的阵容。

“中国科协青少年科技创新人才培养项目”作为《纲要》起草阶段的试点项目已经完成了它的使命。借此机会，向所有参加项目工作的单位、专家和同志，向各实验学校的校长和老师表示诚挚的谢意！在建设国家的进程中，全面落实《纲要》精神和完成“未成年人科学素质行动”的各项任务，仍是我们未来相当长时间的艰巨任务。我深信，“中国科协青少年科技创新人才培养项目”提供的经验和打下的基础，将有助于我们充满信心地走向未来！

牛灵江

2007 年 5 月

科技与教育：中国社会现代化的双子星座

（序二）

教育和科技是当今世界发展的两大基本力量。尤其是进入以知识经济为时代特征的21世纪，一个国家的综合实力越来越多地取决于科学技术的创新程度和全体国民的文化素质，换言之，一个国家的腾飞无一例外的需要插上科学和教育的翅膀。中国的科教兴国战略就是基于这样的背景提出的，因此，科学与教育犹如难以分离的双子星座，牵引着中国社会的现代化进程。

尽管如此，这一双子座在中国历史的星空中并非预示着完美的婚姻，常常呈现出对峙的状态，使其投射的光芒忽明忽暗。中国古代科学技术的发展曾取得辉煌的成果，但由于受传统价值观念的影响，科技在官方的正统学校教育中始终难占有一席之地。传统中国推崇教育，基本国策就是教育立国（建国君民，教学为先；化民成俗，其必有学），然而学校教育的内涵则主要包含伦理（修身）和政治（安国）两方面。

从中国的文化传统来看，治理社会的主流思想是儒家学说。儒家学者向来“重义轻利”，推崇“天人合一”，在其认识中不存在一个与主体无关的客观的自然界，这样人们的认识对象自然而然地就指向了作为主体的“人”自身。儒家学者通常进行的认知活动是自我反思而不是对客观事物的认识，强调正心、诚意，由此达于修身齐家乃至治国平天下。荀子说：“错人而思天，则失万物之情。”主张要“敬其在已者”而不要“谋其在天者”，明确反对舍弃具体的人事去思考抽象的形上之道。凡此等等，表现出对人文精神和实用理性的浓厚兴趣。在认识客观对象时，儒家要求一切以对人实用为标准，难以为现实政治服务的科学理论和技术被斥为“屠龙之术”。这种倾向体现在教育活动中则表现出强烈的功利主义色彩，也就是“务实”精神，其所务之“实”却只有“治国平天下”而已。

因此即使到了18～19世纪，当西方国家以科学技术为先导开始其工业化进程的时候，古老而骄傲的中华民族还自我封闭地沉浸在天朝大国的美梦之中。19世纪中叶两次鸦片战争的隆隆炮火开始将中国人震醒。此时知识界的少数精英才逐渐认识到：中国落后了！中国与西方列强的主要差距不仅仅在于后者拥有坚船利炮，更重要的是中国缺少那些隐藏在先进军事武器背后的近代科学与技术。于是17世纪来华耶稣会士所带来的“远西奇器”和天文数学知识，才被国人以近代的眼光加以理解，并与国运兴衰的思考结合起来，逐步汇聚成引进西学的呐喊，发展为联袂出国学习先进科技的留学潮，孕育了席卷全国的批判中国传统思想和构建新的民族精神的思想启蒙运动。从这个意义上说，一部中国近代史就是一部西方近代科学技术在中国被接纳、解读、传播和落户的历史。

伴随着西方近代科学知识的传入，在“教育救国”、“科学救国”等社会思潮的影响下，科学与教育（包括学校和社会两方面）逐渐结合起来。中国社会现代化的主题之一即为科学与教育的联姻。在此过程中，科学借助学校教育和社会教育，极大地丰富了中国人的知识观、价值观、人生观和世界观，改变了人们的思想方法；而教育借助科学，使知识传授的内容、形式和方法得到更新。

历史上，不同的科学观或教育观曾经对科学教育产生过不同的影响；对科学本质的不同理解，决定了为什么教、谁来教、教什么、在何处教、如何教、教的结果为何、有何保障措施等问题。中国社会现代化的过程也可视为走出传统的科学与教育分离的歧途，使科技与教育这两股力量整合为一的过程。在这一整合的过程中，科学教育的价值、主体、场所、内容、对象、方式、制度等都发生着巨大的变化。

一、科学教育的价值

中国古代的本土学术中，自然科学并未占有重要地位，科学技术发明总是被视为“形而下”的末流，乃至被贬为“奇技淫巧”而难登大雅之堂。中国古代也没有鼓励科学发展的制度和环境；尽收天下英才的知识分子选拔机制——科举制度也主要以“四书五经”等儒家经典知识或诗赋写作才能为主要标准，不涉及自然科学的内容。明清之际西方传教士利玛窦等人传来的西方文化事实上对中国文化的影响非常有限，而且很快就由于教皇的错误决策及清政府的外交政策而停滞。所以，自明末以来，中国知识分子对在西方兴起的近代科学几乎一无所知。直至清末，官员和知识分子对西方近代科学的认识才体现出由浅及深、由表及里、由现象到本质的渐进过程。对近代科学的认识由“技”上升到“学”的层面，一方面有利于打破中国士绅和各阶层人心中传统的中国中心观；另一方面有助于纠正国人心中对科学长期存在的误解，提升了科学在国人心目中的地位，转变对科学这种“泰西之学”的态度，有利于科学的进一步传播、启蒙。这个过程中，国人逐渐了解西学格致的真实面目，对科学的理解从肤浅外显的“器技”发展到“格致之学”；国人对来自于西方的科学技术的态度也逐渐从轻视、拒斥转向接受和学习。虽然在“夷夏之防”下科学教育和科学传播阻碍重重，科学教育和科学传播的

思想还是得到了较大发展，

维新时期的知识分子在前辈思想家认识的基础上，对近代科学的理解已大大加深，开始超越格致之学外在表现的作用，进而把握其内含的深层“命脉”，即严复所言：扼要而谈，不外“于学术则黜伪而崇真，于刑政则屈私以为公”而已。格致之学的命脉是“黜伪而崇真”，即“真”的原则。作为命脉，这个原则已不仅仅与那些“形而下之粗迹”相联系，同时具有了某种普遍的价值观意义。这种趋向普遍价值观意义的格致之学已不仅被视为器技之源，而且可以决定社会的安危，“格致之学不先，偏僻之情未去，束教拘虚，生心害政，固无往而不误人家国者”（严复）。清末引入的科学进化论，在被严复等人形而上化为贯穿天人、宰制万物的普遍之道的同时，赋予了它以自然哲学和政治哲学的双重涵义。

中日甲午战争后，国人在反思失败的原因时，再次把教育强国作为一项重要政策提出。在维新变法各项政策中，教育占了相当重要的地位。虽然戊戌变法在形式上失败了，但是不久，清政府迫于内外交困的压力而推行“新政”，其在教育方面的举措实际上延续了戊戌维新时所提出的思想和做法。这一时期，通过维新变法和清末“新政”在制度上的改革，如废科举以广学校、颁布新学制等，初步构建了促进科学教育发展的制度环境；已经接受和了解近代科学的新式知识分子所输入的知识和思想也进一步促进了科学教育在学校中的发展；教育学、心理学作为科学知识在学校教育中的引入和引用，也为教育科学化的兴起种下根苗。

晚清时期伴随西方舰炮而入的近代科学文化相对于中国延续了几千年的传统文化而言，具有鲜明的异质性。自甲午战争以后，近代科学在中国的传播过程中，中西文化彼此的浸渗与排斥、抵牾与融合一直没有停歇。对中国科学教育的发展和科学普及的进程来说，近代科学与中国文化融合的过程十分艰难。

在现代化过程中，人们对科学及科学教育价值的认识也在不断深化：科学具有双重价值——既有外在的实用价值，又有内在的精神价值，科学教育于国家，可以救亡图存，促进国家的繁荣富强；于个人，则可以改善生活，使个人获得幸福。科学教育于社会，可以转换人们的思维方式，改变社会思想观念；于个人，可以发达人的精神，促进个体精神的发展。

对科学精神的内涵，科学教育家作了深入探讨。任鸿隽一言以蔽之：科学精神者何？求真理是矣。在任鸿隽看来，科学精神主要就是求真精神，除此以外，他认为最显著的科学精神至少还有五大特征：①崇实。即“凡立一说，当根据事实，归纳群像，而不以称诵陈言，凭虚构造为能。”②贵确。即于事物之观察，当容其真相，“尽其详细底蕴，而不以模棱无畔岸之言自了是也。"③察微。所谓"微"，有两个意思：一是微小的事物，常人所不注意的；一是微渺的地方，常人所忽略的。科学家于此，都要明辨密察，不肯以轻心掉过。④慎断。即不轻于下论断，"科学家的态度，是事实不完备，决不轻下断语；迅率得到结论，无论他是如何妥协可爱，决不轻易信奉。"⑤存疑。"慎断的消极方面——或者可以说积极方面——就是存疑。慎断是把最后的判断暂时留着，以待证据的充足，存疑是把所有不可解决的问题，搁置起来，不去曲为解说，或妄费研究。"这五种科学精神"虽不是科学家所独有的，但缺少这五种精神，决不能成科学家。"①

科学知识、科学方法特别是科学精神的传播，使近代意义上的科学观在中国得到确立。新的世界观改变了近代以来中国人视科学为制造器用的技术或为一种新型的社会哲学的片面认识。科学开始影响和支配人们的世界观与人生观。

五四新文化运动催生了近代科学家的集体亮相，促进了科学家自身社会角色意识的群体觉醒。在当时社会的大舞台上，自然科学家们与陈独秀、李大钊等人文、政治学者一道发起了一场伟大的思想启蒙运动，将"赛先生"作为与"德先生"并提的救国良方请进中国。相对于人文学者较多地集中于对中国传统文化和纲常名教的猛烈批判，科学家们则更侧重于对科学真谛的阐述。我国第一代科学家是在纯粹欧美模式的科学教育体制中完成他们的科学家角色化过程的。多年的留学生涯，使他们对建立在资本主义市场体制和西方理性文化传统基础之上的近代科学有着比常人更为深刻和真切的了解，因而也比其他人更能洞见科学的本质。围绕着"什么是真正的科学"这个主题，他们著书立说、唱和阐发，系统地回答了科学的本质，科学的社会功能，科学知识、科学方法和科学精神的关系以及科学的文化意蕴和文化影响等问题。

五四新文化运动以科学与民主为号召，广泛而深远地影响着中国社会历史进程。"民主"是一个与"专制"相对立的概念，中国社会政治传统的本质是专制，而儒家礼教（特别是经汉儒董仲舒改造后的礼教）的特点是"纲常名教"，是君对臣、父对子、夫对妻的绝对权威。在这种政治传统和礼教下，处于被统治地位的人没有独立的人格，不允许有独立的认识和见解，不允许对权威有丝毫的怀疑，对事对物只讲"服从"和"接受"，而这一切都恰好与科学精神——"探究"与"怀疑"背道而驰。新文化运动呼唤民主，折射到科学教育中就是要求教师和学生都要有独立平等的人格，教师和学生

① 任鸿隽：《科学智识与科学精神》。见：《科学救国之梦——任鸿隽文存》，上海科技教育出版社 2002 年版，第 359 页。

都可以对专家、对权威提出质疑，教师应该允许学生通过实验、探究获得真知。如果说专制时代的礼教是禁锢思想的“牢笼”的话，新文化运动提倡“民主”的功绩正在于打破这个无形的“牢笼”，解放师生的思想，让师生不再被权威束缚手脚，敢于“探究”、敢于“怀疑”，而这恰与科学教育的精神相契合。

科学教育家强调的科学教育，包括科学知识的获得、科学方法的掌握、科学精神的养成三部分，其中科学方法的掌握重于科学知识的获得，而其目的又是为了养成科学精神。可以说新文化运动中对“科学”的呐喊，究其实质是对科学教育内涵的深化，这一深化正触及了科学教育的实质。

新文化运动呼唤的“民主”与“科学”解放了科学教育工作者的思想，深化了他们对科学教育内涵的认识，促使他们将关注的焦点转向对科学教育方法的研究和改良，对科学教育中动手和实验的作用——养成探究习惯、培养科学精神的高度重视。中国人接触、认识、了解、传播近代科学的过程，既是一个由“技”向“道”转化的过程，也是不断强化并彰显科学教育价值的过程。从作为近代文化内容的科学在中国传播的过程来看，正体现了这样的特征和发展轨迹。

二、科学教育的主体

在和西方传教士合作翻译“西书”的过程中，涌现出徐寿、徐建寅、华蘅芳、李善兰、管嗣复、张福僖等若干自学成材的科学先驱；在清政府派遣的留美幼童和留欧学生中，成长起日后活跃在工程、电信、制造诸领域的詹天佑、周万鹏、朱宝奎、蔡绍基、郑廷襄、魏翰、郑清廉、林怡游、罗臻禄、林庆升等一群科技新秀；1896年开始的“留日”大潮则哺育了一批更为年轻懂得“西艺”的学生。这三个层次的新人才构成了中国近代科学家的早期群体，也初步构成了中国近代科学教育及传播事业的主体力量。

与其他国家的科学家一样，中国科学家从一开始出现，就承担着科学世界的探索者，高校科学教育的主事者和科学普及传播潮中的领航者角色，可以说集研究、教学、服务三者于一身。不同的是，中国科学家在担纲上述三种角色时，始终让人感到充溢在其内心的强烈的爱国热情和矢志不渝的科学救国理想。这是中国近代科学家（包括科学教育家）特有的群体特征。这个特征的形成，既是“国家兴亡，匹夫有责”等中国传统文化熏陶的结果，也与内忧外患、国破家穷等民族危机的刺激有关，还得益于他们对科学技术对经济发展和社会进步的作用的认识。因此，近代科学家群体从它形成的那天起，在关注科学发展的同时，也特别关注科学与社会进步的关系、科学与民族素质提高的关系。他们把向国人传播科学和进行科学文化启蒙视为自己的责任，自觉地用自己的学术专长报效祖国。

人，既是科学知识和科学教育的创新者，也是传播者或接受者。科学教育思想的产生和发展同样离不开人的因素。所谓“思想”，即：“客观存在反映在人的意识中经过思维活动而产生的结果或形成的观点。”（《汉语大词典》）可见，科学和科学教育的主张必须被人接受，并经过人的大脑思维活动，内化成为自身的观点才可称其为这个（种）人的思想。当持有某种共同思想的人的数量达到一定社会规模时，这种思想就会发展成为一种社会思潮——在一定时期内反映一定数量人的社会政治愿望的思想潮流。

清末科学教育思想的发展，与持有和主张科学教育思想的人的数量增加是密不可分的。甲午战争以前，倡导、接受和传播近代科学的新知识分子群体在人数和力量上十分有限。在清末科学教育发展过程中，新旧知识分子的人数比例在不断变化之中，前者不断增加，后者逐渐减少。尤其在科举制度被废除以后，新式学校教育得到空前发展，传统旧学教育不断萎缩，两个群体在力量对比上出现了根本的转化。到 1909 年，光是新式学堂在校学生的数量就已经达到 1639641 人①。这种人员力量的对比转化，为形成科学教育的主体力量打下了坚实的基础。

近代意义上的科学教育是从西方传入中国的，也就是说，在近代以前中国没有正式的科学教育，也没有科学教师，儒士和“八股取士”制度下的文人都不能担当起科学学科教师的重任。普通中小学的科学教育正式诞生以前，中国的教会学校和洋务学堂虽然培养了一批略通西学的新式知识分子，但只是杯水车薪，无法满足当时社会对科学教师的庞大需求。当时举办新式教育的人物几乎都持有一种看法，那就是欲多设学堂，难处有二，一是“经费巨”，二是“教员少”，而“求师之难，尤甚于筹费”。② 所以从兴学之始，清政府就比较关心科学各学科门类教师的引进和培养。所谓“引进”，是指延聘外籍教师。当时各级各类学校曾聘请过多国科学学科教习来我国任教，其中尤以日本教习为多。中日甲午战争后，中国教育取法日本模式，一些新式教育机构几乎都聘请过日本教习。直到 20 世纪初，其时主办新式教育的政要们大多认为“教习尤以日本为最善”。因此日本教习来华者日益增多，以致高峰期达到五六百人。从整体上看，来华的日籍教师所担任的课程，几乎是中国学堂内全部的“西学”内容。

日本教习在新式学堂中所占比例在 1906 年后逐年下降。日本教习在中国新式学堂中所占比例下降的原因与他们自身素质和日本国的相关政策有关，

① 陈景磐著：《中国近代教育史》，人民教育出版社 1983 年版，第 271 页。

② 张之洞，刘坤一：《江楚会奏变法第一折》，1901 年《教育世界》（第 10 号），第 10 页。

但中国各种师范学堂的迅速发展培养了许多新式人才，留学学生特别是留日学生回国投入新式教育事业也是其中的重要原因。近代中国留学教育的兴起是近代中国政治、经济、文化等方面发展的必然结果，对近代中国产生了深刻的影响。它是中国近代开明知识分子谋求进步、振兴民族的重要体现，极大地推动了中国近代化进程。近代留学教育对中国近代社会走向近代化所起的推动作用是巨大的，如近代教育家舒新城所说："戊戌以后的中国政治，无时不与留学生发生关系，尤以军事、教育、外交为甚"。① 其中尤其是留学归来的科技人才。他们归国后，对中国的科学研究、科学教育、科学传播、科学文化事业起了巨大的推动作用。这些科技人才是中国近代科学事业的发起者和推进者，无论在科学思想还是在科学研究、科技进步、科学传播方面，他们都建立了不可磨灭的功勋。舒新城在论及留学生对近代中国的影响时说："留学生在近世中国文化上确有不可磨灭的贡献。最大者为科学，次为文学，次为哲学。"②

"五四"以后大批留学生回国，科学家逐渐成为我国高等学校科技教师队伍的主要来源和基本力量。如1921年时的东南大学共有222名教授，其中外籍教授仅16人，留学归来任教者为127人，占57%多。③ 再如上海交通大学1917年时有教员37人，其中外籍教师10人；1928年时学校有教员54人，其中无一名外国教习，留学生占29人。④ 自此我国高校科技师资匮乏和教师队伍结构不合理的历史难题终于得以解决。高等学校科学教育彻底结果了长期以来不得不"借材外域"和受外人操纵的局面。

同时，科学家承担着译介和传播科学知识的职责。参与英国科学家汤姆生（John Arthur Thomson，1861～1933）著作的科普读物《汉译科学大纲》的22位译者都是科学家。他们是：胡明复、秉志、竺可桢、任鸿隽、张巨伯、胡先骕、钱崇澍、陈桢、过探先、陆志韦、胡刚复、唐钺、王琎、孙洪芬、杨肇燫、熊正理、杨铨、徐韦曼、段育华、朱经农、俞凤宾、王岫庐。其中，胡明复、胡先骕、钱崇澍、陆志韦、胡刚复、秉志、任鸿隽、王琎、竺可桢、唐钺、杨铨均为中国科学社社员，大部分都曾留学欧美，在"科学救国"的感召下回国从事科学研究和科学传播工作。与初期科普读物作者以传教士为主体不同，这一时期科普读物作者以科学家和教育家为主。中国出现了第一代科普作家，他们创作了不少优秀的、适合广大青少年和工农大众阅读的科

① 舒新城：《近代中国留学史》，上海文化出版社1989年影印本，第212页。

② 舒新城：《近代中国留学史》，上海文化出版社1989年影印本，第212页。

③ 《东南大学史（第一卷）》，东南大学出版社1991年版，第127页。

④ 《交通大学校史资料汇编（第一卷）》，西安交通大学出版社1986年版，第194～200页。

普读物。

科学教育主体力量的不断增长，不仅表现在从事科学教育的人数增多，还表现为科学家队伍的凝聚集结。从国内来说，1913 年詹天佑任会长的中华工程师会成立；1915 年中华医学会成立；1917 年中华农学会成立。而在国外，1915 年，一批富有爱国热忱的美国康奈尔大学中国留学生发起成立了"中国科学社"。1918 年后随着中国科学社搬迁国内和大批留学生陆续学成归国，近代科学家队伍开始形成。①

近代科学家通过科学社团来集合科学家的群体力量，从而大大扩展了科学教育的规模和影响力。20 世纪 20 年代以后，随着国内新专业、新学科的建立和科学家人数的增加，各个专业领域科技团体的数量也不断增加。据何志平等人编辑的《中国科学技术团体》一书显示，民国时期（不含革命根据地）共有科学技术团体 117 个，其中 1922 ~ 1929 年成立的有 23 个，1930 ~ 1939 年成立的有 64 个。② 和西方学术团体主要承担"指导、联络、奖励"的学术评议功能不同，中国科技社团的设立宗旨一般为提倡科学研究、开展科学普及和促进科学应用三方面，科普构成了近代科学社团活动的重要组成部分。当时各社团的科普活动一般通过这样一些途径和方式来进行：发行科技刊物；编写科普读物；在报纸上编辑"科学副刊"；举办科学讲演和科学展览；放映科学电影；开展科学调查、考察等。

在我国近代科技期刊中，由科学团体创办的期刊也很多，如中国科学社、中国农学会、中国工程师学会、中国气象学会等都创办了多种期刊，成为我国近代科技期刊的主要创办群体。此外，政府机关也创办了一些科技期刊，但这些期刊的数量相对较少。从时间上来看，1910 年之前，我国的科技期刊大多由出版社、译书局和学堂承办，甚至有些期刊是由个人创办和经营的。1910 年之后，科技期刊的创办者越来越专业化，专业性的学术团体成为科技期刊的主要力量。从创办团体来看，由高校承办的期刊达 100 余种，高校知识分子和科研团体成为我国近代科技期刊的主要创办者。我国科技期刊在 20 世纪 20 年代之后逐渐增加，一个重要的推动因素便是我国高等学校的数量在不断扩充，相应的研究机构在不断增加。

三、科学教育的场所

近代科学教育的核心场所是学校，尤其是高等学校，此外还包括科技馆、图书馆、博物馆、民众教育馆等。学校在推进科学教育方面起着引领作用。

---

① 路甬祥：《中国近现代科学的回顾与展望》，载于《自然辩证法研究》2002 年第 8 期。

② 何志平等：《中国科学技术团体》，上海科学普及出版社 1990 年版，第 3 ~ 11 页。

早期教会学校的教学内容中包含了西学课程，天文、物理、动物学、植物学等自然科学等是大多数教会学校课程的组成部分。同时，传教士还编译了许多科学教科书，如狄考文的《笔算数学》、《形学备旨》、《代数备旨》，傅兰雅的《三角数理》、《数理学》、《格致须知》等，1877年还成立了基督教学校教科书编纂委员会为教会学校编写教科书。可见，教会学校把科学科目列为学校的正式课程，并采用当时相对比较先进的班级授课制组织教学，无疑为中国人自己创办新式学校、开设科学课程并组织教学提供了一个可供模仿的对象。而传教士们为进行科学教育而编纂的科学教科书，则无疑为以后国人编纂教科书提供了参照，甚至被不少学校直接采用作为教科书。

近代中国的高等学校则在科学教育中发挥着中流砥柱的作用。科学家任职高校以后，给高校科学教育的发展带来了极大的活力和蓬勃的生机。由于他们在国外就读名校、师出名门，所学专业分布面很广，接受的又是学科前沿训练，绝大多数人获得了硕士、博士学位，具备了很强的科研能力，因此回国后他们在高校科学教育各领域做了许多开创性的工作：①开出大量新课、创建新兴专业、增设新学科、推动学校系科建设，使高校科技类专业的课程得以充实，学科体系趋于完善；②创建实验室、编写新教材、出版学术刊物，将国外先进的理念、学说、观点、方法和实验手段引进高校；③设置研究机构、培养研究生、瞄准国际先进水平积极开展科学研究，使得各高校科学研究的整体水平大大提高，并引领着近代中国科学教育的发展方向。

近代中小学对科学教育也发挥着重要作用。1878～1902年近代学制颁布前的这24年是中国近代普通中小学科学教育的起步阶段。这一阶段普通中小学科学教育的特点是非制度化、各自为政，也就是说没有一个统一的学制体系来规范它的运行与发展。尽管如此，这一阶段的科学教育在中国教育发展史上却也具有非凡的意义——它使得中国的科学教育跳出了专业技术教育的窠臼而正式成为普通学校教育的一个重要组成部分。

从1902年《壬寅学制》颁布起到1915年新文化运动爆发止，中国近代的普通中小学科学教育走过了制度化的发展历程。《癸卯学制》与《壬子癸丑学制》以及一系列学制修订章程的颁布与施行，使中国近代的普通中小学科学教育逐步走上了规范化的发展道路，数学、物理、化学、生物（时称博物）、地理（时称舆地）、手工等课程名正言顺地成了中小学教学的主要内容。科学家们虽然不在中小学任职，但他们对科学教育在中小学生思维、素质和人格培养方面的重要性有着深刻的认识。明确提出科学家应该参与到中学科学教育中去，为中学科学教师提供帮助。具体表现在：科学教育课程的开设、内容的选择、实验的设计、教科书的编撰、教师的培养等方方面面。

从1915年新文化运动爆发起，“民主”与“科学”开始成为引领教育变革的两面旗帜。中国近代的普通中小学科学教育作为“科学教育”的一个重要组成部分更是深受影响：科学家、教育家反思以往科学教育中存在的弊端和不足，开始把关注的焦点放在了学生在科学教育中的动手与参与上，开始重视培养学生在科学教育中的主动精神；并提出了科学教育要关注“科学精神”的培养，将中国近代的普通中小学科学教育向前推进了一大步。这一阶段的普通中小学科学教育的另一个显著特点是深受美国科学教育的影响，设计教学法和道尔顿制等在当时来说较为先进的教学方法传入中国，孟禄、推士等美国教育家来华考察科学教育。他们指出了中国科学教育中存在的问题并提出解决的方法，将中国近代普通中小学科学教育的发展推向了一个阶段性的高潮。

科学家在中小学科学教育建设方面所起的作用与其在高等学校有所不同。他们服务于中小学科学教育的经常性工作主要有四种：一是领衔翻译和编写中小学科学教材。当时国内几家著名的教材出版机构，像商务印书馆和中华书局等都聘请了很多科学家领衔编写中小学科学教科书；二是到中小学举行科学讲演和实验表演；三是培训和帮助中小学科学教师；四是积极创办与中学科学学科教学相关的刊物，组织编写各学科“参考书目”和“科学实验目录及其所需之仪器与价目单”，介绍和研讨教学法等。

图书馆、博物馆、民众教育馆和科学馆都是近代出现的重要的公共文化教育场馆，它的出现既促进了科学教育事业的发展，也是这种发展的必然结果。其中科学馆更以向民众普及科学知识作为其常规工作，表现出更高的专业性。近代除了这四类场馆外，讲演所、民众学校、展览室等也与科学教育和科学传播事业有一定的关系。

近代图书馆的诞生和发展显然对推动科普教育（科学教育）事业有积极的影响。图书馆的内在特点决定了它对科普教育的影响，主要表现为购置相关书籍提供读者阅览。此外，近代图书馆也有办图片展览、巡回书库、邮寄借书等尝试，尽管不是专门为科普而举办，但不失为图书馆推行科普的有效方式。

博物院通过备购自然科学和应用技术的各类图书、器具以及矿质、动植物标本等，与科普教育事业发生了紧密联系。如张謇的南通博物苑设有自然和教育两部，展出各种动植物和矿石，带有科普的功能。在近代博物馆中有不少博物馆特意设置“科学部”、“物理、化学、生物组”之类的部门，收藏相应的图书、器具和标本加以陈列、展示和宣传。

民众教育馆是南京国民政府成立后才出现的新兴事业，其前身可以追溯到北洋政府时期的通俗教育馆。恰如其名称，民众教育馆是实施各种民众教育的基础设施，是社会教育的机构之一。和博物馆一样，科普教育（科学教育）是其职能的一部分。

科学馆作为社会教育机构的专门的科学馆，则有别于各地涌现的通俗教育馆、民众教育馆、民众学校及中心国民学校内设立的科学馆、科学陈列室、展览室等场馆。科学馆的出现最早在20世纪30年代初，直到1941年，教育部开始注重民众科学教育的推行后，才通令各省市筹建。与博物馆、图书馆和民众教育馆相比，科学馆的推行工作起步最晚，加之抗战结束继之解放战争，科学馆事业发展缓慢，到1948年，全国省立科学馆仅有15座。尽管如此，科学馆的出现是追求科学大众化的结果，代表着科普工作的专业化发展趋向，对今天的科学馆事业和科普事业有着筚路蓝缕的开创意义。

四、科学教育的内容

"理科"最早是作为一门科目出现在清末的《奏定学堂章程》里，当时它主要是指一般的物理、化学知识。到1916年颁布《高等小学校令施行细则》，其中关于理科的内容已经包含了有关动物、植物、自然现象及人体生理卫生等方面的知识，但仍沿用"理科"这一名称。直至1923年《新学制小学课程纲要》颁布，才将"理科"改为"自然"。而1932年《小学课程标准总纲》的颁布，将社会、自然、卫生三科在初级小学合并为"常识"一科，"常识"才作为课程名称在小学课程设置中正式出现。这些课程名称的变化，反映了近代中国人对科学课程理解的变化。总的来说，这一时期普通中小学科学课程大致包括了算学和自然科学两类。前者主要包括了近代西方数学教育的几大框架，以及结合中国实际在小学开设的珠算。而后者涉及的内容极为广泛，涵盖了物理学、化学、生物学、矿物学、地学等各方面的知识，其内涵较之前有所拓展和延伸。

任鸿隽在1939年6月发表《科学教育与抗战建国》一文，对科学教育的内容有较为明确的分析。他认为科学教育内容应该包括三种，前两种是学校里的科学教育："第一种是普通理科教程，如数学、物理、化学、生物之类，这些是基本科学知识，每个学生，无论学政治、经济、文学、美术、史地、哲学，都应该学习的。尤其是中小学的理科教程，必须认真教授。"① "第二种是技术科目。这里包括农、工、医、水产、水利、蚕桑、交通、无线电等专门学校，以及医院所设之护士学校等言。……其他如工、矿、农、水产等，和医学一般，皆为科学教育之主要内容，非但不可片刻中断，并要随时尽可能加以扩充。"② 在专门学校里，培育专门人才的技术科目也是科学教育的内

① 任鸿隽：《科学教育与抗战建国》。见：《教育通讯》1939年第2期，第22页。

② 任鸿隽：《科学教育与抗战建国》。见：《教育通讯》1939年第2期，第22页。

容。第三种是“社会教育中之科学宣传”。因而，任鸿隽把科学教育的内容归结为中小学的理科教育、专门学校的应用科学教育及“一般科学常识教育”的民众科学教育。可见，科学教育的内容主要指普通学校里的理科教育、专门学校里的应用科学教育以及一般民众的科学常识教育，并不包括广义上的人文社会科学方面的知识内容。

掌握自然科学知识的新兴知识分子开出大量新课、创建新兴专业、增设新学科、推动学校系科建设，使高校科技类专业的课程得以充实，学科体系趋于完善。据统计，1936 年各大学所开课程门类：国立大学中，最少者为同济大学 57 种，最多者为中央大学 579 种；省立大学中，最少者为东北交通大学 74 种，最多者为东北大学 403 种；私立大学中，最少者为南开大学 76 种，最多者为燕京大学 381 种①。从历史来看，长期以来在中国大学占主导地位的一直是以儒家经典为代表的经学体系。从洋务运动开始，这一经学体系随着近代文化的变革而逐渐式微，但其真正的终结则是在近代大学大量开设专业水准和训练方法与世界接轨的新课程之后。

学校之外，其他传播知识的载体涉及的科学内容也相当广泛。如我国近代科技期刊几乎反映了当时西方各国所有相关的科技知识，无论是科技发明、发现的实用知识，还是基础理论，均大量登载。西方重大的科技发明如地圆说、地球中心论、电的发明、达尔文的进化论、相对论、铁路、电报、火的研究、照相、电话、飞机、无线电、电视、原子能和原子弹、电子理论、维生素、原子论、细胞、橡皮等都被当时的科技期刊介绍或研究过。世界各洲介绍、地理基础知识（含地貌、地表和地况的研究和介绍）、数学基础知识、彗星、日食、月食、星球、潮汐、微生物、力学、火山、土壤、地震、天体研究、动植物进化阶段论、神经系统、蛋白质、营养知识等的最新发展也为近代科技期刊所瞩目。

电的发明是近代最重要的科技发明之一，对人类的生活产生了深远的影响，我国近代科技期刊对电的介绍和研究前后持续了 80 多年，是我国近代科技期刊中一个延续最久、介绍最为彻底的主题。从这些论文的内容来看，涉及电的理论和应用等多个层面，包括静电学和静磁学的基本理论、恒温电流的基本规律、电磁感应现象、电磁理论、直流电机、交流电机、发电厂等内容。

从科技知识传播深度来看，专刊和连载无疑是最重要的传播形式，因为连载和专刊可以拓展和扩充问题的范围，留有更多发挥的余地，在知识的传播上更具系统性和完整性，更易引起读者的重视，所以传播的效果就更明显。

① 丁编：《第一次中国教育年鉴 · 学校教育统计》，上海开明书店 1934 年版，第 35 页。

我国近代科技期刊中出现了许多连载的主题，而集中刊载某些专题的专刊也极为常见。作为中国近代深具社会影响力的《科学》杂志，曾出版过大量专刊，在近代科技期刊中可谓是独立不群，体现了编者的独特眼界。其专刊有些还附有编者按语，用简短而浅显的语言阐述专题的时代背景和我国学术界对这些问题的掌握程度，以及这些问题对我国社会发展的实际意义。这些附语成为吸引读者阅读的一个重要提示。

从科技期刊的主题分布来看，我国近代科技期刊较为及时地传播了西方重要的科技成果，而且一些期刊从我国的实际需要出发，适当地刊载一些对我国民众有实际用途的科技知识，体现了我国近代科技期刊在传播科技知识方面的独特作用。

五、科学教育的对象

由于受“德成而上，艺成而下”传统观念的影响，在废除科举制度前，中国知识分子基本都埋头走在科举考试的道路上，几乎没有任何西学根底。到了中国近代，一部分“开眼看世界”的知识分子、西学爱好者接触到科普读物以后，逐渐了解并接受其中所介绍的西方近代基础科学知识。因此，在西方近代科学知识传入中国之初，科学知识读物的受众主要是知识分子精英阶层，如魏源、徐寿、华蘅芳等，且读者极其有限。

随着科举的废除和大量新式学堂的建立，科学知识教育纳入中国的教育体制。传统思想开始有了松动，中国知识阶层逐步建立起科学的观念。学习西学、学习西方科学知识逐渐成为时人新的追求。特别是随着日译本教科书在各级各类学堂的使用，科学读物的受众范围由知识分子精英阶层向学生扩展。从西学东渐的历史进程来看，日本译书的翻译出版基本上完成了近代科学的知识引进阶段①。这一时期学校的科学教育及社会上流行的科普读物给予国人基础的科学知识，孕育了五四新文化运动的参与者，并为20世纪初出国的留学生奠定了初步的科学教育基础。

中国初期接受科学启蒙的人士主要是西学爱好者、留学生、新式学堂学生等部分知识分子精英，他们以各种不同的方式接受、理解和传播西方近代科学。在“唤起民众”的呼吁下，一些教育家、开明企业家及有志于科普事业的青年科普作家，积极参与和大力支持科普读物创作。这样，就使科学教育的对象从知识分子、青年学生慢慢扩展到普通民众。如在科普读物传播对象方面，突破了前一阶段的精英知识分子阶层，下移到社会基层，开始面向

① 樊洪业，王扬宗：《西学东渐：科学在中国的传播》，湖南科学技术出版社2000年版，第189页。

儿童和民众，而且以民众为最主要对象。

对民众科学教育的关注，是中国社会近代化过程中科学与教育整合的新趋势。自从中国有了新式学堂，科学和教育只是少数人的特权，很少惠及一般民众。五四新文化运动以后，这一问题开始引起了社会的关注。先是出现了一些面向工友、农民的平民学校和通俗演讲，随着1925年孙中山“唤起民众”的遗训，将人的近代化，尤其是广大民众的教育问题提高到关系革命成败的高度，进一步突出了民众问题的重要性。1929年以后，国民政府连续颁布了一系列关于举办民众教育馆和民众学校的规程，将民众教育问题纳入政府视野。与此同时，很多知识分子也认识到：中国要实现现代化，首先要使国民成为现代人；而做一个现代人就必须懂得现代科学技术知识。相当一部分知识分子“脱下西装换上长袍”，由“学术象牙塔”相继沉入乡村和城镇的底层，逐步形成了持续多年的普及科学和职业技术知识的浪潮。如1931年夏，著名教育家陶行知联络了一批从英、法、德、美等国留学回国的科学家及部分晓庄师范学校的师生，掀起了“科学下嫁运动”。

30年代兴起的科学化运动，一个很响亮的口号是“科学大众化”，其目标在科学的普及。与之对应，民众科学教育得到充分重视。因而，在科学教育的分类上就有了学校科学教育与民众科学教育之分。民众科学教育是社会教育的内容。它的对象是工、农、商等界的广大劳动者，与学校中的受教育者不同，他们有其自身的特点。在1948年7月寿子野所著的《民众科学教育》一书中，对此有比较详细的讨论。他认为，民众科学教育材料（即实施过程中的内容）应该包括三大类，一是自然知识，具体包括日月和地球的运行、星的位置、地球的昼夜、四季的由来、天空中“电象”，等等；二是生活需要类的，包括植物的生长和繁殖、稻麦虫害的防治、家畜的饲养和管理等；三是卫生知能类，包括食物的营养和成分、改进烹饪的方法、住的卫生和保健方法等。①

以“民众”、“平民”和“儿童”、“少年”命名的丛书大量出现是最突出的表现。此时期以“少年”或“儿童”命名的丛书共有23种，以“民众”或“平民”命名的丛书有94种。另外，属于“科学常识/常识丛书”的13种科普读物的出现，也是此时期关注民众、提高民众常识性科学知识的重要表现。从万有文库的出版可以看出此时期的科普读物出版呈现出平民化的特点。万有文库“自然科学小丛书”包含全面和丰富的内容，覆盖自然科学各个学科，分成10类：科学总论、天文气象、物理学、化学、生物学、动物及人类学、植物学、地质矿物基地理学、其他、科学名人传记。如此丰富的内容以

---

① 寿子野：《民众科学教育》，商务印书馆1948年版。

小册子的形式分册出版，而且每本小册子都非常便宜。这样一来，普通的学生和一般社会上的读者，以极其便宜的价格就可以买到一本小册子，学习到丰富的科学知识。所以，后人称“《万有文库》的出版，开创了我国图书出版平民化的新纪元[①]”。这种平民化的图书出版，无疑极为有利于科学知识更为迅速和更大范围的普及。

民众科学教育表面上与学校科学教育存在迥然相异之处。它不像学校科学教育那样注重自然科学的学科知识分类以及传授，也不同于专门学校的技术科目，更不同于大学校园里科学的基础研究或应用研究；它着眼于广大民众自身特点的与民众生活密切相关的常识性教育，使民众生活更趋科学合理。但是，也应看到，这些科学常识对于学校科学教育来说，又是各学科的基础，两者并无本质差别。

从知识精英、科技读物与青年学生、普通民众的互动中，不难看出科学与教育紧密结合的过程以及新兴知识阶层在传播科技知识、引导学生和民众科学观念方面所发挥的积极作用，正是在这种互动过程中，民众与科技知识之间的距离在缩短，科技的神秘面纱才逐渐被揭开，从而进入到普通民众中间。

六、科学教育的方式

科学教育的方式是科学教育的主体和对象为完成一定知识的传播任务在其共同活动中所采用的各种途径和载体、方法和手段。

近代传播科学知识的载体，主要有新式教科书、科学期刊、科普杂志等。

新式教育兴起后，以求仕入仕为目的而使用的传统经文类教材已不符合时代发展的要求，社会迫切需要“新式教科书”来适应、促进新教育的发展。在这种情况下，学部曾成立编纂处编译教科书，但是由于官僚气息过于浓厚，而且缺乏真正了解新式教科书编纂体例和发展规律的人才，教科书缺乏的问题并没有得到解决。此后，民间各书局已经开始探索编译、出版新式教科书，在科学教科书方面，以商务印书馆、文明书局和几个译书社的成绩较为卓著。

科技期刊是各科技社团进行科普宣传的重要阵地。据统计，1910～1949年我国由各科技社团和高等学校创办的科技期刊达369种，其中1927～1937年间创办的为190种。近代科技期刊以破除迷信、普及科学知识和传播科学精神为主旨，所载内容非常广泛，涉及几乎所有的学科，西方近代重大的新发明、新进展一一被介绍进中国。我国近代科技期刊正以其独特的视角，在传播科技知识的过程中培育着科学精神，这也使得近代科技期刊在广义上承

① 《商务印书馆一百年（1897～1997）》，商务印书馆1998年版，第334页。

担着科学教育的责任。

科普读物是近代各科技团体实施科普教育的又一个重要载体。所谓科普读物，指以广大民众和未成年人为主要受众，以让其了解科学、掌握科学文化知识、改善生活和提高科学素养为目的，以出版社正式出版且独立成册为呈现方式的各种书籍。内容主要与自然知识（包括日月和地球的运行、星的位置、地球的昼夜、四季的由来、天空中的“电象”等），日常生活（包括植物的生长和繁殖、稻麦虫害的防治、家畜的饲养和管理等），卫生知识（包括食物的营养和成分，改进烹饪的方法、住的卫生和保健方法等）有关。

此外，近代还有多种面向民众进行科学知识的推广辅导方式。常见的有：

科学讲演——以浅近的语言，向民众讲解或说明日常生活中的科学知识。按不同的标准，可分为定期讲演（定时间）和临时讲演、固定讲演（定地点）和巡回讲演、室内讲演和露天讲演，以及化装讲演（戏剧表演的形式）。讲演的主要优势是以语言为媒介，让不认识字的民众也可以获得教育。

科学训练班——目的在于养成民众或在校学生初步的科学知识。比如，标本制作班、无线电班、科学游戏班、养蚕班、养蜂班、化学工艺制造班等。

巡回施教——成立巡回施教工作队，到不同的地方、以多样的方式推行民众科学教育。施教地点不固定，水陆交通工具并用，深入乡镇和村庄。施教方式常常选择幻灯、电影、科学游戏等具有“冲击力”的方式。

办理民众学校——原是社会教育事业之一，在实施民众科学教育下的民众学校更侧重通俗科学知识的灌输。

张贴科学画报——针对不识字的民众太多的现状，张贴色彩丰富、线条简单、内容易懂的科学画报，以激发民众对科学的兴趣，灌输科学知识。画报常常要求张贴在民众聚集之地，地方固定，定期张贴和更换。

放映科学电影——以放映科学教育电影的方式向民众灌输科学知识或生产技能。电影的突出优势在于：民众兴趣浓厚，印象深刻、不易遗忘；以视听感观接受信息，不受文字的限制；施教范围广泛，一场电影可供千人观看。

科学广播——以广播的形式推行民众科学教育。广播将受众的听觉范围扩大，受场地、设备、电源的限制相对较小，是最有效的科学宣传工具。科学广播的实施往往与地方电台合作，每星期举行若干次。

设立科学书报阅览处——提供科学报刊、研究报告、科学专著乃至百科全书供人阅览。巡回施教中也会在民众比较集中的小市镇设立临时的科学书报阅览处。

示范表演——这里的“表演”一词相当于今天的“演示”，举办各项“科学表演竞赛”，注重的则是竞赛的示范功能。当时中小学自然科的教学理化生实验仪器的缺少是一个普遍现象，因此，将有限的设备集中起来供学校和民众使用，不失为明智之举。

科学座谈会——旨在集思广益，交换办理科学教育的经验和心得并商讨共同推进科学教育的方法等。办理民众科学教育的人在会上各抒己见，提出研究报告，形成研究结论。

训练实施民众科学教育的人员——招收中学程度的学生及其他合适的人员，通过举办短期培训班或讲习所，使这些学生在学识上、技能上、理想上都受到训练，从而可以投入到实施民众科学教育的工作中。

至于学校中科学教育方法的引入和更新，也是科学家和教育家非常关注的。在教学内容确定的情况下，如何有效地达到教学目标，确保教学内容的完成，科学的教学方法无疑是极为重要的。俞子夷曾指出："教材与教法，仿佛是车上的两轮，飞鸟的双翼，相辅而行，缺一不可。"近代颁布的各个学制都对科学科目的教授方法作过具体的规定，要求格致、理科、博物、理化教学应开设一定的实验课，并配备相应的、合于章程的实验仪器、标本模型图画、专用教室或器具室。

七、科教制度的变革

中国近代科学教育的发展，是与相应的体制变革及构建分不开的。从戊戌变法开始，中国教育界出现了如下一系列重大改革：1898 年创办京师大学堂，中国的国立大学开始了从官吏养成所到为社会各项新事业（包括科技在内）培养高层次人才的转变；1896 年起，政府制定一系列政策鼓励学生到日本和欧美等国留学；1902～1904 年，中国模仿西方正式建立起新式学校制度，西方科学知识合法地进入学校、成为课堂教学的主要内容；1905 年中国宣布废除科举制度，拦腰砍断了知识分子读书做官的传统进身之路。1909 年中国政府接受美国政府退回的"庚子赔款"多余部分，将其用于资助中国青年学生去美国留学，根据双方约定，其中 80% 的学生必须学习自然科学和应用科学，等等。

任何一种思想只有落实到制度层面上才具有更广泛的社会推广效果。中国 20 世纪前半叶，科学教育思想在学制的推动下渐次深入正是一个有力的证明。自近代学制形成以来，"癸卯学制"作为我国近代第一个颁布并实行了的学制，将近代科学规定为重要的学习内容，科学教育于制度上初步确立。《癸卯学制》的颁行既是普通中小学科学教育进入制度化的标志，也是科学学科教师教育进入制度化的标志。在《癸卯学制》中与中学堂平行的初级师范学堂以培养初等、高等小学堂教员为宗旨，与高等学堂平行的优级师范学堂以造就初级师范学堂及中学堂之教员和管理人员为宗旨。在初级和优级师范学堂中都开设了各类科学课程和教学法，特别是优级师范学堂分类科的第三类和第四类特别重视科学教育，几乎是专为培养科学学科教师而开设的。第三类学科开设的科学课程有算学、物理学、化学，除算学外，仅物理学、化学教学时数占全部学科总学时数的比例就达22.22%，第四类学科开设的科学课程以算学、植物、动物、矿物、生理学为主，除算学外，仅后面四门学科教学时数占全部学科总学时数的比例就达35.42%。[①] 1906年6月学部又颁布优级师范选科简章，将本科分为通习本科、数学本科、理化本科和博物本科，后三科是为培养专门的科学学科教师而开设的。民国成立后所颁布的《壬子癸丑学制》将师范类分为师范学校和高等师范学校两级，并专为女子设立女子师范学校，其中高等师范学校本科开设了数学物理、物理化学、博物等部。可以说，师范学校特别是师范学校中专门的科学教育门类的设立，为培养科学学科教师提供了基本保障。

民国建立后制定的新学制——“壬子癸丑学制”与清末学制相比，进步显而易见，其教育宗旨体现了对科学教育的强调。这说明在科学教育方面，民初的学制与清末学制相比，变化是实质性的，科学教育进一步得到落实。当然，民国初年的教育改革仍存在不少问题。在改革旧学制的呼声中诞生的1922年“新学制”，对辛亥革命以来科学教育改革的理论和实践进行了总结：“一个与中国传统知识体系完全不同的，以驾驭自然力为归旨的充分外向的西方近代知识体系，在中国各级各类的课程设置及课程标准中，完全占了主干地位”[②]，这句话真切道出了1922年“新学制”颁布后普通中小学科学教育制度得到了进一步完善。以1922年“新学制”颁布为标志，中国逐步确立起科学在学校教育中的地位。这一时期学校科学教育最大的特点是科学教育制度和科学教育法令的完善，给当时的中小学实施科学教育提供了一个良好的制度环境。

1927年南京国民政府成立后全国趋于统一，教育、科技和文化等领域开始走向制度化和正规化。在文化教育等方面颁布了一系列的政策与法规，这些政策与法规为科学教育的发展进一步创造了政策环境与制度保证。之后的十年是近代各项建设事业蓬勃开展、近代科学和教育事业发展进步最大的历史时期。一系列扶植发展科学技术和科学教育、关注民众教育的政策法规的相继出台，以中央研究院为代表的各类研究机构的先后设立，高等教育事业规模的发展与水平的不断提高，各种科学专业学术社团的竞相设立……这就为科学家贡献其智识以推进科学与社会的发展提供了机会和必备的条件。

---

① 郭长江：《中国近现代科学教育变革的文化反思》（华东师范大学教育学系2003年博士论文），第58～59页。

② 李华兴主编：《民国教育史》，上海教育出版社1997年版，第168页。

如在1929年4月国民政府公布的《中华民国教育宗旨及其实施方针》中就有“大学及专门教育，必须注重实用科学，充实学科内容，养成专门知识技能，并切实陶融为国家社会服务之健全品格。”“师范教育……必须以最适宜之科学教育及最严格之身心训练，养成一般国民道德，学术上最健全之师资为主要任务”① 的规定。这一时期的中小学科学教育的发展则具有很明显的现代教育意味，与南京国民政府统治下的现代教育制度的基本定型相关。南京国民政府改变了20年代美国式的管理模式和教学模式，建立中央集权的教育体制和严格训练的教学模式，构建了一个比较系统、完备的教育法律法规体系。因此，二三十年代教育部重新颁布的中小学各科课程标准，是我国第一次由政府法定的教学大纲，对理化生等课程的设置，教学目标、时间支配、教材大纲和实验均有具体的要求，从形式和内容来看，都比较强调正规和系统。

课程设置是教育变动的“晴雨表”，科学课程设置的变化，比较突出地反映了科学教育的某些倾向。这一阶段，普通中小学课程设置先后经历了1929年、1932年、1936年三次正式调整：1929年的《中小学课程暂行标准》与科学课程的设置、1932年的《中小学正式课程标准》与科学课程的设置和1936年的《修正中小学课程标准》与科学课程的设置。这些调整有利于科学教育在中小学的深入和推进。

国民政府教育部颁布的一系列法规章程中，还包括了《民众教育馆章程》、《科学馆规则》等，从而为科普读物在这一时期的传播和发展提供了制度和组织结构的有力保障。正是上述这些社会变化和教育改革措施，从制度、文化、师资、社会环境等方面，为中国科学家及科学教师队伍的形成和崛起，为科学知识、科学方法乃至科学精神的广泛传播提供了必不可少的条件。

八、科学教育的反思

反思中国近代科学教育的历史，不难看到，它涉及科学教育价值、科学教育家、科学教育对象、科学教育内容、科学传播媒介及手段、教育场所及机构、科学教育的制度保障及社会环境等，呈现的是一个彼此铰接、连环互动的复杂状态。其中，价值观念、科学教师、体制保障是科学教育的核心三要素。

近代中国在引进科学的过程中，国人“仅从工具价值的角度认识科学的意义”，把科学作为一种富国强兵的工具，首先关注的是科学与技术的实用价

---

① 宋恩荣，章咸主编：《中华民国教育法规选编（1912～1949）》，江苏教育出版社1990年版，第46页。

值。从维新运动时期开始，严复等认识到，科学除救亡价值外，对人的思想方面也有塑造价值，到“五四”以后，某些知识分子对科学的精神价值则深信不疑，甚至达到信仰的地步。这两种倾向都有偏颇。

科学史家认为，科学具有三重目的——心理目的、理性目的和社会目的，相应体现为：使科学家得到乐趣并满足其天生的好奇心；发现外面的世界并对它有全面的了解；通过这种了解来增进人类的福利。也许科学的效率很难由科学的心理目的来估量，但心理上的快慰确实在科研过程中起着重要作用。中国的传统科技教育本身具有致命的弱点，它要求科技教育的实用性和功利性（他为性），在一定意义上忽略了理论性，在绝对意义上排斥了娱乐性（自为性）。而理论性和娱乐性（心理目的）是科技教育发展的重要基本条件。就科学教育的价值而言：一方面是实用价值，具有发展生产、满足人们生活需要的作用，而且这种作用会越来越大；另一方面是精神价值，能激发人的情感和想象，在心智的培养上，既可以训练人的独立判断思考能力，又可以促进良好个性品质的形成与发展，影响到人生观。长期以来，科学教育地位的提升是与科学及其现代技术所产生的巨大经济效益相关联。科学从教育的边缘走向教育的中心，其主要推动力在于科学的功利性价值。作为科学成果的表现形式——科学知识成为科学教育传授和学习的重心，而科学活动中所内含的理性精神、求真意识、批判精神、创新意识等精神价值在巨大的功利性价值光环映射之下往往被人们忽视。同时，人们对待科学的非科学态度也是科学教育的精神资源长期被隐蔽的原因之一。近代科学在中国起初是遭到无知的拒斥，被贬为“奇技淫巧”，继而被急功近利地接纳和学习，到了新文化运动前后，在对传统体制及文化的全面批判中，科学又被过度尊崇，甚至被奉为信仰。科学精神所蕴涵的怀疑意识和批判理性就这样在科学艰难的发展过程中难免失落，致使在相当长的一段时间里教育界采用了非科学的态度来对待科学及科学教育。

中国共产党十六届三中全会提出了“坚持以人为本，树立全面、协调、可持续的发展观，促进经济社会和人的全面发展”的科学发展观。科学发展观的提出绝不仅仅针对经济发展中的问题，教育领域的问题也包括在内。教育既有为社会建设服务的义务，也有促进学生身心健康发展的责任。因此，科学教育的改革既要考虑到社会的生产发展的需要，也要重视学生精神世界的发展，这是科学教育改革的必然趋势。可见，树立健全的科学教育价值观是当务之急。

确立科学家和科学教育家的重要社会地位，充分发挥其主体作用，是科学教育能否取得实效的关键所在。学校的科学教师担负着传播科学知识、训练科学方法、培育科学精神的重要职责，需要超越传统的教学观念，去探索新的教学原则，在相互对立的教学观念中求得一种动态的平衡。在教学程序的设计上应遵循计划性与非计划性相结合的原则。科学教育的改革对教师提出了更高的要求，要想成为一名合格的科学教师，就必须具有研究的精神，不仅研究本学科的知识内容，还应研究如何将科学知识、科学方法、科学精神三个维度的内容关联到一起。在有限的教育资源的情况下，还要善于利用课堂以外的科学资源：如充分发挥社会科研人员对科学教育的参谋和指导作用；广泛利用校外自然界的资源，去做实地的研究，了解科学应用的实际，因为校内的科学资源远远满足不了学生探索自然界奥秘的需要；通过多媒体获取必要的信息资源等。

求新、创造是科学的特征之一，同样也是科学教育的重要原则之一。中国传统的教育中一方面主要以伦理道德为着眼点，主要强调自我的学习和修身，一贯主张向古人学习，缺乏重视科学创新的传统；另一方面由于明清以后八股取士在结构和内容上的程式化和空疏无用，导致中国传统教育必然忽视学生的创造性培养。如果作为科学教师，本身缺乏创新精神和创新能力，又如何能培养出富有创造力的新人？社会应整合各种力量，通过职前和职后的各类培训，增强教师的科学素养和教育能力，使之胜任当今教育改革对教师提出的更高要求。

法规和制度建设是科学教育稳定、健康、持久发展的根本保证。历史发展证明，科学教育要受所处时代社会政治力量的影响。政府的政策及实际行动无疑是影响其发展的重要手段，它们是构成科学人才培养和科学知识传播的制度环境与实践土壤。中国近代社会科学教育之所以取得了一定的成效，相当重要的原因是得到了新学校制度的支撑和相应政策法规的保障。反观当前我国普通中小学科学教育，在中西部地区依然存在着经费严重不足、师资与设备缺乏等种种不尽如人意的地方，说到底还是制度设计的盲点和政策法规的薄弱所造成。

领先全球科技教育的美国，为了在 21 世纪继续保持科技和教育强国的地位，最近又有重大举措——美国国家科学院所属科学委员会、工程学委员会和医学委员会这三个最具权威性的学术组织联合成立了特别委员会。该委员会由科技界、工业界、教育界和政界的重量级人士组成，它向美国国会提交了一份名为《超越风暴》的政策建议，主要包含四个方面的行动计划：第一是人才培养，强化从小学到高中教育的目标和措施，建设中小学优秀教师队伍，视 12 年制的中小学教育为国家竞争力的根本；第二是加强基础研究，从根本上保证经济长期发展的驱动力；第三是注重高等教育中大学生和研究生的培养，同时建议为在国际上吸引人才而可能采取的移民政策倾向；第四是有关鼓励创新的行动计划，包括政府可在财税方面给予的优惠①。可以预见，《超越风暴》政策建议将通过美国国会的立法程序，最终成为有行政约束力的法案或法规，然后再由美国政府的行政部门以及各地方政府予以实施和推动。号称“最自由的市场经济国家”的美国，在关系国家发展命运的大事上，也要有所作为，但它不能靠行政指令，而是依靠法律行政，这项重大建议可能就是其立法的前奏。事实上，纵观西方发达国家的教育现代化之路，几乎没有不依靠法律制度建设这一根本性举措的，如此的“路径依赖”足为发展中国家借鉴。

2006 年 3 月，我国政府颁布了《全民科学素质行动计划纲要》。这是一个关乎国家长远发展的战略计划，一项建设创新型国家的基础性社会工程。它根据全面建设小康社会和到本世纪中叶达到发达国家水平的发展目标对国民科学素质的要求，立足中国国情，着眼未来，通过政府引导和社会的广泛参与，分阶段、有步骤、滚动式推进，以期尽快在整体上大幅度提高全民科学素质，促进经济社会和人的全面发展，为提升自主创新能力和综合国力、全面建设小康社会和实现现代化建设第三步战略目标打下雄厚的人力资源基础。《纲要》的颁布表明，我们国家也正在走向通过法规和制度建设来保证科学教育和科学传播事业稳定、健康、持久发展的道路。

今天，我们对历史的关注并非要“发思古之幽情”，也不是要在故纸堆中“寻章摘句”聊发“老雕虫”的“技痒”，而是要为当前的科学普及和科学教育发展提供一个历史的视角。本套丛书试图从上述的若干重要方面，透视科学教育发展的历史进程中时人留下的宝贵经验和教训，以便让科学和教育这一双子星座，在中国现代化的伟大征程中，真正散发出迷人的光芒！

霍益萍

2007 年 5 月

---

① 袁传宽：《十年行动，四大方向》，载于 2007 年 3 月 18 日《文汇报》。

目　录

绪 论

科普成为一项受到人们关注的社会活动，是伴随着近代自然科学的发展和技术的积累，与大众日常生活发生越来越密切的关系后自然产生的。在今天，随着科学技术重要性的提升及其自身更新速度的加快，为了促进公众对科学技术的接受和理解，科普的重要性进一步凸显出来。

一

在现代汉语中，“科普”常被当成是“科学普及”或“科学技术普及”的缩略语，我国2002年6月通过的《中华人民共和国科学技术普及法》，也将“科普”作为“科学技术普及”的简称引入该法条文。早在1915年，中国科学社在其通过的《中国科学社总章》中提出的九项拟在中国开展的科学事业中，其第七项提到“学术讲演，以普及科学知识”，这一将“科学”与“普及”连用的文本实例，借助中国科学社的强大影响力，不难推断它在汉语“科普”概念形成中的语汇学影响。

目前对科普概念的界定，有以下几种代表性的观点。首先，是法律的规定，《中华人民共和国科学技术普及法》在确定自身的适用范围时规定：科普是“国家和社会普及科学技术知识、倡导科学方法、传播科学思想、弘扬科学精神的活动”，并指出科普活动“应采取公众易于理解、接受、参与的方式”。其二，是一种偏重于传播学的界定，认为科普是把人类已经掌握的科技知识和生产技能，以及从科学实践中升华出来的科学思想、科学方法和科学精神，通过各种方式和途径传播到社会的各个方面，使之为广大公众所了解、掌握，以增强人们认识自然和改造自然的能力，并促使人们树立正确的世界观、人生观和价值观的传播活动。这种界定可以理解为是上述法律规定的学术引申。其三，是将科普看成一个系统过程，这一观点虽然在认定科普活动的范围时，亦不外乎普及科学技术知识、倡导科学方法、传播科学思想、弘扬科学精神，但是更加强调科普是一个系统工程，强调科普与科研、社会实践和公众行为等的关系，而不把科普仅仅局限在自身的几项活动之中①。

20世纪90年代初期，我国科普界对1985年由瓦尔特·鲍默爵士领导的

① 参考《科学技术普及概论》编写组：《科学技术普及概论》，科学普及出版社2002年版，第45页。

英国皇家学会特别小组发表的《公众理解科学》（Public Understanding of Science）报告以及其他相关文章做了详细介绍，这在国内引起了强烈反响。从此以后，“公众理解科学”成为我国科普理论研究和实践中经常提及的术语和概念，公众理解科学理念也逐步在中国科学文化界得到认可，导致科普模式的逐步演化[①]。

其实，西方社会由“大众科学”（popular science）观念向“公众理解科学”观念的转化，乃是科学发展的负面效应导致公众对科学的态度由信赖走向疑惑的结果。20世纪中叶以后，大家发现科学中的很多东西是值得怀疑的，诸如科学活动中的剽窃现象、技术决策的不民主化、化学工业的发展导致环境污染事件增加等。最严重的是美国三浬岛核泄漏事件、英国的疯牛病以及前苏联的切尔诺贝利核泄漏事件等，使得公众对科学和技术应用的机制产生疑惑。在“公众理解科学”观念中，所强调的科学素养不仅是指对科学知识的理解，更重要的是要具备参与决策的能力，旨在促使公众在理解科学的基础上参与科学的决策。“与科普概念不同的是，公众理解科学技术，注重公众本身在科学技术活动中的积极性和主动性，强调公众应是科技实践的主体，公众具有参与政府对科技发展及其政策的决策权。因此，公众理解科学能较好地反映公众对科学技术的态度、科学技术普及的效果和作用、科技与社会的关系，比较完整地体现了科学技术与社会生活之间的互动作用和影响。”[②]

虽然科普观念正在不断的深化中，但就目前中国的情况，我们的科普实践，还基本上未进入必须以“大众理解科学”理念来替代科普观念的阶段。这一方面是由于我国公众的科学素养还未提高到对公共科学决策普遍关注的程度，另一方面，则因为我国在公共事务中，目前尚未建立起完善的公众参与和决策机制。

综合上述诸种观点，虽然其出发点和侧重点有所不同，但在将科普对象聚焦于社会公众这一点上，都表现出理所当然的一致性。面向全体社会公众，这正是科普之“普”的核心内涵，科普活动的对象范围，决定了它与以青少年学生为对象的学校科学教育之间的关系和各自特点。

青少年群体也是社会公众群体的一个重要组成部分，学校科学教育并不排斥科普。事实上，我国近代以来的诸多科普资源，包括公众文化科学场馆、科普读物等，或以辅助和服务于学校科学教育为重要功能，或直接满足青少年学生的需要。近年来，世界各国特别是发达国家的教育实践以及我国课程

---

① 李大光：《“公众理解科学”进入中国15年回顾与思考》，载《科普研究》2006年第1期。

② 王卉：《科普不仅是“科学普及”》，载《科学时报》2006年3月21日。

改革的趋势，也都在致力建构一种科普教育与学校科学教育融合的科学教育模式，以提高学校科学教育的效果，如提高学生学习科学课程的兴趣，克服教师课堂教学的单调性，培养学生的动手能力，弥补因教科书和课程标准的相对稳定而难以及时反映科学技术的最新发展等。科普与学校科学教育的融合，也旨在形成学校、科技界和社会各界的联合，创造科学教育的多种途径，让学生在各种环境下感受和学习科学知识，提高科学素养。从另一种意义上，中小学特别是我国义务教育阶段的学校科学教育，传授的是最基本的科学概念和科学知识，是形成学生科学观念的基础，堪称是最基本的科普教育。

但是，正是由于科普要面向全体社会公众，面向不同年龄和背景的人群，它与学校科学教育在组织模式、传授内容、学习方式等方面都表现出不同的特点。学校科学教育具有高度计划性和循序渐进性，特别是在中国学校教育历来注重考试，中小学生背负沉重课业负担的情况下，教学中往往只注重科学知识和基本技能的传授，而在科学过程、科学方法的传播上较弱。科普活动常采取相对自由的组织形式，其目的性和指标化程度也不高，有利于在科学知识的传播中渗透对科学精神、科学态度和科学方法的培养。学校科学教育通常表现为以教师为中心的知识学习过程。而无论是科普场馆的活动，还是科普读物的呈现方式，都特别注重趣味性，强调科学技术与日常生活的联系，适合以学习者为中心的自主学习，鼓励学习者自己动手。事实上，科普活动中形成的许多传统做法，与近年来所倡导的建构主义的教学观念有相通之处，如强调以学生为中心进行学习，关注非预知、可选择的知识领域等。

二

虽然“科普”作为一个词汇，在《中国科学社总章》的文本中就已经呼之欲出了，但直到中华人民共和国成立前，“科普”一词见于文献者并不多，中国近代民众科普实践和相关研究，更多是在“科学社会化”、“科学大众化”等旗帜下展开。近代中国民众科普的发展，随近代中国科学发展和社会变革的进程起伏，大致可以分为四个阶段，即：①鸦片战争后至民国初年，从器物层面的引进到系统科技文化的传播阶段；②“五四”新文化运动时期科学观念的宣传和科学精神的倡导阶段；③20 世纪 30 年代的科学化运动阶段；④抗战期间，突出战争防卫知识的科普活动和在陕甘宁边区开展的“延安自然科学运动”。

明末清初，以来华的传教士为中介，带来了一些有关地图、钟表、望远镜、天文历法、医学、水利、音乐、生理等方面的知识，其中不少都具备了西方科学技术的近代形态，但不幸因后来的禁教和闭关政策而中断。1840 年鸦片战争后，近代西方科学技术再次开始以点状分散的形态在古老的中华大地上渗透，出现了一些个人对西方科技的学习以及某些群体内部的科技知识交流行为，虽然称不上是面向大众的科普活动，但却是近代科普的先导。19世纪60年代洋务运动开始后，首先创办了一批与军事密切相关的新式工业，开始大力引进和学习西方的造炮制船技术，随着洋务工业由军事向民用的转变，学习的范围有很大的拓展，但整体上处在器物层面。随着洋务运动的发展，西方的自然科学原理和应用技术被系统地译介进来，如物理、化学、博物、工程学、制造学、医学等，近代科学技术开始摆脱器物的束缚而以“学”的形态传播。维新运动至清末新政时期，经过严复等思想家的科学文化启蒙，在具有近代观念的知识分子群体中，已经完成了对近代科学的认识过程，至少，在文本意义上，也完成了对近代西方科学技术的较完整系统的引入，其后的任务便是漫长而艰苦的走向大众化的过程。

民国成立后不久，由于民主建设的失败和文化教育领域内复古主义的盛行，一批经受过资本主义文化洗礼的知识分子，发起了一场旨在改变人们思想观念的新文化运动，所揭示的主题便是科学与民主。随后爆发的五四运动，则激发了一波持久的知识分子与民众相结合的浪潮，使局限于少数知识阶层的新文化观念变得日益大众化。

在五四新文化运动时期，致力于科学大众化努力与科学观念宣传的主要是两大知识群体：一个是聚集在“中国科学社”及其同人刊物《科学》周围的一批职业科学家，将“科学”严格地界定为自然科学的知识谱系和蕴含于其中的方法、理念，倾向于从纯知识学的角度普及科学原理、科学精神和科学方法，以此变革国人的思维方式和品质。另一个是以《新青年》杂志为主要阵地的一批启蒙思想家，他们将科学实质和精髓理解为一种具有客观性、实践性双重品格和征服自然、改造社会——人生双重功能的新型宇宙观、价值观与人生观，侧重于从社会——人生理念和意识形态的角度宣传科学，普及科学，以此更新国人的价值观念和精神信仰。通过他们的科学启蒙，冲破了长期禁锢科学发展的精神桎梏，有力地推动了科学观念更为深入、广泛的传播，促进了国民文化心理结构的更新改造，为中国科学事业的发展和科学文化的普及营造了良好的环境，开辟了广阔的道路。随着五四科学启蒙运动的蓬勃发展，社会上兴起了一股关注科学、传播科学、研究科学的热潮，科学观念日益深入人心。①

20世纪30年代的“中国科学化运动”，堪称是近代史上一场最为深入的民众科学普及运动。它以1932年11月成立的“中国科学化运动协会”为起端，1937年后受抗战形势的影响而停止活动。1931年“九一八”事变后，在

① 吴效马：《民国时期科学社会化思潮的历史轨迹》，载《教学与研究》2005年第5期。

深重的民族危机面前，知识界普遍发出了“科学救国”的呼声，受这一氛围的影响，一批科学家、教育家和部分政要、名流，发起、成立了“中国科学运动协会”，掀起了一次科学普及运动的高潮。

正像中国科学化运动协会在其会刊《科学的中国》创刊号中所发表的重要文章《中国科学化运动发起旨趣书》所揭示的，中国科学化协会的主要目的即是科学普及，即推进“科学社会化”和“社会科学化”。把科学知识“送到民间去，使它成为一般人民的共同智慧，更希冀这种知识撒播到民间之后，能够发生强烈的力量，来延续我们已经到了生死关头的民族寿命，复兴我们日渐衰败的中华文化”。中国科学化运动协会成立后，在全国各地发起成立了十多个分会，开展了多种形式的民众科学普及活动，主要包括以下方面。①

其一，面向社会发行科普读物。至1938年5月终止活动之前，相继编辑出版了《科学的中国》和《中国科学化运动协会会报》两种会刊，以及8部宣传、倡导科学化运动的专著。此外，该会下属的北平、南京、上海、青岛、杭州、湖南等分会，除相继开辟以《儿童科学画报》月刊（北平）、《科学的湖南》半月刊、《中央日报·科学周刊》、《北平晨报·科学常识周刊》等刊物为主的诸多科普园地外，还编印出版了为数众多的科普读物，免费赠送或廉价出售给各地图书馆和机关、学校。其二，面向民众举办科学讲演与展览会。1933年7月至1936年7月，协会成员顾毓琇、陈立夫、陈有丰、丁文江等，先后在广播电台发表一系列专题讲演，从不同角度与层面阐述“中国科学化运动”的内涵、实质、目标和意义，揭示科学技术与国计民生和社会文化发展的密切关系。有些分会大量举办了内容涉及科学原理、生活常识、国防知识、生产技术等广泛领域的科普演讲和通俗科学展览会，演示科学实验等。其三，面向在校学生开展科普教育。为提高在校学生的科学素养，协会与各级各类学校通力合作，定期发起组织多种多样的课外科普活动，并呈请教育部通令各校逐月举行科学讲演，在学生中加强科普教育。

中国科学化运动协会是一个非政府组织，它的经费来源于社员的会费、各种形式的赞助、政府补助和基金利息。但创建人员多属政府或大学等学术机构的官员，且能够通过国民政府中央无线广播电台进行科学文化的传播，这反映了政府强烈介入的迹象。整体来说，20世纪30年代的中国科学化运动，是一次体现政府意志并得到诸多科学教育和研究机构参与的科学普及运动，对科学与经济、国防建设，科学与民风民俗、百姓日常生活的改良等诸多主题，都进行了广泛的宣传和讨论，其组织性和广泛性都是前所未有的。

---

① 参见吴效马:《民国时期科学社会化思潮的历史轨迹》，载《教学与研究》2005年第5期。

1938 年，“中国科学化运动”因日寇入侵而无奈终止，但悲怆的战争形势更进一步触发了国人对于科学技术攸关国力盛衰的强烈意识，民族存亡的危机，迫使民众科普骤然集中于战争的主题，开始了中国近代民众科普的一个特殊时期。

1937 年下半年创刊的《科学大众》较早揭示了科学大众化运动所面临的新形势。它在《创刊词》中说：“这正是当前苦难的时代！我们既不甘沦亡，我们又不愿屈服。在风雨飘摇中，我们听到了抗敌救亡举国一致的呼声，我们已有了清楚的认识：只有发动全国的力量，作一致的抗战，才能挽回民族的劫运！但在未来的国防战争中，科学的攻击和防御，将更甚于肉体的搏斗。战神的领域将由狭窄的前线扩展到宁静的后方。炸弹、毒瓦斯等等随时随地都有伤害后方民众的可能。在这种境遇下，如果没有预先的训练和认识，其结果将是不可逆料的。”①

与非政府性质的抗战科普活动同行的是，国民政府也实施了一系列围绕加强战争防护知识、提高民众科学素养的民众科学教育计划。1941 年，国民政府教育部以“战争时期，人民为防护自身之安全，加强抗敌之效能，更需人人都接受科学洗礼，使充分具有科学知识，并扩大科学技术之应用”为动机，启动了一系列推行民众科学教育的实施项目。主要包括编辑科学小丛书，训练民众科学教育实用人才，设计并试制科学教育玩具及教具，督导全国各级学校及各种社会教育机关推行民众科学教育等；同时，决定在各省市推广科学馆这一专门机构，来推动上述项目的落实。②

值得特别关注的是，在抗日战争期间，中国共产党领导的陕甘宁边区政府为加强抗日民主根据地战时经济和文化建设，于 1942 年初，也组织发起了一次大规模的“延安自然科学运动”。这场运动的宗旨和主要任务即在于通过“开展自然科学大众化运动”，向民众普及科学知识，破除封建迷信，推进边区的文化建设；促进自然科学理论在工农业生产与经济建设中的应用等。对此，当时作为中共中央机关报的《解放日报》专门刊发了社论予以阐述：“首先，我们现在提倡自然科学，是为着改进边区农业和工业的生产技术，发展与提高边区物质的生产……其次，我们现在提倡自然科学，是为着扫除边区人民迷信的、愚昧的、落后的思想和不卫生的习惯，普遍提高人民大众的文化水平……现在我们要发展抗日的文化建设，发展新文化运动，提高人民文化生活的水平，就必须提倡自然科学，把最基础的知识普及到人民中间去。”③

---

① 《创刊词——科学大众化大众科学化》，载《科学大众》（第一卷）（1937 年）第一期。

② 《第二次中国教育年鉴》，商务印书馆 1948 年版，第 1129 ~ 1130 页。

③ 《提倡自然科学》，载《解放日报》1941 年 6 月 12 日。

为推进边区科学大众化运动的开展，成立于1940年2月的“陕甘宁边区自然科学研究会”，先后在《解放日报》上开辟了《科学园地》、《卫生》等副刊，以及《自然界》、《急救常识》、《学业知识》、《建设集锦》、《知识问答》、《药用植物》等专栏，向边区军民传播各种科学常识，尤其是突出宣传了在战时环境下急切需要的防空、防毒、防灾、防疫等方面的实用知识。除此之外，该会还通过举办科学讲座等形式向群众进行科普宣传。中宣部、中央文委和通俗读物出版社也联合刊印发行了为数众多的科学普及读物，推动了边区科学大众化运动的深入开展。

三

本书主要通过对近代大众科普渠道中几个主要方面的介绍论述，展示自鸦片战争至中华人民共和国成立百余年间我国民众科普事业发展的历程。

在近代科普渠道中，最具有实体意味的，可能是图书馆、博物馆、民众教育馆、科学馆等与科普事业相关的公共文化教育场馆。近代图书馆由传统的藏书楼发展而来，但受西方公共图书馆功能定位的影响，近代图书馆极大扩展了古代藏书楼的社会功能，科普也成为其重要功能之一。近代意义的博物馆出现在1840年之后，所办事业不仅有对古代文物的收藏、保存、展览和研究，也涉及对自然科学、现代工艺之材料与标本的采集、保管、陈列和说明。正是近代博物馆的新特点，使它具备了大众科普教育的功能。近代图书馆和博物馆的科普功能有时表现得十分明显，如成立于19世纪70年代的上海格致书院，就是一个集学校与公众文化机构于一体的场所。其藏书楼和博物院是书院的主要组成部分，“院中陈列旧译泰西格致诸书，各种史志，上海制造局新译诸书，各处旧有及续印新报，西国文字各种格致机器新旧之书，格致机器新报机器新式图册，以及天球、地球各种机器小样，天文仪器，化学各器，格致入门各器，五金矿石各样。”[①] 格致书院的藏书楼和博物院不仅对院内肄业诸生开放，也对社会公众开放，而且是它建立的初衷，因此它在上海近代早期公众科技文化的传播中扮演着重要角色。民众教育馆是南京国民政府成立后出现的新兴事业，其前身可以追溯到北洋政府时期的通俗教育馆。恰如其名称，民众教育馆是实施各种民众教育的基础设施，是社会教育的机构之一，但科普教育是其职能的一部分。有些民众教育馆在组织结构上还明确将科普教育作为其重要职能，如江苏省立南京民众教育馆组织结构中就有科学部，下设理化、卫生、博物、推广各股，专职从事民众科学普及工作。

---

① 钱钟书、朱维铮：《万国公报文选》，生活·读书·新知三联书店1998年版，第450~452页。

在各种公共文化教育场馆中，科学馆虽然出现得最晚，但它却是专门的公众科学教育设施，其功能与科学教育、科学的大众化直接相关。近代科学馆的产生缘于补救学校教育中理科实验教学的不足。五四新文化运动时期，在一些重要教育会议中，有不少提案建议在中等学校相对集中的地区，集中人力财力，设立公共的科学教育实验基地，以改变我国科学教育中实验教学薄弱的局面。后来，有人直接称这种实验基地为“科学馆”，并同时赋予它公众科普教育的职能。1928 年南京国民政府成立后召开的第一次教育会议上，王琎曾提出《促进各省设立科学博物馆》的议案，指出“学校科学教育者，无论其为高等学校，或低级学校，皆受人数、经济、地点、年龄、时间等种种限制，不能尽量推广。若各地设立科学博物馆，则在无论何地何时，对于无论何人，皆可公开展览，而无各种限制之缺点。”① 这是一种以民众科普为主要职能的“科学馆”。

公共科学馆在以后的实施过程中，其功能上经历了由最初的专门为学校科学教育服务的公共实验场馆向普及民众科学知识的公共文化教育机构转化的过程。当 1930 年湖北省首次成立公共科学实验馆时，其任务相当专一，即提供武汉地区的中学理科实验。1933 年福建科学馆成立时，则明确将“普及民众科学知识”和“解答社会上关于科学疑问”写入《组织大纲》的首条。1941 年国民政府教育部以行政手段推广科学馆，在所颁布的《省市立科学馆规程》中规定科学馆内部组织包括总务、展览、推广三部，旨在适合民众科学教育的推行，而提供和指导学校科学实验，仅是科学馆的一个并不突出的任务。

20 世纪 20 年代，电影、广播等新一代大众传媒技术开始运用于教育领域，产生了“视听教育”（Audio－Visual Education）的概念。不久，电影、广播等也成为我国开展公众科普教育的一个新兴渠道。

电影在清末引入中国后主要运用于娱乐业，但也有人开始注意到电影的通俗教育价值，如 1907 年袁希涛在江苏省宝山县设立的通俗教育社就曾集资购买了电影放映机，放映军事、卫生教育等影片。20 世纪 20 年代初，商务印书馆影片部开始拍摄一些科教片，如《盲童教育》、《女子体育观》、《养蚕》等②。1922 年，金陵大学农学院开始引进并自制幻灯片和影片来辅助其农业推广事业。1932 年，我国部分教育界和电影界人士有感于意大利人博斯（Bos）在上海组织的“教育电影协会”，并代表中国参加国际教育电影协会组织，于是在南京成立了“中国教育电影协会”，旨在通过协会的活动让中国诞

① 中华民国大学院编：《全国教育会议报告·乙编》，1928 年版，第 538 页。

② 胡星亮、张瑞麟主编：《中国电影史》，中国广播电视大学出版社 1995 年版，第 24 页。

生更多“有益于社会的影片”。“有益于社会的影片”取材有五项标准，“灌输科学知识”是其中之一。事实上，推进科学电影的放映是“中国教育电影协会”的重要工作之一。如1935年4月至1936年3月的年度计划中，就有面向中等学校放映科学电影的计划，“暂就物理、化学、生物三学门，选择适合中等学校学生观看之理、化、生物影片各二十卷，巡回放映。”同时，还附有这六十卷影片的片名表。[①] 20世纪30年代后，随着部分省市科学馆的建立，电影也成为科学馆向民众进行通俗科学教育的常用手段。

相对于电影而言，无线电广播作为大众传媒手段，虽然没有可视效果，但更具有受众广，“无远弗届”的优势。1928年12月国民政府公布《中华民国广播无线电台条例》，对电台的设置进行规范后，在20年代末、30年代初，有不少地方民众教育馆和大中学校，开办有功率不大的教育性广播电台，面向本地或本单位播音。1933年，开始有“中国科学化运动协会”的成员利用中央电台开设科学大众化的讲座。1935年5月教育部与广播事业管理处商定利用中央广播电台播送教育节目计划；经过近半年的准备，10月10日，教育部延聘各科专家在中央广播电台进行教育播音，开始了民国时期最为持久和系统的教育播音计划。播音分别以中学生和一般民众为对象，重点收听对象为中等学校和各地民众教育馆。从实施的播音内容看，对中学生的“科学演讲”和对一般民众的“科学常识”播音，是这次教育播音整体计划中最主要的内容，所占比例分别为51.4%和44.4%。可见，科普是这次教育播音计划的重点。

由于中国近代动荡多变的形势，加之中国社会经济落后，民众缺乏必要的物质条件（例如无线电授受机），虽然国民政府曾一度在组织、立法、经费等诸多方面，对电影、广播等现代传媒技术运用于教育给予支持，但其在科普事业中的优势并未得到突出彰显。

利用科技期刊和科普读物宣传科普，是近代中国科普教育中最普遍的渠道，也是传媒中最传统的形式。

近代中国最早出现的是一些综合类期刊，刊载的内容十分庞杂，所介绍科技知识与其他学科的知识混杂在一起，并非以传播科学知识为创刊宗旨。由于早期的期刊大多数为传教士所办，多带有强烈的宗教色彩。1876年上海出版的《格致汇编》，堪称是我国19世纪延续时间最久的科普期刊。初为月刊，1880年改为季刊，累计先后出版共七年，一直到1892年最终停刊。《格致汇编》的稿件虽大部分由英国传教士傅兰雅撰写，但也有中国学者徐寿、徐建寅、华蘅芳等人参与撰稿。内容主要是自然科学基础知识、工艺技术、

① 《中国教育电影协会会务报告（1935年4月至1936年3月）》，第4~6页。

科技人物传记和答读者问，自然科学基础知识方面内容相当广泛，包括数学、物理、化学、天文学、地理学、生物学、医学、药物学等。《格致汇编》是对我国民众影响最为深远的早期科技期刊。维新运动特别是民国成立之后，报纸、期刊成为传播大众文化和学术文化的最普遍的形式，我国近代科技期刊也开始形成明显的特色。到民国时期，不仅各分支学科都有相应的期刊，有些学科业已形成了不同层次的期刊，涌现了众多的科技普及型期刊，在民众科普中发挥了重要的作用。

与科技期刊的发展趋势不同的是，我国近代早期译自西方的科学书籍大多保持了原著的原貌，以学科的形式出现。可以说，在清末乃至民国初年，还处在对西方近代科学的分科引入阶段，在所翻译的科学读物中很多是教会学校的教科书，以后也被用作新式学堂的课本，真正称得上用通俗的方式讲解科学和技术问题的科普作品很少。五四新文化运动时期，随着科学地位的提升和学校科学教育的发展，形成了一定数量的科学认知群体，无论是科普的创作群体还是其受众规模，都有了明显的扩大，开始逐渐将西方的经典科普作品介绍进来，同时也出现了不少本土的科普作家和作品。在不断发展过程中，科普读物的体裁在不断的丰富和多样化，不仅有来自国外的“科学小说”，还有中国人自创的“科学小品”，以及“科学故事”和“科学童话”。

（王伦信）

第一编 中国近代科普教育场馆和技术

引 言

近代科普教育体系的构成颇为复杂，按科学教育的相关实体，或许可以初步地把近代科学教育体系粗略地分为以下六大部分：①专业科研机构；②科学普及社团和机构；③科学教学机构（学校）；④出版科普图书、杂志、报纸的出版单位；⑤制作和播放科普作品的电台、广播站；⑥具有部分科普功能的公众场馆。

本编关注公众场馆和部分科研机构的科普功能以及电影和播音技术在科普上的运用。涉及的这些机构的独立性，决定了论文的关注点是比较分散的，而可以把这些相对独立的机构和科普方式整合在一起最主要的逻辑基础，是它们的科普功能。

“场馆”和“技术”既是近代科普教育的实体和媒介，也是本编论述近代科普教育的视角。由于这几个概念都是普通的日常词语，很难也没有必要赋予高深的理论内涵，因此，这里仅就其在本编中的具体所指稍作说明。

场馆是一定的建筑和场合的指称。近代场馆的出现服从于教育大众化、科学普及化的目的，即场馆的“公共性”是时代赋予的新特征。所谓“公共”即属于社会的，公有公用的，面向社会上大多数成员的；而非仅仅属于私人或小团体，为极少数人服务的。本编论及的与近代科普教育事业相关的场馆，主要有图书馆、博物馆、民众教育馆和科学馆这几类。

图书馆由传统的藏书楼发展而来。到了近代，受西方公共图书馆功能定位的影响，现代意义的图书馆相继建立，取代并极大扩展了古代藏书楼的社会功能，科普也成为其重要功能之一。

博物馆是搜集、保管、研究、陈列、展览有关历史、文化、艺术、自然科学、技术等方面的文物或标本的机构。1974 年通过的《国际博物馆协会会章》第三条规定：“博物馆是一个不追求营利、为社会和社会发展服务的、公开的永久性机构，对人类和人类环境见证物进行研究、采集、保存、传播，特别是为研究、教育和游览的目的提供展览。”现代博物馆的目的，是所谓

"3E"原则（Educate、Entertain、Enrich），即教育国民、提供娱乐和充实人生。

民众教育馆是国民政府成立后的新兴事业，其前身是北京政府时期的通俗教育馆。最早设立的通俗教育馆，是1915年设立的江苏省立南京通俗教育馆。北京政府时期的通俗教育馆职能主要是审查小说、剧本，编辑讲演稿，同时，也自编或改编剧本，审查教育书籍、画片，刊行时事材料。国民政府时期，省（市）立民众教育馆设总务、教导、生计、艺术、研究辅导五个部门，县（市）立民众教育馆设总务、教导、生计、艺术四部，其职能比通俗教育馆要扩大许多。比如，教导部的工作就包括办理民众学校、补习学校、图书阅览、健康活动、家事指导和通俗演讲，艺术部要办理电影、幻灯、播音、戏剧音乐和各项展览。

科学馆是南京国民政府成立后开始出现的公众文化教育设施，较早有湖北、福建等少数省设立，1941年得到国民政府的行政推广。图书馆、博物馆的功能虽然不限于科学普及，但它们都是重要的科普设施，或者说，科普可以成为它们的一项重要功能。而科学馆的功能则与科学教育、科学的大众化直接相关。科学馆一般设研究、推广和展览三组，任务有以下四项：普及民众科学知识；辅助学校科学教育；解答社会上关于科学的疑问；致力于自然科学的研究。

其他与科普相关的场馆还包括讲演所、展览室、民众问字及代笔处、民众学校、民众阅报处、民众茶园等。

技术的进步带来了教育工具的更新。在近代，随着国外视听教育（Audio – Visual Education）的盛行，近代媒体技术开始进入中国教育领域，其中，幻灯技术、电影技术和播音技术是影响我国近代科普事业最重要的技术手段。由于国民政府对教育电影和教育播音加以提倡和推行，而幻灯则一直处于辅助教具的地位，因此，本编论述的重点是电影和播音技术在科普领域的运用。

就目前的研究看，研究公众场馆、电化教育的科普职能的文章和著作可谓汗牛充栋，但是把这个问题作为教育史的问题加以研究的成果却十分稀少。本篇关注的恰恰是科普体系中比较"边缘"的一部分，因此，研究成果相对较少。本编试图围绕中国近代公众科普教育体系的建立与发展，分别就场馆和技术这两个相对独立的分支做一个纵向的梳理，其中，科学馆作为专门的民众科普设施，将受更多的关注。

第一章

中国近代的公共文化教育场馆与科普教育

图书馆、博物馆、民众教育馆和科学馆，都是近代出现的重要的公共文化教育场馆，这些场馆的出现促进了科普教育事业的发展。其中，科学馆更以向民众普及科学知识作为其常规工作，表现出更高的专业性，将另章专门叙述。近代除了这四类场馆外，讲演所、民众学校、展览室等，也与科普教育事业有一定的关系。

第一节　近代图书馆与科普教育

图书馆是搜集、整理、收藏图书资料供人阅览参考的机构。中国有非常悠久的藏书传统，但在古代，不管是官府藏书、私家藏书、寺观藏书还是书院藏书都很难做到保存与普及兼顾。到了清末民初，西学东渐，现代意义的图书馆相继建立，取代并极大扩展了古代藏书楼的社会功能①。

一、近代图书馆的产生和发展

从19世纪初期起，来华的传教士开始在中国创办出版机构，并将西方现代印刷术输入中国。教会办的藏书楼和图书馆，以天主教会在北京建立的北堂图书馆（1700年建，不对外开放）、在上海建立的徐家汇天主教堂藏书楼（可追溯到1844年，极少对外开放）*和工部局公众图书馆（1849年，上海公共租界当局创办“工部局图书馆”，1851年改称上海图书馆，1913年改名为公众图书馆，英文名称Public Library, S. M. C. 常译作“工部局公众图书馆”，面向公众开放，但读者以外侨居多）最为著名。这些图书馆是西方近代图书馆在中国的翻版，虽然多数不对国人开放，但为中国从旧式藏书楼向近代图

① 对藏书史、图书馆史的研究有许多专著，在此，仅录几本：《中国藏书楼》（任继愈，辽宁人民出版社，2000年12月）、《中国藏书通史》（傅璇琮、谢灼华，宁波出版社，2001年2月）、《中国历代藏书史》（徐凌志，江西人民出版社，2004年7月）、《中国图书和图书馆史（修订本）》（谢灼华，武汉大学出版社，2005年10月）。

书馆转变提供了学习的榜样。

戊戌变法之前，思想界的有识之士开始认识到开办图书馆的重要性。郑观应在1892年写的《盛世危言》中就有《藏书》一文。他说“泰西各国均有藏书院”，主张政府应该尽快饬令各地设书院，“购中外有用之书藏贮其中，派员专管。无论寒儒博士，领凭入院，即可遍读群书”，如此，“数十年后，贤哲挺出。兼文武之资，备将相之略”①，国家焉能不富强？维新派人士康有为、梁启超也主张要学习西方，在文化上就要废科举、兴学校、办报纸、开书局。这一时期，清政府对此类呼声并没有正面的回应，但此时，近代公共图书馆的雏形已经开始出现。

到1887年，京师同文馆的藏书已经初具规模。京师同文馆与江南制造局翻译处、广州广方言馆都是培养新式人才的地方，都附设藏书楼，供学生日常学习用。维新派建立的新式学堂中也普遍设有藏书处，比如，江南储才学堂章程就规定“学堂购备中国各种书籍，系属学生公用……”。1870年，上海广方言馆《开办学馆事宜章程十六条》也有“储群籍以资稽考”一条，邮购西方制造之书，对西书中“天地人物食货兵刑之书”也要“择要酌购”②。

政府开始考虑开设图书馆事宜始于刑部尚书李瑞棻。他在1896年的《请推广学校折》中奏请推广学校，并认为“与学校之益相须而成者概有数端……”第一就是设藏书楼。朝野人士的主张，推动了当时许多刚成立的学会、报馆、译书局纷纷设立藏书楼。比如，1895年成立的上海强学会，就将“开大书藏”作为学会四大要务之一，确立了“广考镜而备研求”的学会藏书楼宗旨③，为后来学会藏书楼所仿效。圣学会、质学会章程中分别有“广购书器”、“储书”条，而且都注重西学书籍的购藏。苏学会规定了《看书七条》，对图书采访、分类、编目、流通、借阅和赔偿制度做了详细规定，是学会藏书楼中管理比较完善的典范④。

1898年，光绪下诏取消书院，书院藏书楼的历史遂告终结，许多藏书楼转为近代的学校图书馆或地方图书馆。变法失败后，一切旧制逐渐恢复，但新学的趋势是难以阻挡的。最终，1901年9月14日，清政府下令“着各省所有书院，于省城均改设大学堂，各府及直隶州均改设中学堂，各州县均设小

---

① 郑观应著，辛俊玲评注：《盛世危言》，北京：华夏出版社2002年版，第134页。

② 高时良编：《中国近代教育史资料汇编·洋务运动时期教育》，上海教育出版社1992年版，第189页。

③ 见《上海强学会章程》，转引自汤志钧、陈祖恩编：《中国近代教育史资料汇编·戊戌时期教育》，上海教育出版社1993年版，第78页。

④《看书七条》见汤志钧、陈祖恩编：《中国近代教育史资料汇编·戊戌时期教育》，上海教育出版社1993年版，第104页。

学堂，并多设蒙养学堂。”① 1902 年，清政府颁布《钦定学堂章程》规定：“大学堂当附属图书馆”。这是第一次在中国官方文件上出现“图书馆”一词。1901 年安徽省绅士创办“皖省藏书楼”，这是从封建藏书楼到公共图书馆的过渡形式。1902 年京师大学堂成立的藏书楼，是我国第一所官办近代大学图书馆。1904 年，徐树兰创办的“古越藏书楼”正式向社会公众开放。1905 年，湖南巡抚庞鸿奏请成立了我国第一所官办图书馆湖南图书馆。

1909 年，清政府宣布“预备立宪”，在文化教育方面制定了一系列政策。在学部《分年筹备事宜折》中称：“宣统元年（1909），颁布图书馆章程……京师开办图书馆……宣统二年（1910）……各省一律开办图书馆。②”随着这一措施的颁布，各省纷纷筹建图书馆。1909 年 12 月颁布的《京师及各省图书馆通行章程》规定，“各省图书馆亦须依限于宣统二年（1910）一律设立”，但因辛亥革命起而遭废弃。据《中国近现代图书馆事业大事记》统计，从 1901 年到 1911 年，大致建有图书馆（室）41 所，公共图书馆有国立 1 所，省级 17 所，市县级 4 所；公共藏书楼 5 所，阅览室 2 所；学校图书馆 9 所；专门图书馆 3 所。藏书机构的名称逐渐从“藏书楼”过渡到“图书馆”③。

尽管民国成立前的 10 年间，近代图书馆已经略有规模，但真正大规模地创建新式图书馆并使之初步形成体系，则是在民国。据统计，到 1930 年，全国已有普通图书馆 903 所、专门图书馆 58 所、民众图书馆 575 所、社教机关附设图书馆 331 所、专业团体附设图书馆 107 所、书报处（包含巡行文库）259 所、学校图书馆 654 所、私人藏书楼 8 所，合计 2935 所④，尤其重要的是公共图书馆达 2068 所。到抗战前夕（1936 年），已有普通图书馆 1502 所、学校图书馆 2542 所、民众图书馆 990 所、机关团体图书馆 162 所，合计已达 5196 所⑤。抗战期间，沦陷区和战区共损失图书馆 2118 所，残存的图书馆也辗转迁移，藏书、馆舍和设备都大量损失，元气大伤⑥。

---

① 《上谕：人才为政体之本》，引自汤志钧、陈祖恩编：《中国近代教育史资料汇编 · 戊戌时期教育》，上海教育出版社 1993 年版，第 319 页。

② 陈学恂主编：《中国近代教育史教学参考资料（上册）》，人民教育出版社 1987 年版，第 743 页。

③ 具体的 41 所图书馆见来新夏：《中国近代图书事业史》，上海人民出版社 2000 年版，第 209 ~ 211 页。

④ 《第一次中国教育年鉴》，丙编，第 799 页。

⑤ 据《申报年鉴》统计，转引自桑健编著：《图书馆学概论》，辽宁教育出版社 1985 年版，第 107 页。

⑥ 同上，第 112 页。

二、图书馆的科普教育事业

科普教育事业并不是近代图书馆的专项事业，但近代图书馆的诞生和发展，显然对推动科普教育（科学教育）事业有积极的影响。图书馆的内在特点，决定了它对科普教育的影响主要是以购置相关书籍提供读者阅览的形式产生的。此外，近代图书馆也有办图片展览、巡回书库、邮寄借书等尝试，尽管不是专门为科普而举办，但不失为图书馆办科普的有效方式。

1. 图书馆自然科技类图书的收藏有利于科普教育事业

早在公共图书馆诞生之前，维新派的各类新式学校以及强学会、苏学会等社团附设的藏书楼，都已经开始注重西书的收藏。如上文所述，上海广方言馆着意邮购西方制造之书，对西书中“天地人物食货兵刑之书”也“择要酌购”①。1901 年，格致书院藏书楼有三分之一是西学译本书②。强学会、圣学会、质学会等都注重西书的收藏，以“专崇孔子”、“专明孔子之学”为已任的圣学会，在其会章中都规定“西人政学及各种艺术图书皆旁搜购采，以广考镜而备研求……并购天球、地球、视远、显微镜，测量气学各新器，皆博览兼收”③，足可见当时对西书、西器的重视。这些学校和社团的藏书楼不仅利于相关学生的学习，也有助于向社会公众传播西学。

1909 年 12 月，清政府颁布《京师及各省图书馆通行章程》，规定除私家著述有奉旨禁行及宗旨悖谬者及海外图书中“宗旨学说偏驳不纯者”不得采入外，中外图书均在收藏范围之内。1915 年，民国教育部先后颁布的《通俗图书馆规程》和《图书馆规程》，虽然延续了与前清图书章程相同的藏书限制，但都开宗明义地指出，图书馆的功能是“储集各种通俗图书，以供公众之阅览”，更加强调广收中西通俗书籍，提供给大众阅览，体现了为普通民众服务的近代图书馆精神。1927 年 12 月，国民政府大学院公布《图书馆条例》。取消大学院制后，1930 年 5 月，教育部颁布了修订的《图书馆规程》，规定“各省及特别市应设图书馆，储集各种图书供公众阅览”。1944 年 3 月，教育部颁布《图书馆工作实施办法》，1946 年 10 月和 1947 年 4 月分别颁布修订的《图书馆规程》④。这些图书馆文件都把“选购或征集中外图书表册”作

---

① 高时良编：《中国近代教育史资料汇编·洋务运动时期教育》，上海教育出版社 1992 年版，第 189 页。

② 上海地方志办公室编：《上海图书馆事业志·大事记》，具体链接为：http://www.shtong.gov.cn/node2/node2245/node4457/node55857。

③《两粤广仁善堂圣学会缘起（附会章）》见自汤志钧、陈祖恩编：《中国近代教育史资料汇编·戊戌时期教育》，上海教育出版社 1993 年版，第 96 页。

④ 相关具体文本见教育部编：《教育法令》，中华书局 1947 年 5 月版。

为采编部的主要工作事项，都强调图书馆的公众阅览功能。近代图书馆对自然科学书籍的收藏以及对这些书籍的流通的促进，必然有利于科普教育。

在各类图书馆中，部分图书馆所藏的自然科学书籍较多。北海图书馆的藏书主要是自然科学方面的，在1929年9月并入国立北平图书馆之前，共有杂志991种、3200册（整部杂志180多种）、中文书籍74600册（善本6000册）、日文书籍1000多册、西文书籍2.7万册、西文小册子33082册、地图71册又756幅、金石拓片1700余种。在各类专门图书馆中，实业部的中央地质调查所图书馆收藏有舆图和地质图2万余幅；中国科学社明复图书馆收藏有完整的外文自然及应用科学杂志；上海自然科学研究所图书馆收藏了比较丰富的日文图书①。

2. 图书馆的社会教育功能与科普教育事业

中国近代图书馆从诞生之初就具有的一个显著特点是，把图书馆当成一项教育事业来办。这不仅体现在郑观应、李瑞棻等人设立图书馆以培养人才的初衷上，也体现在近代图书馆自出现起，在设置上由学部提出，由教育行政部门来管理。比如，1909年的章程规定，京师图书馆由学部核定并筹拨经费，各省图书馆由提学使司核定并筹拨经费。民国成立后，在教育部颁布的《官职令》、《教育部官制》等章程中，“图书馆事项”和“通俗图书馆事项”均由社会教育司执掌②。1915年以及1930年的《图书馆规程》中，都明确了图书馆的主管机关是教育行政机关。在1947年4月1日，教育部第17752号令公布的《图书馆规程》中，第一条就是“图书馆应遵照中华民国教育宗旨及其实施方针与社会教育目标，储集各种图书及地方文献，供众阅览；并得举办各种社会教育事业，以提高文化水平”，省市设立的图书馆的变更与停顿都必须咨请教育部核准备案③。一些教育家也把图书馆看成社会教育事业，比如，蔡元培主张“教育并不专在学校，学校以外，还有许多机关，第一是图书馆”（《何谓文化》）。中国社会教育社的发起人俞庆棠女士，更是主张把民众图书馆建成“实施民众教育的中心”。正是由于中国近代图书馆的观念和设施自产生以来，政府官员、教育家、图书馆学者都认为图书馆是社会教育的一部分，而向公众普及科学知识无疑是社会教育的内容之一。

提供公众阅览是图书馆的首要职责。1915年《通俗图书馆章程》第一条规定：“各省治、县治应设通俗图书馆，储集各种通俗图书，供公众之阅览。

① 来新夏：《中国近代图书事业史》，上海人民出版社2000年版，第304、309、310页。又，一说国立地质研究所在1922年获矿业界资助设立的图书馆，藏书籍四万余册，“为国内最完备的科学技术图书馆”——见武可桓著：《民众科学教育》，商务印书馆，1948年，第6页。

② 转引自王雷：《中国近代社会教育史》，北京：人民教育出版社2003年版，第338页。

③ 教育部编：《教育法令》，中华书局1947年5月版，第316页。

各自治区得视地方情形设之。私人或公共团体、公私学校及工场得设立通俗图书馆。”与当时的官办图书馆相比，通俗图书馆的数量多、读者广、影响大。比如，1915 年，湖北有 44 所，藏书 1.8 万册，每天读者 7000 余人，而当时的山东图书馆在 1915 年每天只有两三个读者①。1917 年，林传甲在呈教育部的《请整顿图书馆以广社会教育文》中也提到“京师图书馆阅览人数，本馆不如分馆，而分馆不如通俗图书馆……在天津、奉天等处，亦以通俗图书馆较为发达”②。到 1918 年，全国已经有通俗图书馆 286 个，巡回文库 259 个，阅报处 1825 处③。1923 年第九届教育会议通过“提倡设立公共图书馆与巡回文库案”④。1927 年和 1930 年分别颁布的《图书馆条例》和《图书馆规程》规定，“图书馆为便利阅览起见，得设分馆、巡回文库及代办处，并得与就近之学校订特别协助之约”，更加促进了流通图书馆、巡回文库的兴起⑤。

从民国时期的图书馆部门设置看，省立图书馆一般设总务、采编、阅览、特藏、研究辅导五个部门，县市立图书馆一般设总务、采编、阅览和推广四个组。阅览部（组）负责阅览、庋藏、参考、互借事宜，而县市图书馆的推广部则包括了演讲、播音、识字、展览、读书指导，补习学校及普及图书教育事项⑥。

通俗图书馆的推行以及采取的一系列便于读者阅览的措施，无疑推动了近代科学知识的普及，适应了近代人们改良社会，“开启明智”、“提高国民程度”的现实要求。图书馆社会教育功能的扩展，推动了近代科普教育的发展，尤其是流通图书馆、巡回文库的兴起，更是符合近代民众科普的规律。此外，当时有学者对乡村图书馆的藏书作了分类，科学技术类图书占了很大的比重⑦，但乡村图书馆的具体效果如何，笔者尚未找到确切的资料。

3. 图书馆的具体影响

购置科技书籍，提供给民众阅读、浏览，是图书馆对科普教育事业产生影响的主要方式。尽管我们承认近代图书馆对中西书籍的储藏，推出的一系列便于读者阅览的措施，这些都利于科学之普及，但由于缺乏具体的材料，这只是笼统概之。从一些个案看，图书馆的科普影响是比较有限的。

---

① 转引自桑健编著：《图书馆学概论》，辽宁教育出版社 1985 年版，第 95 页。

② 王雷：《中国近代社会教育史》，北京：人民教育出版社 2003 年版，第 347 页。

③ 转引自桑健编著：《图书馆学概论》，辽宁教育出版社 1985 年版，第 95 页。

④ 郃爽秋等编：《历届教育会议议决案汇编》，教育编译馆印行 1935 年版。

⑤ 王雷：《中国近代社会教育史》，北京：人民教育出版社 2003 年版，第 350 页。

⑥ 教育部编：《教育法令》，中华书局 1947 年 5 月版，第 317～320 页。

⑦ 《设立乡村图书馆须知》，引自傅葆琛：《乡村生活与乡村教育》（论文集），江苏省立教育学院研究实验部发行、无锡中华印刷局印 1930 年版。

以图书馆和出版事业都属发达的上海为例，上海市立图书馆 1931 年 1 月份购进的自然科学和应用技术类书籍分别为 74 册和 15 册，6 月份同类书籍购进数分别只有 15 册和 20 册，占两个月购书总量的 3.89%（共购置 3191 册）。1931 年 6 月的阅览人数只有 5195 人，开馆不久又因“一二·八事变”而告停顿。比较而言，1930 年成立的市立流通图书馆的情况稍微好些。据 1931 年的统计，该馆原有自然科学和应用技术类书籍分别为 234 册和 85 册，9 月份分别购进 4 册和 2 册，11 月份购进自然科学书籍 6 册，12 月份购进自然科学书籍 4 册；1932 年 1 月自然科学和应用技术类书籍分别购置 9 册和 2 册，7 个月共购置 27 册，占购书总量的 4.82%（共购置 560 册），所有科技类书籍占藏书总量的 8.15%。从 1931 年 7 月到 1932 年 1 月，7 个月的阅览人数分别为 3409 人次、3990 人次、4692 人次、5219 人次、3934 人次、2888 人次、3154 人次，总计 27286 人次，其中，7 个月阅览科学书籍的为 5005 人次①。整体而言，不管是科技书籍的阅览量还是科技书籍的典藏和购置，都不尽如人意。

科技书籍的阅览量与图书馆科技书籍的储量有关，一方面，当时的图书馆普遍经费紧张，即便在经济比较发达的上海，一遇战事图书馆的经费就紧缩，以至于上海图书馆不得不停办三个月②。另一方面，出版业没有提供充分的科技书籍，民国最初的 10 年里，鸳鸯蝴蝶派小说的创作量和销售量遥遥领先于其他各类图书。1927 年至 1936 年 10 年间，出版图书数量最多的是 1936 年，该年国统区共出版图书 9000 余种，“自然科学和应用科学类书籍占不到 5%”③。当时有许多学校仅仅依靠一套《万有文库》就办一个图书馆的事实或可以作为佐证。

与上海市立图书馆形成对比的是，当时上海最大的私立图书馆商务印书馆的东方图书馆，1930 年阅览人数达 36800 人次，借阅图书 4 万余册④——这与该馆具有 50 多万册藏书的雄厚的实力是分不开的。只可惜东方图书馆在 1932 年被日寇炸毁！

在民国时期众多的图书馆中，上海通信图书馆、上海《申报》流通图书馆和蚂蚁图书馆是值得注意的。它们的开创性工作，扩大了图书馆的读者范

---

① 以上所有数据根据《上海市教育局业务报告（二十年七月～二十一年六月）》统计，上海教育局编，华东师大教育信息资料中心特藏资料，第 13～17 页。

② 上海教育局编：《上海市教育局业务报告（二十年七月～二十一年六月）》，第 13 页。

③ 姚福申：《中国编辑史》，上海：复旦大学出版社出版，第 367 页。

④ 来新夏：《中国近代图书事业史》，上海人民出版社 2000 年版，第 310 页。

围和图书的利用率，值得图书馆开展科普教育时借鉴①。

第二节 近代博物馆与科普教育事业

博物馆往往与收藏文物联系在一起。中国古代皇家的宫室、祖庙和府库虽然没有“博物馆”之名，但却一样有收藏和保存的功能；历代也有许多私人收藏家，可以说博物馆的萌芽在中国源远流长。近代意义的博物馆出现在1840年之后，所办事业不仅有对古代文物的收藏、保存、展览和研究，也涉及对“一切自然科学、现代工艺之材料与标本”的采集，保管，陈列和说明。正是近代博物馆的新特点、新功能，使与文物相连的“博物馆”也与科普教育有了一定的联系。

一、近代博物馆的产生和发展

鸦片战争之后，随着中西文化的碰撞，国人对西方博物馆的情况有了一些了解。1849年刊行的徐继畲的《瀛环志略》中，已经提到普鲁士、西班牙、葡萄牙等国的“古玩库”。此后，游历外国的外交人员、洋务官员和留学生等，把亲眼所见的各类博物馆写入各类游记和随笔中。比如，《乘槎笔记》、《漫游随录》、《初使泰西记》、《随使日记》、《使美纪略》等，提到了“画阁”、“古物楼”、“集奇馆”、“积宝院”、“积古楼”、“博物院”等不同的名称，描述了外国博物馆的陈列展览等事项，使国人耳目一新。

19世纪末，资产阶级改良主义者把创办博物馆作为“新政”的内容之一，与废科举、兴学校、广译书、派留学生、设报馆等事项并举。最早明确提出建立博物馆的是上海强学会。在其1895年11月成立时公布的章程中，“开博物院”是和“译印图书”、“刊布报纸”、“开大书藏”并举的学会四大要事。章程认为，“文字明，其义不能明者，非图谱不显。图谱明，其体有不能明者，非器物不显”。还主张，“凡古今中外，兵农工商各种新器，如新式铁舰、轮船、水雷、火器及各种电学、化学、光学、重学、天文、地理、物理、医学诸图器，各种矿质及动植物，皆为备购，博览兼收，以为益智集思之助。”② 这些主张不仅为博物馆的建立做了舆论准备，也为近代博物馆和科

① 上海通信图书馆的工作，可参考桑健编著：《图书馆学概论》，辽宁教育出版社1985年版，第99～100页。关于后两者的工作，可参考来新夏：《中国近代图书事业史》，上海人民出版社2000年版，第312～314页。

② 《上海强学会章程》，转引自汤志钧、陈祖恩编：《中国近代教育史资料汇编·戊戌时期教育》，上海教育出版社1993年版，第77～79页。

普的联系埋下了伏笔。

早在中国人开办博物馆之前，外国人员及机构借助不平等条约，已经在中国开设了一些博物馆。1868 年，法国神父韩伯禄在上海徐家汇建立了震旦博物院（徐家汇博物院），主要收藏中国的植物标本和东南亚等地的物产标本，但不对外开放。1874 年，英国皇家亚洲文会华北分会在上海建立亚洲文会博物馆，内设考古、动植物、古生物、地质等组。1876 年 6 月开学的格致书院附设博物展览室，陈列工艺机械、实验仪器、动植物化石和标本等，并向公众开放①。

1884 年，张之洞曾在广州实学馆的基础上建立了博物馆，聘请詹天佑为教员，但不久改为广东水陆师学堂。1905 年，张謇筹建了第一个由中国人自主创办和管理的公共博物馆：南通博物苑。该馆一直发展到今天，2005 年 9 月度过了百岁诞辰。

张謇是清朝末年状元，近代著名实业家。他认为“欲国之强，当先教育”，而“欲兴教育”则“先兴实业”，热衷于办厂、办校。1905 年，他写了《上南皮相国请京师建设帝国博览馆议》和《上学部请设博览馆议》，要求清政府建立与图书馆为一体的博览馆，未被采纳。于是，他便自己在家乡南通筹建南通博物苑，购民房，迁荒冢，征集文物 2900 余件，先后开辟建起北馆、中馆、南馆和园圃，形成了一座综合性的博物馆。当时的南通博物苑分为自然、历史、美术三部分，后又增加了教育部分。因包含有植物园、动物园兼园林的性质，所以称为博物苑。除展出文物外，还展出有动物、植物、矿物、金石拓片、化石等。陈列形式系室内与室外结合，大型文物陈列于室外，并建亭加以保护。自然部分的陈列别有情趣，室内有标本，室外有饲养的动物和种植的花木，假山中布置着各种矿石②。1914 年，在张謇主持下编成《南通博物苑品目》两册，上册为天产部（自然科学类藏品），录动物类 460 号，植物类 307 号，矿物类 1103 号，共 1870 号；下册为历史、美术、教育类，共有藏品 2973 号。自然类藏品占了 62.9%③。抗战爆发后，南通博物苑遭受毁灭性的打击，直到解放之后才逐渐恢复。

辛亥革命之前，“宣统二年（1910 年）南洋劝业会教育馆是我国教育博物馆之雏形”④。辛亥革命之后，博物馆的社会作用进一步受到重视。1912

---

① 上海市地方志办公室编：《上海科学技术志·大事记》，具体链接为：http://www.shtong.gov.cn/node2/node2245/node4454/node60355/

② 文化部文物局主编：《中国博物馆概论》，文物出版社 1985 年版，第 9 页。

③ 张美英：《多识鸟兽草木之名——南通博物苑的自然藏品综述》，引自李让、李文昌主编：《博物馆的记忆与想象》，北京：学苑出版社 2005 年版，第 130 页。

④ 《第一次中国教育年鉴》，丙编，第 880 页。由于缺乏南洋劝业会教育馆的资料，留此待考。

年，教育部在北京国子监旧址筹设历史博物馆，历时15年，到1926年10月才正式开馆。1914年，内务部成立古物陈列所，1915年，江苏省在南京设立古物保存所。提倡"科学"、"民主"的新文化运动的兴起，更是进一步促进了科学文化活动的活跃，各省有关科学、教育的博物馆纷纷建立。据统计，1921年，全国博物馆已有13所，到30年代初，全国已有18省市设立了博物馆[①]。20世纪30年代是旧中国博物馆显著发展期，1933年，南京成立中央博物院筹备处，以蔡元培为首组成理事会，杨杏佛、丁文江等先后总理其事，拟定设立自然馆、人文馆、工艺馆。其中，自然馆计划陈列地质学、矿物学、动植物学展品，计划由李四光负责。因抗日战争爆发，人文馆建成后即停工。这一时期，广州市立博物馆、广西省立博物馆、北平静生生物调查所通俗博物馆、中国西部科学院公共图书馆等地方和学会博物馆也纷纷建立。1936年，在中国博物馆协会出版的《中国博物馆一览》书中提到的博物馆就有63个[②]。抗日战争期间，北方和沿海地区的博物馆或者被毁，或者内迁，国统区仅存的博物馆也很难开展活动，此时博物馆事业处于停滞状态。抗战胜利之后，由于交通、经费、人员等问题，博物馆的复员和文物接收工作进展缓慢[③]，随后由于政治原因，博物馆事业基本没有开展起来。

二、博物馆的科普教育事业

从强学会明确提出博物院要备购自然科学和应用技术的各类图书、器具以及矿质、动植物标本起，博物馆就与科普教育事业发生了联系。张謇的南通博物苑设有自然与教育两部，展出各种动植物和矿石，带有科普的功能。在近代博物馆中，有不少博物馆特意设置"科学部"、"物理、化学、生物组"之类的部门，收藏相应的图书、器具和标本加以陈列、展示和宣传。《国立中央博物院筹备处组织规程》规定的设立国立中央博物院的两条原则，就很能说明博物馆和科普教育（科学教育）间的联系。原则甲："国立中央博物院之宗旨为提倡科学研究，辅助民众教育。其任务为系统的调查、采集、保管、陈列并说明一切自然科学、人文科学及现代工艺之材料与标本。"原则乙："国立中央博物院分自然、人文、工艺三馆。自然馆范围以地质学、植物学及动物学为主，其他关于自然历史之科学材料均陈列之。"[④]

民国成立之前，与科学教育相关的博物馆除了上文述及的南通博物苑外，

① 根据《第一次中国教育年鉴》统计，具体博物馆见，丙编，第880、884～886页。

② 转引自文化部文物局主编：《中国博物馆概论》，文物出版社1985年版，第11页。

③ 向达：《战后两年来的国立图书馆与博物院》，载《中华教育界》1948年2月。

④ 《国立中央博物院筹备处组织规程》，教育部编：《教育法令》，中华书局1947年5月版，第11页。句读为笔者所加。

当属济南广智院最为典型[①]。

广智院的创办人是英国基督教浸礼会传教士怀恩光。怀恩光1878年入神学院，毕业后被派往山东传教。为扩大传教的影响，1887年，怀恩光等人在山东青州创办了郭罗培真书院，并在书院前设立一所展览馆，称“博古堂”。这是济南广智院的前身。博古堂内有历史、地理图表，博物标本和汽车电机的模型等陈列品，每年的观众多达5000余人。1904年济南开埠，胶济铁路全线通车，济南逐渐成为山东的经济、文化中心，怀恩光等人就将博古堂迁往济南。1905年，广智院在济南竣工，山东巡抚杨士骧等主持了落成典礼，怀恩光任院长。当时的广智院占地22亩，其藏品，种类涉及天文、地理、生物、化学、物理、人文等诸多学科，并按照标本、模型、图画三类进行了编目登记。

广智院的陈列室约有1800平方米，展厅内有标准化的展柜和镜框，采用了图表、实物、标本、泥塑和模型等较为直观的手段，陈列展品多达10000余件。除常年开放的展览外，广智院还每年组织一次类似农村卫生展览会的临时展览，同时，在每个礼拜日下午举办关于科学、卫生、哲学、宗教等的演讲。由于广智院展品的丰富以及对群众的亲和力，1912年，观众已达23万人次，1914年，增为28万人次，1930年，达40万人次。1922年胡适在参观广智院后，记下了当时群众参观的盛况。老舍先生定居济南时，多次游览广智院并写散文《广智院》，发表在1932年的《华年》周刊上。

虽然怀恩光等人创办广智院的初衷是想借“西洋景”吸引人，“用博物科学，开通民智，表明神的恩典”达到传教的目的，但是它展览的内容，在当时来说却具有一定的科学启蒙的作用，把长期封闭在这座古城里的人们带到了自然科学的新天地。

截至1931年，国立博物馆中，与（自然）科学发展相关较密切的是国立北平天然博物院。该博物院由农矿部在1929年向行政院建议，将北平农事试验场改组而成，供国立北平研究院研究之用[②]。

据《第一次中国教育年鉴》统计，截至1931年，各省市县建立的博物馆有18所，其中与科普教育关系密切的主要有以下几所[③]如表1－1。

---

① 广智院主要参考了以下资料：钟蓓：《济南广智院》（李让、李文昌主编：《博物馆的记忆与想象》，北京：学苑出版社2005年版，第196～198页）、《山东省志·1905年》（见 http://www.infobase.gov.cn）、中央电视台纪录片《古城开埠》·（第三集）（见 http://www.cctv.com/program/tsfx/20050328/101252.shtml）等。

② 《第一次中国教育年鉴》，丙编，第883页。

③ 根据《第一次中国教育年鉴》，丙编，第884～886页整理。

表1－1　民国时期与科普相关的博物馆

名称	立别及地址	组织	设备及年费	成立时间及馆长	备注
云南省立博物馆	省立。昆明翠湖公园	设天产、历史、美术、科学、教育、工艺6部	约值5万余元。3456元/年	1911.7 秦光玉	1932年4月改为省立昆华民众教育馆陈列部
济南广智院	私立。济南	院长下设事物、妇女、文字、成人、展览、少年、书报、美术8股	各种标本模型、写真图片等20余组，1万余件。分自然、实用、社会、美术、史地5大类。建筑设备值40余万元。8006元/年	1905 魏牧师	该馆注重科学常识、农林卫生及国有文化之介绍，并推进其自制模型，尤不可多得
江西省立科学馆	省立。南昌环城路永顺段	馆长下设物理、化学、生物3组，另设经济委员会和民众补习学校	建筑费1.5万元。有物理、化学室、生物标本剥制室等10余间。物理化学生物仪器1408件，化学药品10628件，标本模型2819件，图书368种，用具400余件，短波收音机1架。12648元/年	1925.9 刘耀翔	
兰州市立博物馆	私立。兰州省城文庙	馆长下设干事、司事、事务员兼会计共3人	房屋55间，有矿物植物地图各种照片等。1090元/年	1928 王遵先	经费由金陇希社拨给
浙江省立西湖博物馆	省立。西湖孤山	分设总务处，及历史文化与自然科学两部	价值共约20万元。38736元/年	1929.11 王念劬	
保定教育博物馆	公立。保定古莲花池内	分天然、历史、国货、艺术4部	价值约1万余元。1680元/年	1930.9 马抡之	该馆由各中学校合立，馆长由各中学校长轮流担任
福建博物研究院	私立。福州市东东街	分总务、研究、工务、模型、编辑、理化标本、生理、农业、药品、绘图、贩卖、采集12部	约值5万元。15000元/年	1933.3 曾睿	该馆制造动植矿物标本出售，成绩尚著

表中的“广智院”上文已有介绍，值得注意的是，年鉴将“江西省立科学馆”纳入博物馆项目加以统计，这表明了自然类博物馆的功能与科学馆功能的交叉。除了这两个博物馆外，其余博物馆的科学教育功能主要由“自然科学”、“科学”、“天然”、“天产”等与自然科学相关的部门承担，这表明近代的部分博物馆已经开始关注自然科学方面的内容，与古物保存所之类的博物馆有了本质区别。有的博物馆在组织设置上具体到物理、生物、化学、生理等科目，更是体现了其科学教育功能的专业性和针对性，当然，与此同时，这些博物馆的科普人群也因此相对缩小了。

上述博物馆的自然科学部门的设置还缺乏统一的规范，没有系统化，有各自为政、自由发展的特点。其具体工作主要以收集、制作和展示动植物和矿石标本为主，同时，陈列相关的图片，有的博物馆还制作并出售标本。上述博物馆涉及的科学领域，集中在动物、植物、地质、物理、化学、生理几个学科，覆盖面还不广。考虑到博物馆的以展览为主的工作方式，博物馆科学展品的影响主要在科学启蒙的意义上，不太可能作比较深入的科学研究。在行政管理上，当时对自然博物馆以及博物馆中的自然科技类藏品都没有专门的管理规程或条例。

第三节　民众教育馆与科普教育事业

民众教育馆是南京国民政府成立后才出现的新兴事业，其前身可以追溯到北洋政府时期的通俗教育馆。恰如其名称，民众教育馆是实施各种民众教育的基础设施，是社会教育的机构之一。和博物馆一样，科普教育（科学教育）是其职能的一部分。

一、民众教育馆的产生和发展

民众教育馆的前身是通俗教育馆，而通俗教育馆的设立又与通俗教育会密切相关。

1912 年 5 月，章太炎、于右任、张謇等在上海发起中国通俗教育研究会。该会以研究通俗教育设施方法，向普通人民灌输常识，培养公德，并启发有关社会教育之各事物为宗旨。此后，通俗教育事业逐渐在全国展开，成为北洋政府时期各地普遍设立的一种社会教育组织。1915 年教育部公布《通俗教育研究会章程》，明确其研究事项主要为小说、戏曲和演讲三股。小说股主要负责新旧小说的调查、改良、审核和撰译等工作；戏曲股主要从事新旧戏曲的调查、改良、审核及影片、幻灯等调查事项；讲演股负责讲演材料的搜集、审核，讲演稿件的选择与编辑，各种书画报的调查和改良等①。可见，通俗教育研究会的工作目的，是利用通俗的形式和手段来灌输民德，改良社会，与章太炎等人的初衷是吻合的。据教育部1918年的统计，“各省通俗教育会近年成立报部者颇多”，其调查所得全国有23个省设立了通俗教育研究会，总计达232个②。

南京国民政府成立后，由于当时民众教育思潮的盛行，同时民众教育与前期通俗教育馆和通俗教育研究会的工作多有相似之处，人们开始在通俗教育馆的基础上设立民众教育馆。1932年2月教育部颁布了《民众教育馆暂行规程》（以下简称《规程》）③，要求“各省市及县市应分别设立民众教育馆，为实施社会教育之中心机关”。在《规程》指导下，各地通俗教育馆均改为民众教育馆，由此，在名称（形式）上实现了从通俗教育馆到民众教育馆的转变。

《规程》明确了民众教育馆在社会教育中“中心机关”的地位；《规程》要求按行政区划省、市、县层层设置民众教育馆，体现了场馆设置的系统性；《规程》还要求，“县立民众教育馆先在省城或在县属繁盛市镇设立，逐渐推至乡村，隶属于县教育局”，这说明了民众教育馆是针对市镇和乡村的大众的，也说明了由市镇到乡村逐步推行的建馆策略；《规程》指出，私立民众教育馆也必须遵照该规程办理，并呈请所在地教育主管教育行政机关立案。

《规程》中规定，省市及县市立民众教育馆得设以下各部：①阅览部。书籍、杂志、图表、报纸之公开阅览，巡回文库、民众书报、阅览所等属之。②讲演部。固定讲演、临时讲演、巡回讲演、化妆讲演及其他宣传属之。③健康部。关于体育者，如器械运动、球类、田径赛、国术、游泳、儿童游戏及其他运动属之；关于卫生者，如生理、医药、防疫、清洁等属之。④生计部。职业指导及介绍、农事改良、组织合作社等属之。⑤游艺部。音乐、幻灯、电影、戏剧、评书、弈棋、各种杂技及民众茶园等属之。⑥陈列部。标本、模型、古物、书画、照片、图标、雕刻、工艺、各种产物、博物馆及革命纪念馆等属之。⑦教学部。民众学校、露天学校、民众问字处或问事处及职业补习学校等属之。⑧出版部。日刊、用刊、画报、小册及其他关于社会教育刊物属之。以上各部要求视地方情形，或全设，或先设各部，或酌量合并设置。由此可见，当时民众教育馆的内部结构是比较完备的，八大部门

① 《通俗教育研究会章程》，见朱有瓛主编：《中国近代学制史料》（第三辑·下册），第697～698页。

② 《第一次中国教育年鉴》，丙编，第696～697页。

③ 教育部编：《教育法令》，中华书局1947年版，第321～323页。

基本囊括了各种民众教育的活动内容；管理的社会教育事项面目繁多，在当时人才、经费都缺乏的情况下，要全面开展这些活动显然是有困难的；科普教育不是民众教育馆的专项内容，但它可以渗透在阅览部、讲演部、陈列部等部门的活动之中。

1939 年 4 月以及 1947 年 4 月经过修改后确定的《民众教育馆规程》，对民众教育馆的设置结构做了调整。该规程规定，省市立民众教育馆设以下各部：①总务部。文书，庶务及其他不属于各部之事项属之。②教导部。民众学校、补习学校、图书阅览、健康活动、家事指导及通俗演讲等属之。③生计部。职业指导、农业推广、工艺改良及合作组织等属之。④艺术部。电影、幻灯、播音、戏剧，音乐及各项展览属之。⑤研究辅导部。调查、统计、研究、实验、视察、辅导及民教工作人员之进修与训练等属之。对比可见，按照后期规程的要求，民众教育馆在部门设置上明显精简了：阅览部、陈列部、讲演部和教学部的工作基本归入了教导部；生计部增加了工艺改良的内容，改变原来以农业为上的旧格局；艺术部与原先游艺部基本相同，但对电影、幻灯、播音等技术内容更加强调，而“评书、弈棋、各种杂技”等民间活动则不再提及；原先健康部的体育内容不再属于民教馆，卫生内容并入教导部的“卫生活动”中；增设了总务部。1943 年，教育部第 62359 号令公布的《民众教育馆工作实施办法》，对五个部门的工作做了具体规定①。由此可见，经过实践的发展，民众教育馆逐渐定型。

民众教育馆从 1928 年开始发展，最初发展缓慢，1932 年的《民众教育馆暂行规程》颁布后，发展速度加快。从 1928 年到 1937 年的民众教育馆数统计如下②如表 1－2。

表 1－2 历年民众教育馆数量

年度（年）	1928	1929	1930	1931	1932	1933	1934	1935	1936	1937
馆数（所）	185	386	645	900	1003	1249	1249	1397	1509	828

从统计表可见，民众教育馆的数量在抗战爆发前保持递增的趋势，1936 年发展到顶峰。尽管如此，面对全国广大的区域，1509 所民众教育馆还是显得势单力薄，这与当时声势浩大的民众教育思潮形成了强烈的反差。

二、民众教育馆的科普教育事业

在有关民众教育馆的规程和工作实施办法中，我们不仅看不到“科学教

① 《民众教育馆规程》、《民众教育馆工作实施办法》见教育部编：《教育法令》，上海：中华书局 1947 年版，第 321～325 页。

② 本表原始数据见《第二次中国教育年鉴》，第十四编，教育统计，第 74 页。

育”、“科普教育”这样的词，连“科学”一词都难觅踪迹。但是，从民众教育馆的部门设置和工作事项的规定中，我们却可以确定，民众教育馆有科学普及的功能，其民众教育实践更证明了这一点。

事实上，各地民众教育馆的具体设置是不一样的——这一点在《民众教育馆暂行规程》中也获得了允许。比如，1929 年 8 月成立的山东省立民众教育馆，由山东公立图书馆、社会教育经理处、通俗讲演所三者合并而成，组织情况如下：

馆长 馆务会议
- 经济稽核委员会
- 康乐部（娱乐；健康）
- 研究实验部（研究；编译；发行）
- 会议辅导部（辅导；教学）
- 讲演部（普通讲演；化妆讲演；巡回讲演；演员训练班）
- 推广部（阅览；陈列；活动；讲习；附设团体）
- 各种临时委员会

而 1931 年 2 月成立的陕西省民众教育馆，是在当时省立中山图书馆、平民图书馆、天文馆、公共体育场等基础上建立的，组织情况如下：

馆长
- 总务部（文书股；会计股；庶务股；陈列股；统计股）
- 推广部（讲演股；组织股；编辑股；协进股；调查股）
- 教导部（图书股；健康股；艺术股；教导股；家事股）
- 各种会议（馆务会议、主任会议、部务会议等）
- 临时委员会（编审委员会、设计委员会）

可见，民众教育馆的组织设置不尽相同，但其性质是相同的，即它是一个综合的社会教育的管理机关，指导机关和实施机关，具有教育行政、业务指导、业务实施的综合职能。一般而言，科普教育并不是所有民众教育馆都要有的专项功能，但正是由于民众教育馆在设置上的灵活性，也有部分民众教育馆将“科学”专项列出。试以江苏省立南京民众教育馆为例，分析之。

江苏省立南京民众教育馆是最具影响力的民众教育机关之一，其前身是我国最早的通俗教育馆：江苏省立南京通俗教育馆。江苏省立南京通俗教育馆于 1912 年筹备，1915 年正式成立，内设事物、体育、图书、音乐等部。1916 年增设学校成绩展览室，1919 年其附设公共体育场独立，至此取消了体育部。1927 年由于驻军，该馆停顿，同年 7 月，江苏省教育厅聘刘季洪为馆长，该馆恢复。1928 年馆内组织增设为图书、科学、艺术、推广、编辑、教学、事物 7 部，成立大中桥试验区。试行大学区时期，改名为第四中山大学通俗教育馆、江苏大学区立通俗教育馆、中央大学区立通俗教育馆。1929 年 8 月取消大学区后，改名为江苏省立民众教育馆。1930 年，省立镇江民众教育馆，改定名称为江苏省立南京民众教育馆。1932 年组织又重新调整，社科学、图书、艺术、教导、研究、总务6部，并于南京西善桥设立乡村实验区。1933 年2 月，又增设推广和辅导委员会，并划定城东南为基本施教区[①]。至此，经历多次调整，该馆终于定型，并开展了各项事业和工作。后人评价“该馆成立近20年，为最早民众教育机关，一切内部组织，事业进行，多足供后起者取范，于吾国民众教育影响颇大”[②]。

定型后的江苏省立南京民众教育馆组织如下：

馆长馆务会议
- 稽核委员会
- 推广委员会
- 研究部（研究股；实验股；编辑股）{大中桥、西善桥实验区}
- 图书部（编藏股；阅览股；指导股）
- 教导部（公民股；教学股；生计股；家事股）
- 科学部（理化股；卫生股；博物股；推广股）
- 艺术部（音乐股；戏剧股；游艺股；国书股；美术工艺股）
- 总务部（交际股；文书股；事务股；会计股）
- 辅导委员会
- 设计委员会

该馆具有比较丰富的科普材料。该馆设生理卫生、生物、无生物、理化等展览室，共有各种图表 1702 件，模型 438 件，标本 359 件，实物 1282 件；有自然科学类图书 196 种，461 册，应用科学类图书 746 种，1423 册，针对儿童的自然科学类图书 36 种，207 册。

该馆的“一般事业”有“语文教育”、“生计教育”等六项。“语文教育”包含科学讲演工作；其“生计教育”包含举办自然科学展览、理化研究会事项；其“健康教育”工作中有开办民众诊病所，进行生理测验，开卫生讲习会，举办卫生流动展览会事项。该馆的“试验工作”包括“城市实验区”与“乡村实验区”两项，主要工作包括扫除文盲、办壁报、开阅书报处等。其“编辑刊物”工作中，除刊行《民众教育季刊》、《民众教育周报》两份较专业的民众教育刊物外，还编辑《民众常识画报》灌输各科常识，供一般民众阅览[③]。

民众教育馆中的科学教育事业更具有普及的意义，因为，正如江苏省立南京民众教育馆工作方针所说，民众教育馆“就对象言，以最大部分之力量

---

① 王雷：《中国近代社会教育史》，北京：人民教育出版社 2003 年版，第 317 页。
② 《第一次中国教育年鉴》，丙编，第 699 页。
③ 同上，第 699 ~ 705 页。

教育农工，失业民众，及失学青年”①。但是同时，正由于其对象是普通民众，而且是底层民众，决定了民教馆的工作内容更多的是与民众切身相关的生计教育、健康教育之类，对生活艰难的底层民众而言，科学展览也许只是如“西洋景”一般只有“看热闹”的价值。此外，民众教育馆这种“包罗万象”的特点，缺乏工作重点和中心，难免杂乱无章。中国社会教育社的发起人俞庆棠女士就评价说，“江苏省教育厅及各地民众教育馆不免徒具形式而少实际工作，施教区域广泛而不见效，又多在城市施教而少及乡村……”②，作为民教馆工作可有可无的一部分的科普教育工作，其实效就可想而知了。

① 《第一次中国教育年鉴》，丙编，第700页。

② 茅仲英主编：《俞庆棠教育论著选》，人民教育出版社1992年版，第221页。

第二章

科学馆及其科普事业

这里论及的科学馆，是作为社会教育机构的专门的科学馆，有别于前述的各地通俗教育馆、民众教育馆、民众学校及中心国民学校内设立的科学馆、科学陈列室、展览室等场馆。这一类科学馆的出现最早在20世纪30年代初，直到1941年，教育部开始注重民众科学教育的推行后，才通令各省市筹建。与博物馆、图书馆和民众教育馆相比，科学馆的推行工作起步最晚，加之抗战结束继之解放战争，科学馆事业发展缓慢。到1948年，全国省立科学馆仅有15座。尽管如此，科学馆的出现是追求科学大众化的结果，代表着科普工作的专业化发展趋向。虽然其历史很短，但它对于今天的科学馆事业和科普事业，却有筚路蓝缕的开创意义。

第一节　科学馆的产生和发展

科学馆是南京国民政府成立后开始出现的公众文化教育设施，它建立的初衷，是改善学校的科学教育条件特别是中等学校的理科实验条件，但最终向普及民众科学知识的公共文化教育机构转化。新文化运动时期，基于各校很难筹措到足够的资金建立具有基本配置的理科实验室，在历次全国教育会联合会年会及全国中学校长会议等重要教育会议上通过的诸多改进中学理科实验的议决案中，有部分议案建议：在中等学校相对集中的地区，集中人力、财力，设立公共的科学教育实验基地。

1928年5月，在南京召开了国民政府成立后的第一次全国教育会议，蔡元培在大会开幕词中将“提倡科学教育”作为今后教育应特别注意的三个方面之一。[①] 这次大会上共提交关于科学教育的议案10份，其中包括担任中国科学社董事及《科学》主任编辑的王琎所提交的《促进各省设立科学博物馆案》，任职商务印书馆编译所的郑贞文提交的《提倡中等学校及高级小学自然

① 中华民国大学院编：《全国教育会议报告·丁编》，1928年版，第1页。

科学学生实验案》等。综合这些提案，大会科学教育组最后议决通过了《提倡科学教育注重实验并奖励研究案》。该案建议："在经济困难之地，得由教育当局于适当地点，设公共实验所，使附近各校学生，轮流赴所实验。"①

首先将这一议案付诸实施的是湖北省教育厅。继湖北省之后，福建、安徽、山西、甘肃等省也相继成立了科学馆。1933 年成立的福建省立科学馆，首先明确将民众科普作为科学馆功能之一。1932 年年底，长期任职于商务印书馆编译所的郑贞文回乡任福建省教育厅长，1933 年 3 月，他借参加省政府委员会会议之机，提议设立福建省立科学馆，并在其《组织大纲》中明确其任务是"普及民众科学知识，补助学校科学教育，及解答社会上关于科学疑问之机关。"② 后来教育部于 1941 年颁布的《省市立科学馆规程》和 1946 年颁布的《科学馆规则》基本继承了这一宗旨。《省市立科学馆规程》规定"省立科学馆应遵照中华民国教育宗旨及其实施方针与社会教育目标，灌输民众科学知识，辅助学校科学教育"；《科学馆规则》规定"科学馆应遵照中华民国教育宗旨及其实施方针与社会教育目标，推行通俗科学教育事业并辅助学校科学教育。"科学馆的事业被明确在"推行通俗科学教育和辅导学校科学教育"两项上③。可以说，科学馆是实施民众科学教育的新兴阵地，也是实施民众科学教育的主要机关。

在思想意识上，教育界人士回顾了国人对科学的曲折认识，承认"我国科学教育较为落后"。同时也意识到，当时的科学教育只限于学校门墙之内，未能普及一般民众，没有促进科学大众化，是科学教育成绩难以显著的原因之一④。

抗日战争爆发也促使人们更加重视科技的发展。教育部的观点极具代表性："战争时期，人民为防护自身之安全，加强抗敌之效能，更需人人都接受科学洗礼，使充分具有科学知识，并扩大科学技术之应用。"为此，教育部制定了《推行民众科学教育实施项目》，其工作要点主要包括四项：编辑科学小业书；训练民众科学教育实用人才；设计并试制科学教育玩具及教具；督导全国各级学校及各种社会教育机关推行民众科学教育。这四大项工作中又包含了许多具体的工作，如果没有专门的机构去推动落实，就会成为一纸空文⑤。因此，落实上述工作事项成为设立科学馆的又一动因。

基于以上原因，教育部在 1941 年 2 月订立《省市立科学馆规程》，同年 8

---

① 中华民国大学院编：《全国教育会议报告·乙编》，1928 年版，第 536 页。

② 《福建省立科学馆概况》，1935 年编印，第 3 页。

③ 武可桓：《民众科学教育》，上海：商务印书馆 1948 年版，第 26 页。

④ 《第二次中国教育年鉴》，第 1129 页。

⑤ 《第二次中国教育年鉴》，第 1130 页。

月制订《省市立科学馆工作大纲》①，先后公布施行，并令饬各省市教育厅局尽速筹设——限于1942年度各省市至少设立省市立科学馆一座。由于推行较晚，加之科学馆事业的发展都在战争环境中进行，其发展比较缓慢。与其他公共场馆常常数以千计的庞大规模相比，到1948年，包括1941年之前成立的科学馆，省市立一级的（含重庆、上海市）全国也只有十余座；县市（普通市）立科学馆虽有独立设置的，但更多的是附设在民众教育馆内；法人和私人虽允许设立科学馆，但数量更为稀少如表2－1。

表2－1　民国时期的科学馆②

馆 名	简 况	备 注
山西省立科学馆	1933年设于太原 设有总务、教导、研究、生产4部	
福建省立科学馆	1933年设于福州西湖公园内 设有总务、展览、推广3部，附设科学教育用品制造所	内设生物学部、物理学部、化学学部、地质矿物学部、动物园、测候所等。首任馆长郑贞文，其后一直由黄开绳任馆长，工作成绩较显著③
甘肃省立科学馆	1939年设于兰州 设有研究组、推广组、展览组	1939年元旦为中英庚款董事会所设，原名甘肃科学教育馆，1944年8月隶属教育部后，改为此名
四川省立科学馆	1949年设于成都 该馆遵照部颁科学规则办理，设有总务、展览、推广3部，附设科学仪器制造厂	
湖北省立科学馆	1945年设于湖北恩施市金子坝 该馆遵照部颁科学规则办理，设有总务、展览、推广3部及会计室、研究委员会，附设科学仪器制造厂	前身为1942年由湖北公共科学馆（1930年成立，湖北省立公共科学实验馆）和鄂西科学馆（1940年成立）合并而成的湖北科学院。1945年1月改为此名，当时有职工23人，各种机械200余件，仪器设备1000余件④

① 1946年废除上述规程和工作大纲，同年7月另订《科学馆规程》和《科学馆工作大纲》，这两个文件见教育部编：《教育法令》，中华书局1947年版，第326~328页。

② 该表以《第二次中国教育年鉴》第1132页的内容为基础加以补充。

③ 黄笃文：《宏琳厝子弟与郭沫若的友情》，载《福州晚报》2006年2月20日。链接地址：http://www.fzen.com.cn/fzwb/20060220/GB/fzwb^8969^24^wba24001.htm。福建省情资料库：《地方志之窗·大事记》。链接地址：http://www.fjsq.gov.cn/showtext.asp?ToBook=22&index=1147。

④ 张于牧：《抗战时期湖北国统区农业技术概况》，载《中国科技史料》（第25卷）第2期（2004年），第108页。

续表

馆名	简况	备注
湖南省立科学馆	设于长沙东湖边 该馆遵照部颁科学规则办理，设有总务、展览、推广三部及会计室，附设科学仪器制造厂	
江西省立科学馆	设于南昌 该馆遵照部颁科学规则办理，设有总务、展览、推广、制造四部	
贵州省立科学馆	设于贵阳市棉花街 该馆设有物理、化学、生物、总务四部	原上海大夏大学化学系教授、主任兰春池为该馆馆长①。1942 年 10 月，中国天文学会第十八届年会在该馆召开②
广西省立科学馆	设于桂林 该馆遵照部颁科学规则办理，设有总务、展览、推广三部	1944 年被日军焚毁③
西康省立科学馆	设于雅安 该馆遵照部颁科学规则办理，设有总务、展览、推广三部	
云南省立科学馆	设于昆明 复员后迄未恢复	
重庆市立科学馆	设于重庆	
上海市立科学馆	1946 年设于上海	前身为创设于 1945 年 12 月的市立科学实验所。1946 年改组为市立科学馆，设立总馆办事处，至上海解放后停止活动④
私立中国西部科学院	1930 年设于四川北碚 设院长 1 人，下设总务处，置主任、会计、文书、事务各 1 人	

① 上海市地方志办公室编：《上海卫生志·人物》（http://www.shtong.gov.cn）。

② 吴美霞：《天文学会》，http://www.nwnu.edu.cn/wdxy/tianwentai/tianwenxuehui.htm。

③ 范大鹏：《日本掠走多少中国文物》，载《环球时报》2005 年 7 月 6 日第 23 版。

④ 上海档案信息网：《上海市立科学馆档案（全宗号 Q237）简介》，链接地址：http://www.archives.sh.cn/gczn/qzzhn/200302280305.htm。

第二节 科学馆与民众科普事业

一、科学馆的组织、人员和工作

概言之，科学馆的任务有以下四项：普及民众科学知识；辅助学校科学教育；解答社会上关于科学的疑问；致力于自然科学的研究①。其中，前两项“普及民众科学知识”和“辅助学校科学教育”是基本任务。按教育部《科学馆工作实施办法》② 的要求，科学馆在组织上需设置以下四部（组），四个部门的工作如下：

总务部（组）：收发、登记文件，分类保管；撰拟文件，典守印信；编制表册报告；编制预算、决算；掌管经费出纳和票据簿册；登记并保管公共财物；经理、购置、修缮各项设备；掌理环境、卫生、消防及工役监督；掌人事管理事项；掌理不属于其他部门的事项。

展览部（组）：分别征集、制备或选购我国有关科学史实、中外科学图书、表册、机件仪器、标本、模型、器材及科学教育用品并展览之；适应时机，举办各种中心展览，如国防科学展览、卫生展览、科学生产展览、科学现象图说展览等；编制各种展览图说；解答参观民众对各项展览的疑问；办理各类展览的分类登记并收藏保管；编造各项展览统计和报告；办理其他关于展览事项。

推广部（组）：调查区内科学教育实施情形并设法推广改进；调查区内迷信思想和习惯，应用科学教育方法，指导纠正；举行科学演讲或科学宣传；组织科学座谈会及科学化运动促进会，推广科学教育；辅助并供给学校科学试验；办理科学巡回施教工作；协助教育行政机关办理科学教育人员培训；辅助或协助区内社会教育机关、学校推进科学教育；答复各方有关科学咨询；办理其他关于科学教育推广事项。

研究部（组）：设置试验室，办理各种实验、化验、辅导学校科学实验；办理科学测验与统计；编辑科学壁报及科学读物，发表实验及研究报告，编辑科学刊物及各项科学课程；药品配制研究；仪器、标本、模型、图表设计；施教研究；办理其他关于科学研究事项。

按照教育部的设想，省市（县）两级科学馆还应该设置科学化运动促进

① 《第二次中国教育年鉴》，第1129页。

② 1946年月颁布，原文见教育部编：《教育法令》，中华书局1947年版，第326~327页。

会、经费稽核委员会、实验室、科学仪器制造所或修理所、巡回施教或表演工作队及其他各种委员会①。

科学馆这样的内部组织安排，是由对科学馆的功能定位决定的，是比较合理的。由于当时战争环境的限制，科学馆的工作不免大打折扣，在内部组织设置上也常常出现变通的情况，比如，不单独设置研究部（县市级不要求设研究组），把相关事项合并到展览和推广两部（组），仪器制造所、各种委员会的设置都不求面面俱到。但整体而言，各级科学馆都依据了展览、研究、推广的功能来组织。

教育部对科学馆的工作人员也提出了相应的要求。

馆长一人，由主管教育行政部门遴选合格人员，送上级机关审核后派员担任；地方自治机关、私法人或私人设立科学馆的馆长，则由设立机关、私法人或私人遴选人员呈报县市政府或教育局核定后派员担任，馆长任命或聘请事宜都必须同时呈报上级行政部门备案。科学馆内每部或组都设主任一名和干事若干，同时，可以酌情设置助理干事和雇员（主管行政机关视各馆事务的繁简程度规定最高或最低员工额），由馆长遴选任用，同时报上级备案。

省市立科学馆馆长的资格要求是："须专科以上学校毕业，曾任科学教育或社会教育职务三年以上卓有成绩者，或在学术上确有特殊贡献且对科学教育素有研究者。"省市立科学馆各部主任以及县市立科学馆馆长的资格要求是："须专科以上学校毕业，曾任科学教育职务二年以上卓有成绩者。"省市立科学馆干事和县市立科学馆各组主任干事的资格要求是："须中等以上学校毕业，曾任科学教育职务一年以上卓有成绩者，或有专门技术者。"

可见，科学馆在工作人员的选派上除了有学历要求外，还是比较注重工作经历的，而省市立和县市立科学馆相同岗位工作人员的资格要求恰相差一级。

二、科学馆实施民众科学教育的具体措施②

实施民众科学教育既是科学馆的目的，也是其功能，比之其他场馆，科学馆与民众科普教育的关系最密切，最不可分。概言之，科学馆的施教对象包括了各自辖区内的全体民众，而以低文化劳动者和中小学生为施教主体。科学馆的施教任务除了自身实施科学教育外，还被要求辅导或协助辖区内各社会教育机关及公私立学校推进民众科学教育。

从施教任务这一点上说，关注科学馆的科普功能不仅要关注科学馆本身，

① 武可桓：《民众科学教育》，商务印书馆1948年4月版，第30页。

② 这一部分主要参考了武可桓《民众科学教育》一书中的相关内容。

还要关注其和其他社会教育机关及学校的联系。同时，值得注意的是，这里的“公私立学校”主要是指公私立中小学校，因为1940年前后，对科学教育的实施，政府及民间科学运动团体的关注点，有一个从关注专门的科学研究机构到致力于学校科学教育的改良，再到关注民众科学教育的实施的转变。由此也可以看出，科学馆虽有辅助学校科学教育的责任，但其工作重点更在学校之外。当然，下文我们将看到科学馆对学校科学教育的特殊意义之所在。

为了更好地实施民众科学教育，科学馆应根据民众实际需要及当地固有习俗，运用各种教材、教具，同时联络社会团体和热心科学教育的社会人士，来增进其工作效能。综合各个科学馆的施教情况，可以看出，科学馆是通过以下种种方式，来建立民众科学教育的立体网络的。

1. 陈列与展览

教育展览有较久的渊源，早在清末，教育会和劝学所就主持过学校成绩展览会这样的展览，文献可考的较早的一次，是宣统元年（1909）由教育会和劝学所主持的江苏各学校成绩展览会。民国成立后，由不同的部门主持过各种教育展览。据《第一次中国教育年鉴》的信息，从1911年7月到1932年8月，较大型的教育展览有38次①，但与民众科学教育相关的不多，更不用说专项展览了。

科学馆成立之后，举办民众科学教育展是其主要工作之一。概言之，科学馆的陈列与展览事业可分为四类：固定展览、中心展览、流动展览和临时展览。

（1）固定展览　固定展览是按照展览品的性质，分别布置各种展览室，经常开放，供民众参观的展览。固定展览相当于今天各博物馆、科技馆常年向公众开放的常规展览，而由于同类展品归于一室，就每一个展览室而言，又有专题展的意味。

（2）中心展览　中心展览是为使民众对某一科学领域，获得较为系统的认识与了解，而举办的各科中心展览，比如，国防科学展览、卫生展览、科学生产展览等，类似于今天的专题展。固定展览涉及的内容浅而泛，中心展览则深而专；固定展览常常是一些科学馆的“保留项目”，而中心展览却往往要求科学馆与军队、医院、研究机构合作来举办。

（3）流动展览　流动展览是指，为了使展品发挥更大的科普功效，而把展览品运送到科学馆辖区的各个乡镇举行的展览。一般上，固定展览的部分展品以及中心展览的全部展品，会被送往各乡镇展览。流动展览最大的优势

① 《教育展览》，见《第二次中国教育年鉴》，丙编，第178～180页。

是，可以使比较偏远的民众都有参观展览的机会，有利于把知识灌输[1]到民间去。

（4）临时展览　临时展览指的是，为了将某种特殊的知识灌输于民众，常常把展品局限在一个很小范围之内的展览。自然界的某件大事（日食、地震等），科学界的某一原理或事实（地心引力、低温等），某种机械的发明等都是很好的临时展览的题目。可见，临时展览与中心展览有相似之处，都有一个专题，但临时展览涉及的科学知识范围要更窄。

四种展览没有一个固定的界限，比如，固定展览的一个展室的展品可以举办成一个中心展览，而把中心展览送往乡间就是流动展览；而流动展览相关的一小部分完全可以以“临时展览”称之。几类展览各有特点，从施教实际看，科学馆都是将几种展览搭配使用的。

科学馆对展品的采集、制造、选购、交换、登记、保护、管理都作了细致的规定，比如，展品要做统一编号，标签条、展品目录有统一格式，甚至对展览用的桌、橱、台、柜、板的尺寸、颜色都提出了建议[2]，体现了其规范的一面。尤其难能可贵的是，为了使陈列和展览工作更加有效，民国时期的科学馆工作人员已颇有过程管理的意识，将展览分为“计划—布置—指引参观—解答疑问”几个部分，做了细致的安排，比如，对指引参观的指导人员提出了要求，设计了解答疑问的询问纸等[3]。

2. 实施科学研究和实验

科学馆的科学研究和实验工作，有别于国立地质研究所、国立中央研究院以及各高等院校。其科学研究和实验工作为民众科学教育服务，其工作内容主要有以下几项。

（1）设置物理、化学、生物实验室　科学馆设置各实验室的目的，主要是服务于中学的科学知识教学。当时，物理、化学、生物诸科的学习离不开实验，已是教育界和社会人士的共识；但有限的教育经费和资源，不可能在很多学校配备实验器材，因此，将有限的实验设备集中在科学馆供各学校使用，不失为明智之举——推士在华考察后，也提出过类似的建议。

为满足学生的实验需要，科学馆对各科实验室的仪器配制提出了一定的要求。物理实验室配备上，省市立科学馆至少要配备完全中学物理仪器，包括初中、高中实验示教全部仪器；县市立的应配备初中及国民学校物理示教仪器，并要求实验仪器要作系统的陈列，让观众一目了然。化学实验室配备

---

① 在民国时期的各类与民众科学教育相关的书籍中，“灌输”是个高频词，没有贬义色彩。

② 武可桓：《民众科学教育》，商务印书馆 1948 年 4 月版，第 38 ~ 43、49 ~ 52 页。

③ 同上，第 58 ~ 61 页等。

上，省市立科学馆应配备完全中学化学实验示教仪器和药品，包括初中、高中化学实验示教全部仪器和药品；县市立的应配备初中及国民学校化学教仪器和药品。化学实验室要求重点陈列各种重要仪器、化学武器标本、制造各种常用物品的原料和化学器具、各种化学教学用品（如，化学挂图）。生物实验室的配备上，不仅缺少统一的配置标准，而且也没有严格的配备标准，只是指出，应该配制生物研究用的重要仪器，如显微镜、切片机、解剖镜、解剖器等，建议性地要求生物实验室陈列各类生物标本，供观众阅览、研究。对生物实验室的特别要求是，尽量采用本地所产的动植物来制作标本。

限于条件，各科学馆设置实验室都是在“可能范围”之内，并不求全责备。

（2）制作科学教具，绘制科学图表　科学馆制作科学教具的根本目的，是为了装备更多的实验室以及更加经济地装备实验室。当时的情况是，因为各种仪器都要仰仗舶来品，价格昂贵，只有通都大邑才有条件设置一两所理化实验室，其他的地方很少设置。科学馆除了重要的仪器必需购买外，设计、制造各科科学仪器，标本和模型，也成了其任务之一。因此，像四川、福建、湖南、湖北的省立科学馆都附设科学仪器制造厂，而山西、江西的省立科学馆则专设“生产部”，科学馆自制的科学仪器，除了装备自身外，主要供中小学使用。

比如，四川省立科学馆遵照教育部所颁标准，拟定各县工业生产程序及样品 9 套，金属标本 1 套，矿石标本 1 套，生物方面有模型 7 种，昆虫标本 2 盒，压制植物标本（注重经济植物）50 种，动物浸制标本（低等动物和高等动物内脏）6 种，动物剥制标本（高等动物）10 种，土壤标本 1 盒，生物挂图 10 幅。同时，制作了高中理化生物仪器 38 套，初中仪器 31 套，国民学校仪器 112 套[①]。福建省立科学馆的教育用品制造厂根据部颁中小学自然科设备标准，设计制造理化生各科仪器、标本和模型，计有中学自然科教具 87 套（每套 42 件），小学自然科教具 120 套（每套 60～110 件），中学自然科图表 100 套（每套 50 幅），小学自然科图表 400 套（每套 20 幅），“分发各中小学，极称适用。”[②]

绘制科学图表的目的，是为了弥补实物标本、仪器和模型的不足，包括了各种透视图、分析图、解剖图和各种统计图。图表的优势在于表现不能用实物揭示的一些生化过程和抽象原理。1946 年 7 月，福建省立科学馆参加中国工程学会福州分会的工程展览，就设计展出了许多科学图表，内容包括原

① 武可桓：《民众科学教育》，商务印书馆 1948 年 4 月版，第 66 页。
② 同上，第 67 页。

子构造、人工放射性现象、钚元素的产生公式等。

(3) 办理科学测验与统计，编辑科学书刊　科学测验的范围很广，以自然科学论，物理、生物、化学、矿学、动物学、植物学、生理卫生等都有单独的测验。但就科学馆的工作而言，其实施的科学测验，不在于测试某一专门学科内学生的专业水准，而有点类似于今天的科学素养测试，测试的是中小学生的自然常识水准。比如，廖陈氏（廖世承、陈鹤琴）混合理科测验，为测量中学生理科常识之用，包含化学、生物、生理卫生等材料；测验分两套试题，每套100题，可替换使用，答题方式为从四个选项选一，答题时间为30分钟。俞氏（俞子夷）小学社会自然测验，除包含地理、自然、卫生等科外，还包含公民和地理科的材料；测验也分两套试题，每套77题，可替换使用，答题方式为从四个选项选一，答题时间为15分钟。俞氏小学社会自然测验可以应用于小学一年级到初中一年级。

所谓统计，就是举办一种测验后，将获得的数据用“表列法”（列表法）和图示法表示出来，以表明事实的大体趋势。列表法和图示法在今天小学数学低学段“数据整理与概率统计”教学中就会涉及，不是什么高深的内容。而科学馆的工作特别强调这两类图表统计法，正是因为它们具有“便利比较与检核”、“免除复杂”、“引起读者的阅读兴趣”、“便利教育报告”的优点。

科学书刊是研究科学、向民众灌输科学知识不可或缺的工具，其重要性自不待言。当时，其他社会教育机关或学校推行民众科学教育，无不注意各种科学书刊的编辑，科学馆也不例外。

好的科学书刊，文字浅显、内容丰富，是民众的精神食粮，其作用不仅在于灌输科学知识驱除种种落伍思想，更在于扭转民间的迷信以及充实民众的精神世界。各科学馆在编辑科学书刊上的工作较多，比如，福建省立科学馆编的《科学常识周刊》，四川省立科学馆编的《科学月刊》、《现代科学》、《民众科学》等。此外，其他机构也编辑科学书刊，比如，江苏省立教育学院编的《民众科学问答》、《民众卫生小业书》，教育部编的《民众科学小业书》、中国自然科学社编的《科学世界》、中国科学社编的《科学》、《科学画报》等。

3. 民众科学教育的推广和辅导工作

科学馆作为专门推行民众科学教育的机关，面向民众进行科学知识的推广辅导是其常规工作。因涉及种类较多，现将其主要的推广和辅导工作介绍如下。

(1) 科学讲演　以浅近的语言，向民众讲解或说明日常生活上的科学知识。按不同的标准，可分为定期讲演（定时间）和临时讲演、固定讲演（定地点）和巡回讲演、室内讲演和露天讲演，以及化装讲演（戏剧表演的形式）。讲演的主要优势是以语言为媒介，让不认识字的民众也可以获得教育。

（2）科学训练班 目的在于养成民众或在校学生初步的科学知识。比如，标本制作班、无线电班、科学游戏班、养蚕班、养蜂班、化学工艺制造班等。

（3）巡回施教 成立巡回施教工作队到不同的地方，以多样的方式推行民众科学教育。施教地点不固定，水陆交通工具并用，深入乡镇和村庄；施教方式常常选择幻灯、电影、科学游戏等具有“冲击力”的方式。

（4）办理民众学校 原是社会教育事业之一，在实施民众科学教育下的民众学校，更侧重通俗科学知识的灌输。

（5）张贴科学画报 针对不识字的民众太多的现状，张贴色彩丰富、线条简单、内容易懂的科学画报，以激发民众对科学的兴趣，向其灌输科学知识。画报常常要求张贴在民众聚集之地，地方固定，定期张贴和更换。

（6）放映科学电影 以放映科学教育电影的方式向民众灌输科学知识或生产技能。电影的突出优势在于：民众兴趣浓厚，印象深刻、不易遗忘；以视听感观接受信息，不受文字的限制；施教范围广泛，一场电影可供千人观看。

（7）科学广播 以广播的形式推行民众科学教育。广播将受众的听觉范围扩大，受场地、设备、电源的限制相对较小，是最有效的科学宣传工具。科学广播的实施往往与地方电台合作，每星期举行若干次。

（8）设立科学书报阅览处 科学书报阅览处一般设于科学馆或民众教育馆内，提供科学报刊、研究报告、科学专著乃至百科全书，供馆内外人员阅览。巡回施教中，也会在民众比较集中的小市镇设立临时的科学书报阅览处。

（9）示范表演 这里的“表演”一词相当于今天的“演示”。此外，科学馆还举办各项“科学表演竞赛”，注重的则是竞赛的示范功能。当时，中小学自然科学的教学理化实验仪器的缺少是一个普遍现象，因此，将有限的设备集中起来供学校和民众使用，不失为明智之举。具体做法主要包括两种：科学馆提供实验器材，各学校学生轮流来科学馆做实验，科学馆和该校教师共同指导学生；科学馆工作人员携实验器材到学校，做演示实验供学校师生观看——辖区内各校同级学生都可以参加。科学馆举办各项自然学科的竞赛（以针对中小学生的居多，也有针对民众的）、对民众关于科学的问达予以切实的解释，也属“示范表演”的工作内容。

科学馆也开展一些组织辅导社会科普工作和进行自身人员的培训活动等，主要包括下面一些方面。

科学化运动促进会 联络地方各机关和热心科学教育人士，共同促进科学普及化。

科学座谈会 旨在集思广益，交换办理科学教育的经验和心得，并商讨共同推进科学教育的方法等。办理民众科学教育的人在会上各抒己见，提出研究报告，形成研究结论。颇有学术沙龙的意味。

训练实施民众科学教育的人员　科学馆招收中学程度的学生及其他合适的人员，通过举办短期培训班或讲习所，使这些学生在学识上、技能上、理想上都受到训练，从而可以投入到实施民众科学教育的工作中。

辅导其他实施民众科学教育机关的工作　科学馆利用自身优势，对辖区内的社会教育机构、公私立学校等机关的民众科学教育工作，以个别谈话、会议、通信、示范等方式加以辅导和帮助。

第三节　福建省立科学馆的工作

福建科学馆是创立最早的科学馆之一，也是最早将“普及民众科学知识”纳入其日常工作的科学馆，影响到之后科学馆的功能定位。本节我们通过对该馆的介绍，以揭示科学馆的一般工作情况。

1933 年 3 月，福建省政府委员会第 243 次会议时，郑贞文提议建立福建省立科学馆，当时他的身份是福建省政府委员会的委员兼省教育厅厅长。这次会议后，福建省立科学馆的筹备和成立工作得以迅速展开。5 月成立筹备处；7 月派黄开绳赴上海采购仪器、药品和图书等；8 月采购的物品全部运到，教育厅指拨前女子师范学校校舍为馆址；10 月下旬校舍修缮完成，23 日福建省立科学馆即宣告正式成立。成立之初，科学馆设生物学部、物理学部、化学学部、地质矿物学部，馆长由郑贞文兼任。到 11 月中旬，馆长改由黄开绳担任——黄开绳担任馆长一直到 1949 年 5 月，对科学馆事业的开展贡献巨大。1934 年 4 月，生物学部增设动物园，由黄开绳赴厦门购买动物数十种；同时，物理学部添设气象仪器，增设了测候所。同年 5 月，科学馆的民众科学教育委员会负责办理每星期馆内、各学校及各乡村的通俗科学讲演和科学教育影片的放映工作，并于每周四派员在广播台讲述科学常识、解答听众疑问，科学馆的工作逐渐展开。到 1934 年 8 月，成立编辑委员会，开始编辑各类科学书刊；9 月，化学部建煤气室、天秤室和水塔，动物园增建鸟舍兽屋，科学馆规模初具①。

在论述福建省立科学馆各部门的具体工作之前，有必要先简要地介绍一下该馆的组织结构，这也是在 1941 年《省市立科学馆规程》颁布前，各地科学馆通常采用的组织结构模式。科学馆隶属教育厅，设馆长一人；馆长下设

① 《福建省立科学馆概况》，1935 年编印，第 1 ~ 2 页。

物理学、化学、生物学、地质矿物学四部和总务处；此外，还设编辑委员会和民众科学教育委员会，馆长和各部主任为当然委员，同时聘请馆外人员参加。物理学部下设研究股、实验股和气象台；化学部下设研究股和实验股；生物学部设采集股、研究股、实验股和动植物园；地质矿物学部设采集股、研究股和实验股。四部的工作有独立性，编辑委员会和民众科学教育委员会的工作，则涉及各个部门以及科学馆外的人士。

此外，科学馆创办时，即拟订各项规章，计有《福建省立科学馆组织大纲》、《科学馆章程》、《科学馆办事细则》、《科学馆民众科学委员会规则》、《科学馆编辑委员会规则》、《科学馆经费稽核委员会规则》、《科学馆物理学部实验室规则》、《科学馆化学部实验室规则》、《科学馆生物学部实验室规则》、《科学馆图书室阅览规则》、《科学馆图书室本馆职员借书规则》、《图书室来宾借书规则》、《测候所办事细则》、《动物园办事细则》、《动物园参观规则》、《民众科学委员会科学补习班简章》、《物理部实验须知》、《化学部使用天秤须知》、《生物学部应用显微镜须知》等共 19 种，作为各部门办事准绳，相当完备。

一、物理学部的工作[①]

物理学部的工作主要有以下五项。

1. 指导各校学生实验

限于条件，福建科学馆在指导实验工作上多采用各校学生到馆实验，科学馆工作人员、学校教员共同指导的方式。福建省立科学馆有普通实验室两间，光学暗室和电学实验室各一间，有气压计、温度计、抽气机、变压器、电阻箱等各类物理仪器数十种，可供学生实验使用。从 1933 年下半学期到 1935 年上半学期，四学期共有 1035 名学生来馆实验。

2. 观测本地气象

物理学部设立的气象测候所，每日观测气压、温度、湿度、风力、风速、云状、蒸发、日照等气象要素。其中，每日 9:00、12:00、15:00 各观测气象一次，在科学馆门口的公告牌上公布。每日 10:00、16:00 把观测结果告知福州市广播电台，供电台 12:00、18:00 广播；每日 17:00 将观测结果告知福建明报社，供报社第二天早晨登出。此外，测候所还进行日照、雨量、蒸发量等测量，开展了福建气候变迁等研究课题。

① 各部的工作，在时间上以成立之初到 1935 年上半年（抗战之前）的工作为主，内容上突出民众科普工作，其余从略。

3. 陈列

物理学部将力学、电学、热学、光学、声学等各类仪器，分门别类、叙述原理，加以展示，包括X射线管、光电管、无线电装置等新式仪器。同时，物理仪器陈列室四周或悬挂物理学家画像，以资瞻仰；或挂物理学图标，以助理解。

此外，物理学部还开展了一些研究调查活动，比如，调查福建全省测候所的分布及其仪器的使用情况，调查民间关于气象的俗语，研究精密的机械授时器（钟表）等。

二、化学部的工作

化学部的工作主要可以概括为两个方面：指导各校学生实验；完善实验场所和设备。

1. 指导各校学生实验

化学部从1933年5月开始筹建，未开馆之时，就有福建省立职业学校等要求来化学部实验。10月下旬开馆后，来馆实验的学校和学生数都有所增加，化学部的仪器和药品也充实了不少（表2－2）。为指导学生实验，化学部根据教育部1932年11月颁布的《高级中学课程标准》，编成实验教程一册如表2－2。

表2－2　福建省立科学馆建馆初期接待学生实验和使用器物表

时间	学校（所）	学生（个）	仪器（件）	药品（件）
1933年下学期	4	216	19549	380
1934年上学期	6	212	20688	400
1934年下学期	11	584	21275	445
1935年上学期	11	495	23335	480

2. 完善实验场所和设备

从开馆至1935年，化学部以凿井获取水源的方式解决了化学实验的用水问题；以汽油为原料获取实验用的煤气；在每间实验室配备消防、急救设备（沙桶、自来水、药物）；设立了研究室、陈列室、天秤室和气橱（遇实验臭气、毒气时使用）。

其中，陈列室的物品主要有以下几种：化学仪器（密度、比重、熔点等的测定器，气体分析器、热量计，各种石英器具）、化学武器标本（各种毒气标本，防毒面具、吸收剂等防毒器材，同时有相关的文字说明）、教学用具和图表（元素周期表、原子和分子模型、工业化学挂图、氮的循环挂图等）、福建省的各种矿石。

化学部其他的工作还有进行温泉研究和委托鉴定（鉴定矿石、油类等），订购国内外的图书和杂志供自身研究以及民众阅览之用。

三、生物学部的工作

生物学部的工作有三：指导各校学生实验、研究本地生物和陈列工作。

1. 指导各校学生实验

从1933年下学期到1935年上学期，四学期中，来生物学部做实验的各校学生达到1359人。生物学部配备的重要实验仪器主要有研究用显微镜、学生用显微镜、切片机、解剖显微镜、普通解剖镜五类，供学生轮流实验之用。

生物学部在工作中，特别注意采用本地的生物资源为实验材料，同时，特别关注生物教材的问题，编成适用于本省和中国南部之生物学实验教材。

2. 研究和调查工作

科学馆生物学部是当时福建全省唯一省立的生物研究机构，该部也以促进本省生物知识的发展为己任。限于经费和成立时间较短，主要进行了福建鸟类调查、福建两栖类研究、福州脊椎动物寄生虫蠕虫调查和福建蟹类调查。其中，关于寄生虫蠕虫调查的一篇论文《猫中耳新种圆虫之发现》，发表在英国的《寄生虫学》（Parasitology）上。

3. 陈列工作

生物学部有标本室一所，陈列各种标本（注明学名和通俗名），部分标本按门类陈列，以使观众获得动物分类的知识。陈列室拥有的标本种类和数量如表2-3。

表2-3　1935年福建省立科学馆所藏动植物标准种类数量表

名称	剥制动物标本	浸制动物标本	昆虫及节足动物标本
数量	400种	417种	600余种
名称	植物标本	动物骨骼标本	其他干制无脊椎动物标本
数量	200余种	9种	40余种

此外，陈列有人体解剖模型、人体器官模型（具体有眼、耳、脑、心脏、牙齿模型）、动植物发生（生长）模型（具体有稻、豆、松的发生模型和蛙的发生模型）、肺结核模型、疟原虫生活史模型、绦虫模型、蛋模型各一具，有花的种类及其构造模型一套。

生物学部的工作非常重视利用当地的动植物资源，陈列室陈列的动植物模型都从福建本省采集而来，可谓因地制宜。

生物学部附设的动物园有各类鸟兽84种，共229头。从1934年5月开馆到1935年2月，动物园每月的参观人次都在1.3万以上，最多的一个月达到

29887 人次。

四、民众科学教育委员会的工作

科学馆的民众科学教育委员会成立于 1934 年 5 月。从成立之初就注重民众科学知识的普及，工作重点有二：科学讲演及科普电影（包括宣传时散发传单、张贴标语的工作）的放映；科学常识的广播工作。

1. 科学讲演及科普电影放映工作

从 1934 年 5 月初到 1935 年 3 月底，福建省立科学馆的讲演和科普电影放映工作就一直相当活跃。科学馆先在馆内定期举行讲演，随后也到福建各地巡回演讲，讲演的同时常常以幻灯片、电影来展示并辅助说明讲演的内容，该项活动很受民众欢迎。从 1934 年 9 月起，开始在各乡镇、公私立中小学校、大学举行讲演和电影放映；同年 10 月，派员每周定期在福州广播电台讲述科学知识。试举部分讲演及内容（多数讲演有电影或幻灯辅助）如下①。

馆内定期讲演有，黄开绳的《氧气》、《氧气与还原》、《肥皂》、《简易之日常化学用品制造法》、《有趣的化学实验》、《化学战争》、《从福州玻璃仪器制造谈到化学知识之必要》，郑作新的《水的昆虫》、《怎样才是科学化生活》、《动物学合作》、《生物与人生》、《保护中国鸟类》、《本地常见之两栖动物》、《生物的合作问题》、《内分泌与人生》，唐仲璋的《生物学与人生》、《人类的由来》、《禽类之生存》、《寄生蠕虫与人类健康》、《福建所产蚝蝓虫的问题》、《福建植物学略史》、《谈谈进化论》，赵修颐的《卫生常识》、《痨病及其预防》，赵修复《各种速度比较》……其他馆员如岑如森、陈椿、林龚谋、林诚善、杨诠等 10 余人，亦曾作讲演。

馆外不定期讲演有，唐仲璋的《科学馆民众科学工作》，陈椿的《造林可免水旱》，林龚谋的《肺痨病之预防》、《真空放电》、《机器的构造》、《欧战的情形》；叶在峻的《卫生常识》、《纸的来源》、《制纸常识》、《生物竞存》、《乡村教育》、《科学的起源》、《农作须知》、《肺病之成因》、《血液循环》，林可钧的《轮船之制造》、《血的行程》、《全身骨路》、《铁的来源》、《农村生活》、《说明科学影片》、《防毒面具》、《水旱之预防》，林诚善的《心脏与血液》、《科学救国》、《农业的改良》、《农民生产》、《双胎与怪胎》……馆外讲演的地点分布很广，比如，长乐县政府及该县第二、三、四、五区，郭坨、牛田、岭下、傅筑、新店等乡；协和大学、福州中学、农业学校、福职中学、乡村师范学校，开智、协和、进德、英华、格致、椿西等私立中学，光华、努力、省三、实验、双江、福商、石步、远洋、大扳等小学；以及驻军 87 师

① 参考《福建省立科学馆概况》，1935 年编印，第 71 ~ 73 页。

通讯营、文艺剧场、刘公祠、特种教育处、保安处训练部等。

为取得更好的民众科学教育的效果，科学馆配合讲演和电影放映，散发传单、张贴标语。传单内容为“福建省立科学馆宣传通俗科学之目的”，标语内容有20多条，比如关于卫生的有“蚊虫能传疟疾，要祛除”，“鼠能传染鼠疫，损害农产，须扑灭”；关于日常生活、农业生产的有“多受日光，体弱能强”，“雷雨时勿靠近大树，以免雷击”，“蚯蚓能改良土壤，不可残害”，“开垦荒地，可减少虫害”，“造林可免水旱”，“家畜的饲料要新鲜”，“改良肥料，增加生产”，“要农业丰收，须保护益鸟益虫”；涉及破除封建迷信的有“盖屋要朝南，风水不必谈”，“云雨乃气象的变化，祈求无益”，“日蚀月所蔽，月蚀地影遮，敲锣打鼓实大差”；涉及化学事业的有“奖励民众，研究化学”，“应用化学方法，消灭植物害虫”，“应用化学方法，改良国药”，“应用化学方法，清净饮用水”等等。

2. 科学常识的广播工作

福建省立科学馆成立一周年之后的1934年10月25日，黄开绳在福州广播电台开始了科学广播的第一讲，题目是《省立科学馆一年之工作及今后之计划》。此后，每周广播一次，截至1935年3月28日，共广播21次，具体如下。

黄开绳除首讲外，还讲《化学战争》，杨诠讲《雷雨的成因》，赵修乾讲《云》、《大气中的几种光学》，岑如森讲《肥料》、《沙糖》，唐仲璋讲《寄生蠕虫与人类健康》、《人体的营养》，陈椿讲《冬令之卫生》、《防鼠的方法》，李少文讲《食物的成分》，施嘉钟讲《石油》、《燃料》，郑作新讲《内分泌与人生》、《保护中国鸟类》，林龚谋讲《气象与人生》、《地方天气预报的方法》，林诚善讲《细菌战争》，叶在峻讲《经差与时差》，钟葵讲《肥皂》。①

五、编辑委员会的工作

编辑委员会对自身工作任务的定位有二：一为用浅显文字，宣传科学常识，俾民众易于理解，而得相当之利益；二为发行定期刊物，介绍自然科学学理及其应用，并登载本馆职员的研究论文等，借以贡献于学术界。

从1934年24日起，科学馆即在《福建民报》上开办科学副刊（称《科学常识》周刊），每周一期，周二刊出，至1935年3月底，已刊出31期。试举几例。

如，陈椿的《人体外部器官之功用》、《生物的珍闻》，施嘉钟的《食盐》、《水》、《石油》、《照相的化学》，余志坚的《胃液发观的来历》，唐仲璋

① 《福建省立科学馆概况》，1935年编印，第73～75页。

的《欢迎克罗格教授》，杨诠的《科学之起源及进化》，林诚善的《病菌与卫生》等等。

六、抗日战争期间以及战后工作概况

上文提到的各部的工作其时间跨度仅为一年半左右，不足以代表福建省立科学馆工作的全貌。但这近一年半的工作情况，奠定了抗战前科学馆工作的基础，其大致情形直到抗战前变化不大。

抗战爆发后，科学馆内迁沙县，在城隍庙办公，将大小菩萨捣毁，庙内修葺一新。在其正殿陈列理化仪器，以后殿为图书室，两厢为物理、生物实验室，回廊为化学实验室，动物园设在左边空地，制造部及工场则借用城内东北民房①。

1941 年 9 月，省政府主席陈仪离职，由刘建绍继任主席；教育厅厅长郑贞文辞职，由徐箴继任厅长。他们到任不久，突然下令撤销科学馆，将设备并入省动植物研究所，馆员遣散。惟制造部馆员及工场技工，仍由黄开绳负责维持（黄当时在南平西芹省师范专科学校当教授，经常来往于沙县与南平之间）。但不及半年，却又恢复科学馆，仍委黄开绳为馆长，其他馆员未回馆工作。经此波折，馆中原有科研人员星散，失去原来面目，业务难以开展。

1946 年春，科学馆由沙县迁回福州原址。原有馆舍经福州两次沦陷之劫难，被夷为平地。痛惜之余，先由教育厅拨款草创单层木屋一间，作为化学实验室；不久，教厅又拨款就原地基（占原面积的三分之一）建砖木结构双层楼房一座，作为物理、生物实验室。

1949 年 5 月，馆长黄开绳赴台湾休假（当时教育部规定：从事科学教育工作满 10 年者得带薪休假一年），馆长职务交馆员李兆祥代理。是年 6 月，省政府大事裁员，科学馆也不例外，原有馆员 20 余人裁减后仅剩 7 人，只能办理与各学校学生来馆做科学实验有关的各项事宜。

1949 年 8 月 17 日福州解放。翌日，福州军事管制委员会中等教育处派张桐亭、程光灿来馆接管。福建省立科学馆遂改名为福建省人民科学馆，工作重点转移到搞科普宣传工作和为人力车夫、搬运工人办补习班等。1952 年 12 月底，人民科学馆撤销。

抗日战争期间，福建科学馆虽经受各种波折，但各项工作还是次第展开并取得了一些成绩。

---

① 詹维贤：《忆福建省立科学馆（1933. 5 ~ 1952. 12）》，中国人民政治协商会议福建省委员会文史资料委员会编：《福建文史资料（第二十五辑）》，1991 年，福州。——此文作者在福建省立科学馆工作 14 年，对该馆历史多有所知，下文的工作情况也多以此文为据。

1. 调查和研究工作

抗日战争期间，福建省与外省的交通几近断绝，汽油、染料、药品等至为匮乏。针对这种情况，科学馆高级馆员致力于研制代用品，以渡难关。例如：

（1）黄开绳等研制成无水酒精。

（2）倪松茂与林一研究松根蒸馏制油法，制成松根油（上述两种产品可代汽油、柴油使用，补充了交通燃料之不足）。

（3）甘景镐与倪松茂完成利用乌桕叶生产草绿色染料的研究，解决了军服的染色问题（松根油与草绿色染料研制成功后，即由各有关机关独立设厂生产，供给使用）。

（4）黄开绳等研制成当时极为需要，而又难于制出的“生理的食盐水”，由科学馆精制，供各医院采用，使此药不致缺乏并使病人得到医治，其功不浅。

此外，还有：

（1）唐仲璋发现血吸虫福清新种，并提出血吸虫病的防治措施，贡献甚大。

（2）高珊研究成功钢铁直接镀镍法，被时在重庆的某高级军事机关（名称已忘）所采用。

（3）陈椿有三项成果：研究紫菜养殖法，制成无沙美味的紫菜片出售；研制成一种夏布，以其制成衣服，衣边不会卷翘，可用以制作制服；进行来亨鸡与浙江温州所产蛋鸡的杂交试验，育成能抗鸡瘟且产蛋多的新鸡种。（夏布和新鸡种虽已研制、培育成功，惜因时值战争期间，成果不得推广运用）

（4）某馆员（温州人，姓名已忘）研究用硬木和龙眼核等培养香菇，虽获成功，但未推广。

2. 制造科学教具

抗战爆发之前，福建省的科学教具多从上海购得，抗战期间，闽沪交通阻梗，各种教具很难购到，于是，制造科学教具成为科学馆的又一重点工作。

科学馆于1939年秋起设立工场，承担制造自然科教具的任务。在福州招雇技工30余人，分木工、车工、钳工、铸工、冷作、电镀、油漆、石印、裱褙、蜡叶标本、剥制标本、盐酸、油墨、粉笔、胎纸、复写纸等小组。依照教育部颁布的初中物理、化学、生物课程标准及自然科设备标准，搜集土产材料，设计制造适合教学实验用的全套教具。所制各科教具的名称、数量分列如下：

（1）物理学科教具　度量衡仪器：天平等6件；物性及力学仪器：离心机等41件；热学仪器：温度计等12件；声学仪器：音叉等4件；光学仪器：放大

镜等15件；电磁学仪器：电流计等30件；示教用图表：气压计图等24幅。

（2）化学科教具　瓷制仪器：蒸发皿等3件；玻璃制仪器：烧瓶等15件；金属制仪器：三脚架等17件；示教用药品：94种；示教用图表：元素周期表等11幅。

（3）生物学科教具　动物剥制标本：兽类7种、禽类25种、爬虫类3种、两栖类3种、鱼类10种；昆虫标本：干制30种、浸制8种；介壳标本：12种；动物骨路标本：4种；植物蜡叶标本：80种；种子标本：20种；示教用图表：根之形成及变态14幅。

为生产玻璃仪器，馆派金世美、林仁、刘步渔、汪乃仁4人到福州洋中路新建康玻璃店，同归侨魏师傅一起研制烧瓶、烧杯、量筒、试管等；又与南平某瓷厂联合研制蒸发皿、坩埚、研钵等。这些产品均具实际使用价值。

科学馆自制造教具以来，共制初级中学自然科教具50余套，分供省立简易师范各校（共9校），省立福州初中、省立永安初中、明耻、文泉、超古各私立中学，以及浙江普义中学、江西省建设厅等使用。同时，还生产无飞灰粉笔、高级油墨（专供报社用）、微感天秤、芳樟油（此油甚贵重，是治痱子的特效药，也是高级花露水的原料）、复写纸、蜡纸等，销售本省各地。

省教育厅原附设有数学教具工场，嗣因供不应求，遂并入科学馆工场扩大生产。所制一套初中数学教具，由教育厅送往时在重庆的教育部审定。教育部以其简单、实用，乃亦设场仿制，分发四川、云南、贵州等省中学使用。高中的一套教具，惜在由闽运输途中遗失一部分，致未仿制。

1944年，省教育厅拨款制造小学数学、自然科学教具20余套，交付本省各小学使用。

抗战胜利后，工场停办，技工解雇。

3. 其他工作

因战时需要，研制代用品和制造科学教具成为科学馆的主要工作；受制于战时的条件，其他工作虽有开展，但自然不能与平时相比。

疏散到沙县时，科学馆指导学校实验的工作相对减少，但仍有省医学院、福州中学（即今福一中）、沙县师范学校及迁往沙县西门外的某省立学校来馆实验。抗战胜利后，科学馆迁回福州，大中学校学生来馆实验一如往昔，至福州解放前夕未曾中断。

科学馆每逢重大节日，即举办科学展览，运用理化仪器与化学药品作各种科学演示，颇能吸引民众。抗战期间还曾到战时省会永安展出过。

第四节　甘肃和其他地方科学馆的民众科普事业

一、甘肃科学教育馆的工作

在省立科学馆中，甘肃科学教育馆和福建省立科学馆的工作相对比较出色。对比《科学馆工作实施办法》的要求，试以甘肃省立科学馆的工作情况，来窥探一下科学馆（应有）的工作状态。

甘肃科学教育馆成立于1939年元旦，为中英庚款董事会（即中英文教基金董事会）所设。中英庚款董事会认为兰州是西北交通要道，可以作为推进西北诸省教育建设工作的中心，故特拨专款筹设甘肃科学教育馆。1944年8月，因中英庚款董事会经费紧张，经行政院批准，将该馆隶属教育部，改为国立甘肃科学教育馆。

该馆设以下三组：①研究组。掌理试验化学药品，配制仪器、标本、模型、设计、施教、研究、编辑、出版及其他有关研究事项；②推广组。掌理宣传，表演、视察、辅导及其他有关推进事项；③展览组。掌理调查、征集、登记、陈列及其他有关展览事项。该馆从成立以来，虽然以物价高涨，实验仪器难以大量制赠，但仍在可能的范围之内全力以赴地做好常规工作；此外，编印挂图，提倡科学化运动，广播科学常识等活动，也深得西北社会各界的赞许。

该馆经常性工作有三类：一是增进民族科学知识；二是改进学校科学教学；三是调查、研究西北科学资源。工作概况如下①。

1. 增进民族科学知识

（1）举办巡回施教　历年以来，该馆曾先后派员到榆中区、临夏区、河西区举行图书巡回和医药巡回工作。尤其是在临夏区的工作，当地是回族同胞聚居地，该馆曾专门组织了临夏地区地方教育巡回指导团，除协助学校科学教育外，还注重民族卫生知识的灌输和医药常识的普及，颇有成效。

（2）编印通俗科学副刊　该馆利用甘肃民国日报副刊的版面编印通俗科学双周刊，每期除随报发行外，还有该馆出资加印100份，分赠西北各社教机关，以普及科学知识。该刊自1940年10月25日出版以来，“从未间断”。

（3）编缮科学壁报　该馆自1941年5月9日起，即编缮科学壁报，每月10日和25日两次发行，分别在兰州、西宁、酒泉、临夏四地张贴。内容力求

① 甘肃省立科学馆工作概况参考《第二次中国教育年鉴》，第1130～1132页。

通俗，缮写整齐而且每期都有五幅彩图。

（4）推行电化教育　该馆设有电化教育巡回工作队，时往各地放映电影，以增进民众科学常识。

（5）广播科学业谈　该馆为推行科学播音教育，乃应甘肃广播电台之约，每星期在该台做科学业谈之广播，由该馆职员轮流担任。

（6）开放图书阅览　该馆图书室所藏，多属科学书籍，与一般图书馆之性质稍有不同，随时供应各界阅览。

（7）举行公开讲演　春夏秋三季，兰州气候温和，该馆择期举行公开演讲，或由馆内职员担任，或请外埠来兰州之科学专家主讲。

（8）参加科学化运动　教育部规定，每年3月29日起一星期为青年科学运动周，国庆日为国防科学运动周，各地应普遍举行各项科学讲演、表演、展览等活动。历年以来，兰州方面均由该馆领导办理，收效颇宏。

（9）答复科学咨询　该馆编发之通俗科学双周刊及科学壁报，原没有答问一栏，西北人士恒以专门问题向请代馆解答。年来收到咨询函件，共达数百余件，或有关工业制品之方法，或有关农业之改进，或有关医药卫生常识，或有关自然现象，该馆随时尽量解答。

2. 关于协助学校科学教育

（1）中心试验室之设立　该馆为供给兰市各中等学校及专科以上学校从事理科实践期间，有中心实验室之设立。试验项目分物理、化学、生物三科，高中以上学生，分组自行实验，由馆指派专门人员指导，初中学生则以示教为原则。

（2）科学仪器及标本模型之制造　该馆以抗战期间，西北各省中小学实验仪器，至感缺乏，乃将附设之金木工室，加以扩充，按照部颁课程规定，自制理科施教仪器，以应需求。已完成者，有初中物理仪器60套，每套36件，于1943年分发甘肃省各中学应用；又完成小学仪器160套，每套35件，生物标本模型及采集用品各100套，均按材料工本收费，不计工价，由甘肃省教育厅及教育部边疆教育司采购，转发西北各省县市小学应用。1947年，该馆又受国立兰州大学委托，代为制造化学及物理仪器二批，化学方面包括滴定管架，冷凝管架，紫铜水浴等14种，计1700余件；物理方面包括力学，热学，声学，磁学，电学各类仪器模型40余种，计380余具，现均已全部完成。此外，国立西北师范学院亦拟向该馆定制验音盘等仪器数种，刻下正在设计制造中。

（3）科学挂图之编印　该馆鉴于西北各中小学校科学挂图至为缺乏，影响教学效率，乃于1940年依照部颁课程标准，着手编印中学用挂图200套，每套70幅，小学挂图300套，每套50幅。发行以来，其分布地域之广，几遍于全国各省市，非仅西北一隅而已。陕西省教育厅因该馆挂图之适合应用，特制版翻印数百套分发省中小学应用。

(4) 举行教师讲习会　该馆于民国二十七（1938）年筹备期间，即举办教师讲习会，嗣后每年寒暑假，均轮流至各地举办，或系单独办理，或与地方政府及甘肃省教育厅合办。共计举办 14 次，参加学员达 2161 人。至民国三十一年（1942）以后，此项教师讲习会，均由省政府举办，该馆派员担任讲师，或设立临时书报巡回队，予以协助。

其他工作还包括，甘肃教育厅电调各校理科练习本，以及每学期的会考试卷，多由该馆派员评阅。以及赠送各校之图书杂志，均为该馆协助学校教育之工作，兹不缕举。

3. 关于研究调查西北资源及物产

(1) 化验工作　该馆之化验工作，可分为两类，一为自行进行之化学分析，研究之意义较多；另一类为接受外界委托之化验，服务与研究之意兼而有之。并整理历年以来化验工作，将所得数值，编印成册，以供国内留心西北资源者之参考。

(2) 植物调查　该馆每年派员至各地采集植物标本，除供给各学校之生物教材外，并调查黄土高原植物之分布情形。

(3) 昆虫调查　昆虫标本之采集亦系，供给教材及研究两项目的，兼而有之。集有昆虫标本逾万件。完成之论文，有甘肃蝶类报告及甘肃蜻蛉类报告两篇。

(4) 地质调查及矿石标本之采集　该馆自民国三十年（1941）起，每年派员至甘肃各地调查地质，并采集矿石标本，每次著成论文发表。民国三十五年（1946）曾派员赴武都龙家沟发掘原人遗迹，并将掘获之武都骨化石详加研究。

(5) 兰州市井水分析及作物栽培试验　西北苦旱，国人多有提倡凿井灌田者，惟地方愈干旱者，其井水之盐碱度必愈大，是否可用以灌田，固有研究之价值，而一年中井水盐碱度之变迁如何，当地农作物对于盐碱度之抵抗力如何以及井之位置与盐碱度含量之关系等问题，亦有详加研究之必要。除按月将特选之井水若干种加以分析外，复以之灌溉该馆所选定栽培之作物若干种，以资试验。

(6) 甜菜制糖试验　西北以气候土壤关系，不能植蔗，而甜菜则生长良好。甜菜制糖在国外均已收效，但在国内，则犹待吾人之探索，因此该馆对于此项问题，亦有予以相当之努力。甘肃省政府曾拨专款由该馆做甜菜制糖之试验，制成洁白的纯晶糖数百公斤，分赠该省各机关试用，后经多次技术上的改进，结果至为圆满，已有试验报告。

整体而言，省立甘肃科学馆的工作是较有成效的。首先，该馆的工作开展的比较全面，各项工作都有所展开，发挥了各项科普工作的合力；其次，该馆的工作比较注意科普人群的覆盖，兼顾了成人、学生等不同身份的人群，以及榆中区、临夏区、河西区等不同地区、民族的人群；第三，注意到科普方法和手段的多样性，运用了巡回图书、副刊、壁报、电影、播音、挂图等手段；第四，考虑到了科普受众的接受力，在科普内容上力求直观、通俗，利于科普受众的理解；最后，该馆对西北资源的调查研究不仅有实际的应用意义，也有促进科学普及的意义。

甘肃地处偏远，受战争的影响相对较少，反而受物价上涨之累为多。该馆1939、1940年的经费为9万余元，此后因物价上涨而历年追加经费，1946年在原预算146万基础上追加366万，1947年在原960万的基础上，先追加240万，后又追加下半年经费2520万。然而，当时文教事业面临的共同难题是，追加经费永远跟不上通货膨胀的步伐，最后只能陷入经费困难的局面。省立甘肃科学馆能以40人之力，在经费日紧的情况下，仍然能做出上述事业，不可不谓“在可能的范围之内全力以赴”了。

二、其他科学馆的民众科普事业

科学馆从南京国民政府时期开始出现，到中华人民共和国成立前夕，先后成立有大约十余处省市级科学馆，但从残存的资料中能了解它们的工作情况者已经很少。除上述福建省立科学馆、甘肃教育科学馆外，我们还从一些当事人的回忆中了解到以下一些其他科学馆的工作情况。

1. 安庆科学馆

抗日战争前，安徽省教育厅在安庆设立了一个科学馆，馆长是当时安徽大学生物系教授胡子穆。包括一个小型动物园、机械修配车间、无线电室、广播台、化学试验室和仪器储藏室（负责人是程勉之）、生物标本展览厅。提供的服务有：动物园参观、修理简单机械和柴油机、无线广播、提供化学实验服务（包括协助企业制造化学酱油）、生物标本制作和展览。安庆沦陷后，这些设备全部被毁。①

2. 贵州省立科学馆

1937年夏，贵州省政府与管理中英庚款董事会、中华文化教育基金会合资兴建贵州省立科学馆。1941年10月10日，科学馆正式开馆，省府任命蓝春池为馆长，并赴上海采购图书、仪器。该馆初设物理、化学、生物3部。

① 胡庆昌：《抗战前安庆科学馆概况》，载《安庆文史资料（第4辑）》（政协安庆市文史资料研究委员会、安庆市编史修志办公室、安庆市档案馆编，1982年9月内部发行）。

开馆后，除主要工作在供应省会各中学学生自然科学实验外，还开展相应的研究。馆内设陈列室5间……1942年，省科学馆为提高社会人士研究科学的兴趣，使对国防科学建设的重要性有进一步的认识，除开办自然科学补习班外，增办了无线电、电池制造实用班，培训人员100余人。增设电化教育、卫生教育、防毒等展览室12间，有军队、学校、工厂多家单位参加展览。另外，还举行通俗科学演讲、专题研究演讲多次，每次听讲人数平均有两三百人。到1943年，通俗科学展览室增为14间，随时更换展出品类。除科学实习班外，增设高初级数学补习班6班。实用科学干电池制造1班，并在《中央日报》副刊开辟“社会服务栏”，书面答复群众所提的科学学理及有关工业的各类问题。①

3. 四川省立科学馆

存在时间是1946年到1949年，前身是直属省教育厅的四川省科学仪器制造所。该馆的常规业务是发行《科学月刊》、巡回教学（主要针对小学高年级）、中学实验辅导，制造部制造物理、化学、生物仪器和药品并进行展览等。②

在市县一级，也有一些科学馆，比较而言，其工作职能较少，服务对象较窄，但也保持了科学馆的大致结构，开展了与之相称的各类活动，这是难能可贵的。

---

① 杜松竹：《省立科学馆短暂的10年（1941～1953）》，载《科苑寻踪》（《贵州近现代史料丛书》之六），中国近代史史料学学会贵阳市会员联络处编，2000年12月。

② 包楷文：《四川省科学馆史略》，中国人民政治协商会议四川省委员会文史资料研究委员会编：《四川文史资料（第32辑）》，四川人民出版社1984年版。

第三章

中国近代影音技术与科普教育

19 世纪以来，随着科技的发展，大量的现代媒体技术被引入教育，使教育方式产生了新的变化。20 世纪 20 年代，在外国视听教育（Audio - Visual Education）发展的影响下，幻灯、广播、电影等影音技术开始运用于我国的教育实践活动，这是我国现代教育技术发展的开端。随着各种影音技术被运用于教育，教育电影、教育播音也应运而生，科普教育也因此发生了重大的改变。本章将探讨中国近代影音技术对科普教育的影响。

本章的“影音技术”主要指电影教育和广播技术。其实，在近代中国，影音技术的范围至少还应当包括幻灯技术和电视技术。然而，在近代中国，作为一种技术，应用于教育的主要是电影和播音，这两项技术不仅得到当时教育家们的倡导和运用，而且民国政府也一度在组织、立法、经费等诸多方面给予支持。幻灯片的作用虽然也受到推崇，但比较而言，一直处在辅助教具的地位；而电视教育在近代仅仅处于萌芽阶段，没有付诸实施，因此，本章的影音技术只涉及电影和播音。

第一节　中国近代电影技术与科普教育

电影技术在清末传入中国，最初为娱乐之用。后有电影制片公司的成立，所出电影皆为娱乐大众、牟取利润。迟至民国建立后 7 年，始有将电影运用于教育的实践，开始有教育电影的拍摄活动。近代电影技术与科普教育的关系，实际上是民国时期教育电影实践与科普教育的关系。

一、教育电影发展概述

1. 从商业电影到教育电影

电影的发明，可以追溯到 1890 年爱迪生发明的放映匣（kinetoscope）。电影在中国的首次放映在 1896 年 8 月 11 日，当时称放映“西洋影戏”，地点是上海徐园。1905 年，北京丰泰照相馆摄制了谭鑫培主演的《定军山》片断，标志着中国电影的正式诞生。1908 年，意大利商人雷玛斯在上海青莲阁修建了虹口大戏院，是为中国最早的电影院[①]。中国最早的影片摄制公司“亚细亚影戏公司”，是美国商人本杰明·布拉斯基于 1909 年在上海投资所办。此时出现的一些如“幻仙公司”这样的投机电影公司，更是说明了电影的商业化特点。国内最早的一些影片[②]如《西太后》(1909)、《不幸儿》(1909)、《庄子劈棺》(1913)、《难夫难妻》(1913) 都是出于商业利益而拍摄的，当时占绝对主流的国外影片，也大多是作为一种投资而引进的。

商业电影一统天下的局面直到 1918 年商务印书馆活动影戏部成立才有所改变。该活动影戏部从其成立（1920 年改名为影片部）直到 1926 年影片部改组并脱离商务，拍摄了一些科教片，包括《盲童教育》、《女子体育观》、《养蚕》等[③]。商务印书馆拍摄的风景片《南京名胜》、《北京名胜》、《泰山名胜》等，纪录片《欧战祝胜游行》、《国民大会》等，也有别于一般的商业电影。1922 年，金陵大学农学院开始引进并自制幻灯片和影片来辅助其农业推广事业，这是将电影技术明确用于教育事业的开端。

总体而言，早期电影事业的发展是在商业利益的推动和民间力量的主宰下进行的，民国政府并没有积极的政策，就教育电影事业也是如此。但电影作为一种新的教育工具的价值，从一开始就被有识之士所认识，商务印书馆活动影戏部即以“抵制外来有伤风化之品，冀为通俗教育之助”、“表彰吾国文化”为宗旨，有意识地拍摄风景、时事（新闻）、教育类影片。

2. 从民间推动到政府行为

随着电影的影响逐步扩大，民国政府开始关注电影并逐渐提倡。1928 年，“中央电影检查委员会”于南京成立，其主要职能为制定、发布各种电影准则、法规、制度等，以管辖、指导、推动全国的电影事业，并专司对国内外一切电影片检查之责[④]。国民党中央宣传部在 1931 年成立电影股，不久扩充为电影科，1933 年又成立中央电影事业指导委员会。

就教育电影事业而言，最初还是民间力量在推动。1932 年 7 月 8 日，陈立夫、郭有守等在南京组织中国教育电影协会，以“研究及推进教育电影事业”为主旨[⑤]。这是我国最早的民间教育电影学术团体，汇聚了当时教育界、政界、电影界的名流，为推动教育电影事业作出了极大的贡献。1933 年，作

---

① 胡星亮、张瑞麟主编：《中国电影史》以为是“1908 年”、“意大利人”，刘光涛编著之《电化教育概论》以为是“1904”、“西班牙人”。

② 见黄志伟主编：《上海老电影》(画册)，文汇出版社 1998 年版。

③ 胡星亮、张瑞麟主编：《中国电影史》，中国广播电视大学出版社 1995 年版，第 24 页。

④《第一次中国教育年鉴》，丙编，第 1149 页。

⑤《第一次中国教育年鉴》，丙编，第 1149 ~ 1150 页。

为中国教育电影协会分会的全国教育电影推广处在上海成立[①]。该处位于当时的博物院路19号，有教育影片约180部，免费供应给各地学校、教育行政机构和社教机构，是供应各地教育电影的枢纽[②]。1936年，教育部成立电影教育委员会，专门推行16毫米的教育电影，并正式开始拨专款举办电影教育，并于各省巡回放映教育电影[③]。国民政府的提倡大大促进了教育电影事业的发展。

抗日战争期间，教育电影制作的重心内移。1940年11月，民国政府将原先的电影教育委员会，和播音教育委员会合并为电化教育委员会，主持相关事宜。1941年，教育部电化教育委员会拟订制片纲要，1942年1月，在重庆北碚设立教育电影制片厂，但出品仅50部左右。抗战胜利后，教育界人士即开始对推进教育电影（电化教育）事业进行系统的总结，教育部也于1945年编成《教育部首次电化教育五年计划》，1946年拟定《民众电影教育实施方案》；但由于内战阴云密布，经济濒临崩溃，国民党对文化事业加紧统治，教育电影不仅没有出现应有的繁荣，反而有所萎缩[④]。

3. 教育电影内容体系的形成

教育电影刚从商业电影中分离出来时，应者寥寥，缺乏政府和社会的支持。待教育部成立电影教育委员会，有心推广之日，战事已山雨欲来。抗日战争期间，尽管教育部十分重视教育电影，但在当时，诚如中华教育电影制片厂厂长李清悚所言“电影工作，在中国人眼里，虽不是最下流的工作，至少是一种牛鬼蛇神的事体”[⑤]，依然缺乏群众基础。抗战胜利后，由于政治原因，教育电影也没有得到一个稳定的发展环境。尽管如此，依靠各界人士的努力，教育电影的内容体系被初步建立起来，并得到了一定程度的实施。

从商务首开教育电影实践起，什么是教育电影，它包括哪些内容，都是人们首先要思考的。广义上讲，“凡电影之具有教育的功能者，叫做教育电影”；狭义上说，“指正式专用于教育方面的电影。”[⑥] 当时颇受重视的意大利国立教育电影馆馆长萨尔地（Sardi）的观点也与之相似。萨氏是1930年的国

---

① 卢莳白：《一年来之电影教育》，选自《1933年之上海教育》，上海新闻社1934年版。

② 宗秉新：《中国电影教育的“昨”、“今”、“明”》，载《教育杂志》（第24卷），1934年11月10日第3期。

③ 吴学信：《社会教育史》，上海：商务印书馆1939年版，第55页。

④ 沈吉苍：《中国推行电化教育的现实问题》，载《中华教育界》1947年7月（复刊第一卷第七期）

⑤ 李清悚：《中国教育电影制片工作回顾与前瞻》，载《中华教育界》1947年7月（复刊第一卷第七期）。

⑥ 宗秉新：《中国电影教育的“昨”、“今”、“明”》，载《教育杂志》（第24卷），1934年11月10日第3期。

联考察团成员之一，他来华考察教育电影事业被看做是中国教育电影事业参与国际交流的开始。萨氏认为，凡是能增加人民的政治、社会、艺术及技能等知识的，都可以称为教育电影。萨氏的观点显然是广义的，但同时，萨氏又把教育电影分为新闻片、风景片、风俗片、科学片等10大类①（表3－1）。

表3－1　萨尔地的教育电影分类

类别	内容	类别	内容
1 新闻片	表演各国大事，包括地方事件之足可借鉴者	6 卫生及疾病预防片	表演如何预防并诊治传染病
2 风景片	表演各国之天然风景	7 科学片	表演范围最广，自昆虫到矿物，自植物胚芽到硫之应用等
3 风俗片	表演各国之民间风俗	8 农学影片	表演耕种机器之不断进步情形
4 职业训练片	表演工艺学校之教科	9 军事影片	表演军令及军事行动之绝对一致性
5 实业片	表演国内外之实业	10 其他	表演外科手术、物理化学实验、地理学、动物学、艺术史等

1941年，教育部电化教育委员会拟定教育电影制片纲要，将教育电影分成社会教育影片与学校教育影片两个大类，前者又分总理遗教、民族史迹、社交礼仪等18个小类，与科普相关的类别有生产建设、科学常识、医药常识、防护常识；后者细分成教学片、训育片两个亚类，再按年级将教育电影分成具体的科。至此，拍摄教育电影有了初步的根据。1942年，设立教育电影制片厂后，根据上述大纲制定了更加详细的制片要目，具有科普意义的四大类社会教育影片的细目如表3－2②。

表3－2　社会教育影片分类中有科普意义的影片

类别及内容	细目
生产建设：将各种重要作物之卜种、栽培、施肥、灌溉、收割，牲畜之豢养，工业品之制造方法及程序，用参观方式，分门别类，列举其要，以培养国民应有之生产知识技能与兴趣并使之认识本国物产，从事研究	共30类：新农具、种稻新法、满树黄金、园艺指南、农场管理、养蚕术、养蜂术、家畜饲养法、家禽饲养法、家庭附业、畜产制造、农业制造、缫丝、制茶、渔捞新诠、渔具和渔船、淡水养殖法、水产制造、棉作、纺织工业、油蜡工业、制碱工业、火柴工业、电化工业、陶瓷工业、金属工业、土木工业、采矿、冶金、其他

① 宗秉新：《中国电影教育的“昨”、“今”、“明”》，载《教育杂志》（第24卷），1934年11月10日第3期。

② 刘光涛编著：《电化教育概论》，商务印书馆1948年版，第42～43、55～58页。

续表

类别及内容	细目
科学常识：内容包含声光化电生物地质天文等各自然科学之常识，用有趣味之故事表现之，使观众得知科学之基本事实与原理及与日常生活之关系，因而养成观察与实验之科学精神	共12类：天空景象、地面伟观、空气和水、晴雨和电、声的变化、光和色、电的妙用、禽兽世界、生存现象、奇花异木、观微知著、其他
医药常识：内容包括促进健康之方法，疾病之认识与预防，对国产特效之药品更予以有效之宣传，务使国民熟悉药物之利用	共6类：法定传染病、儿童传染病、疾病预防、病院、家庭药籍、其他
防护常识：关于防空、防毒及救护常识，以及防空洞中卫生常识、秩序管理等项，均分别加以叙述，务使一般民众对于空袭之措施，悉能应付裕如	共6类：消防方法、防空常识、防毒常识、避灾演习、急救法、其他

从表3－2中可以看出，教育电影的拍摄重点在生产建设类，科学常识类的内容比较浅显，的确适合对一般民众的科普。从最后的制片实践看，体现了这样的侧重点：拍摄的建设类影片多，科学常识类少。值得重视的是，界定“科学常识”类电影内容的时候，指出了“使观众得知科学之基本事实与原理及与日常生活之关系，因而养成观察与实验之科学精神”的目的，抓住了科普的核心。除上表所列外，18类教育影片的拍摄细目累计有693项之多[①]。至此，教育电影体系在理论上初步建立起来。

尽管在理论上建立了教育电影的内容体系，教育电影制片厂也拟定了详细的拍摄计划，但就整个民国时期而言，国产影片远远不能满足教育实践的需要，教育影片主要依赖进口。迟至1947年9月，在电影业最发达的上海，上海市立民众教育馆半年来放映的72部影片中，仅有一部是国产的[②]。至于民国时期的科学影片，数量更加有限。

二、科普教育电影的制片问题

1. 教育电影制片问题的提出

纵观整个民国时期，我们不得不承认民国的教育电影主要依赖进口这个事实。这一历史状况首先取决于当时整个电影市场的情况。以1931年、1932

① 根据《电化教育概论》（刘光涛编著，商务印书馆1948年版）第52～78页统计。

② 生民：《民教馆的电教工作——本市民教馆访问记》，载《中华教育界》1947年9月（复刊第一卷第九期）。

年电影检查委员会检定的长片为例，影片国别统计如表3－3①，国产片的比例在21年不增反降。

表3－3　民国二十年、二十一年检定长片的国别统计

年份	民国20年		年份	民国21年	
国别	种数	卷数	国别	种数	卷数
1 美国	823（60.1%）	6788（57.4%）	1 美国	401（59.0%）	3203（56.9%）
2 中国	428（31.2%）	4125（34.8%）	2 中国	118（17.0%）	1111（19.7%）
3 德国	45（3.3%）	359（3.1%）	3 英国	86（16.2%）	684（12.2%）
4 法国	41（3.1%）	293（2.5%）	4 德国	40（6.0%）	357（6.4%）
5 英国	31（2.3%）	249（2.1%）	5 法国	33（4.8%）	239（4.2%）
6 俄国	1（0.1%）	8（0.1%）	6 俄国	4（0.6%）	34（0.6%）

民国二十年（1931）、二十一年（1932）检定的短片中，美国片种数比例分别为80.7%和69.6%，卷数比例分别为80.7%和64.6%；而国产短片种数比例分别为1.3%和3.0%，卷数比例分别为1.4%和9.7%，不仅远远低于美国，也低于法国和英国②。

在这些影片中，教育电影的数量又只占一小部分，民国二十年检定的长片中，“教育”类影片14部（国产4部），占影片总数的1.0%；民国二十一年检定的长片中，“教育”类影片6部（国产0部），占影片总数的0.7%。以拍摄成本较低的短片计算，民国二十年检定的短片分“滑稽”、“新闻”、“传记”、“歌舞”、“其他”5类，前四类占了98.5%，而“教育”这一类别都没有；民国二十一年检定的短片分“滑稽”、“新闻”等15类，其中“教育”类占0.7%，如果将“军事”、“实业”、“体育”、“科学”也归入教育影片，也仅占总片数的3.0%③。

中国自制电影总数不多，教育电影更是凤毛麟角。鉴于此，中国教育电影协会在1932年成立后，即派其常务委员郭有守赴欧洲考察教育并与国际教育电影协会接洽，租借教育影片来华放映④。1933年10月，民国驻瑞士公使胡世泽参加在日内瓦举行的“便利教育电影国际流通会议”，但由于中国出产教育影片太少，而没能在《便利教育电影国际流通公约》上签字。民国时期，美国柯达电影公司出产的教育影片输入国内的较多，从各国（主要是美国、

① 《第一次中国教育年鉴》，丙编，第1009、1010页。

② 《第一次中国教育年鉴》，丙编，第1010、1011页。

③ 《第一次中国教育年鉴》，丙编，第1010、1011页。

④ 卢莳白：《一年来之电影教育》，选自《1933年之上海教育》，上海新闻社1944年版。

英国和加拿大）大使馆和新闻处可以租借出一些影片，比如，战后的美国新闻处在上海有近千部影片可供出借，且一部分有中文配音。

在国产教育影片紧缺的情况下，购买或租借国外的教育影片不失为权宜之计。但是，依赖进口教育电影的确带来许多问题。宗秉新认为，使用外国影片至少有五大缺点：①利权外溢，为外国影片推广市场；②教材偏于工业及自然科学方面；③内容艰深，中国一般民众不易领悟；④字幕均外国文，译幕亦太简；⑤外国情形多与我国不同，观众心理隔阂，减少兴味[①]。

亲身参与教育电影推广的舒新城、董渭川等人，对这些负面影响都有切身的体会。对自制教育影片提倡最勤的是舒新城，他认为，自制教育影片是时代发展的潮流，就像英国工业革命后采用班级授课制，维新之后我国教育界改进口日本教科书为自编教材一样。根据自己接触的10万尺以上的外国教育影片，舒新城进一步认为，除了纯粹反映科学的教育电影可以取得相当效果外，社会科学的影片大半不合国情，至多是利害参半，至于宣传片和新闻片大多有反作用，若专用外国影片“其结果是自走殖民地的道路，为外国造公民，有百害而无一利。”[②] 基于政治（殖民化）、经济（利权）、文化（为他国做宣传）、教育（民众不易领悟）等多方面的考虑，中国应该自制教育影片成了教育界人士的共识。

2. 民国时期教育电影制片的实践。

中国自制教育影片从商务开始，金陵大学、中央电影制片场、上海明星公司等单位也偶有拍摄。中国教育电影协会成立之后，教育电影制片问题才逐渐规范起来。中国教育电影协会理事陈立夫在其《中国教育电影新路线》中提出教育电影的五项标准：①发扬民族精神；②鼓励生产建设；③灌输科学常识；④发扬革命精神；⑤建立国民道德。这五条成为电影公司拍摄教育影片的最初标准，也成了选择国外教育影片的标准[③]。1940年和1941年教育电影制片纲要和制片要目出台后，教育电影制片不仅有了具体标准，而且有了拍摄内容上的具体参照。

制片对经费、器材、人才都有相当的要求，以商务为代表的民间力量毕竟实力有限，再加上教育影片不如商业影片可以获得较高的利润，民间力量不可能长期投资教育电影的拍摄。民国政府对教育电影的拨款包括在电化教育经费（该经费还包括播音教育费用）中。历年经费如下，其中1946年追加

① 宗秉新：《中国电影教育的“昨”、“今”、“明”》，载《教育杂志》（第24卷），1934年11月10日第3期。

② 舒新城：《教育电影制片问题》，载《中华教育界》1947年5月（复刊第一卷第5期）。

③ 刘光涛：《电化教育概论》，上海：商务印书馆1948年版，第21页。

美金30万用于购买电影器材（表3－4）。

表3－4 历年电化教育经费①

年度	1936	1937	1938	1939	1940	1941	1942	1943	1944	1945	1946
经费（万元）	50	13.5	11.5	22.6	25	36	132	422.4	514.6	700	6000

在中华教育电影制片厂成立之前，这部分经费主要用于购买放映器材和影片。从1942年起，一方面要投资摄制教育影片，另一方面要继续添置放映器材和影片。以下是中华教育电影制片厂在后方4年的经费支出和拍片数量的统计（表3－5）②。

表3－5 中华教育电影制片厂在后方4年的经费支出和拍片数量

年度	工作人员	岁支经常费（元）	成片数量	平均成本(元)	备注
1942	2	408000	4	102000	1～9月没有软片，不能工作
1943	46	720000	11	65454.5	正片缺乏，把35毫米片剪小用
1944	54	1389880	13	106913.8	本年开始保持1月1片的速度
1945	54	4277480	18	237637.8	含有2灯片

由于抗战的原因，民国政府对教育电影的宣传作用颇为重视，中华教育电影制片厂的经费还算充裕；但由于器材购买不易，制片人才更不是短期可以培养，制片工作还是大受影响。政府拍摄教育影片尚且如此，电影公司、学术团体等民间力量的制片工作更加困难重重，因此，民国时期国产教育影片的数量并不多。摄制过教育影片的组织和个人初步统计如表3－6。

表3－6 民国时期摄制过教育影片的组织和个人的不完全统计

拍摄单位	年份	影片名称和数量	资料来源
商务印书馆	1920～1926年	《盲童教育》、《女子体育观》、《养蚕》、《南京名胜》、《北京名胜》、《泰山名胜》、《养真幼儿园》、《陆军教练》8部（不完全统计）	胡星亮、张瑞麟主编《中国电影史》，中国广播电视大学出版社1995年版，第24页
不详	1930年	教育影片4部	《第一次教育年鉴》，1011页
中央党部	1932年前	名称、数量不详	秉新：《中国电影教育的"昨"、"今"、"明"》，《教育杂志》（第24卷）第3期，1934年11月
卫生署	1932年前	名称、数量不详	

① 杜维涛：《抗战十年来中国的电化教育》，载《中华教育界》1947年1月（复刊第一卷第一期）。

② 根据李清悚：《中国教育电影制片工作回顾与前瞻》（《中华教育界》1947年7月号）整理。

续表

拍摄单位	年份	影片名称和数量	资料来源
金陵大学	1934~1948年	《苏州名胜》、《酱油》、《农人之春》、《民国25年之日全食》等54部。（抗战时期成片19部）	魏永康：《我国电影教育之先驱——怀念教育家魏学仁博士》①
教育部	1937年前	《我们的首都》等3部	杜维涛：《抗战十年来中国的电化教育》
电化教育委员会	1941年	《看图识字》、《法币》、《世界风云》等影片14部，《文天祥》等幻灯片7部	杜维涛：《抗战十年来中国的电化教育》，《中华教育界》1947年1月（复刊第1卷第1期）
中华教育电影制片厂	1942~1945年	影片54部（抗战时期成片46部）	《第二次中国教育年鉴·第九编》第1160、1161页
青树基金会	不详	《上海的社会教育》1部	生民：《民教馆的电教工作——本市民教馆访谈记》，《中华教育界》1947年9月
中华书局	不详	名称、数量不详	舒新城：《电化教育与中国建设》，《中华教育界》1947年9月（复刊第一卷第九期）

尽管这个统计是不完全的，但从中我们足可以看出，抗战之前，金陵大学是教育电影的制片中心，尤其在金陵大学理学院电影部成立的1936年，拍摄教育影片达17部②。抗战期间，中华教育电影制片厂成为教育电影制作的中坚力量。此外，美国新闻处在抗战中，曾专门为中国制造16毫米有声新闻和教育片③。参考中华教育电影制片厂4年成片54部以及金陵大学13年成片54部的事实，估计民国时期国产教育电影不会超过300部，做成拷贝得以流

① 魏永康为魏学仁嫡孙，此文为魏永康授权 http://202.116.32.242/fercc/article_view.asp? id = 58 首发。关于金陵大学拍摄教育影片情况，还参考了李金萍：《“电化教育”在南大》http://www.nju.edu.cn/cps/site/ndxb/875/tbbd.htm、中央电视台纪录片：《孙明经：带摄影机的旅人》（上、中、下）2004年9月2日~4日播出、朱丽双：《70年前用镜头写游记的“徐霞客”》，载《中国国家地理》2003年第10期。

② 魏永康：《我国电影教育之先驱——怀念教育家魏学仁博士》，http://202.116.32.242/ fercc/article_view.asp? id =58。

③ 舒新城：《电化教育的实际问题》，载《中华教育界》1947年1月（复刊第一卷第一期）。

通的影片更少，这是远远不能满足现实需求的。

3. 民国教育电影中的科普相关影片

民国时期，拍摄影片已属不易，教育影片没有商业影片那样的利润前景，拍摄更少；而教育影片本身又包括不少门类，因此，教育影片中的科学影片可谓少之又少。笔者掌握的资料中，金陵大学和中华教育电影制片厂拍摄的科普相关影片分别枚举，如表3－7和表3－8所示。

表3－7　金陵大学拍摄的科普相关影片①

拍摄时间	影片题目
1934年	《酱油》
1935年	《陶瓷》、《竹器》、《调味品》
1936年	《民国二十五年之日食》、《搪瓷》、《景德瓷》、《紫砂器》、《鸭鹅羽绒》、《信鸽》、《儿童玩具》、《童子军》、《氯气》、《防毒》、《各种毒气解救法》
1937年	《淮盐（苏北）》、《开采煤矿》、《绳索的使用》、《防空》
1938年	《自贡盐井》、《井盐工业》
1942年	《长寿水力发电》、《灌县水利》、《水泥》
1943年	《电机制造》、《肥皂》
1948年	《交通工具的进展》
年代不详	《电光与电热》、《健康运动》、《地毯》、《象牙器》

表3－8　中华教育电影制片厂拍摄的科学影片②

片名	内容	片长（尺）	备注
疟疾	略述疟疾病源、治疗及预防方法	800	
采煤	我国煤矿之分布及开采方法	800	
中国教育	新闻二辑1944年资源委员会造无水酒精，长寿发电，改良制盐等	300	
水力发电	长寿水力发电工程及发电程序	500	与经济部资源委员会合作
制造酒精	普通酒精及无水酒精制造程序	500	
玻璃制造	玻璃制造程序	500	复制片
炼钢	战时后方炼钢设备及其制造过程	700	与经济部资源委员会合作
电灯泡制造	中央电工器材厂设备及电灯泡制造过程	400	与经济部资源委员会合作
水利工程	水利工程委员会在陪都迁建区一带水利工程及设备	400	与行政院水利委员会合作

① 魏永康：《我国电影教育之先驱——怀念教育家魏学仁博士》，http://202.116.32.242/fercc/article_view.asp? id=58。

② 根据《第二次中国教育年鉴》，第1160、1161页整理。

续表

片名	内容	片长（尺）	备注
造船	制造船只工作程序	400	与民生公司合作
常山	发明“常山”一药足以治疗疟疾及其研究经过	800	
常山	叙常山药剂之发现与研究	400	配音缩短为400尺
嘉兴蚕丝合作	蚕丝出产程序及嘉兴蚕丝合作概况	400	与社会部合作事业管理处合作
肥料	肥料种类及制造	400	
造碱	碱之制造法	400	
造纸	纸之原料及制造程序	400	

金陵大学拍摄的科普相关影片共计 31 部，占历年拍摄影片总数的 57.4%，足可见对此类影片的重视。当然，由于从题目只能获得部分影片的内容信息[①]，归入“科普相关影片”的标准是很宽松的。中华教育电影制片厂拍摄的科学影片总共只有 16 部，即便加上地理片（《新疆》、《三峡风光》、《川北胜迹》、《台湾风光》、《西北风光》5 部）也仅有 20 余部。而从影片的长度上看，多数影片只有 400 尺，恰好是一卷的长度，如果是默片，可以放映约 12 ~ 15 分钟，如果是有声片，只能放映 12.5 分钟[②]。16 部影片共拍摄 8100 尺，按 15 分钟算，总放映时间最多为 303.75 分钟即 5 小时又 4 分钟。从影片内容看，仅有卫生知识、医药、化工、制造、工程几类，涉及范围很小。从影片的拍摄单位看，有 6 部影片与其他机构合作，包括与企业合作，这是拍摄科学影片的一个好方法。但从一个侧面表明拍摄科学影片的难度。试想一下，民间机构恐怕就很难得到像经济部资源委员会、行政院水利委员会之类的政府部门的协助了。从这一统计中，我们也可以推断当时的科学影片和其他影片一样，以引进为主。

三、科普教育电影的放映问题

民国时期教育电影数量稀少，电影放映设备昂贵，不管是对普通民众还是校内学生，电影都是很稀罕的东西。为了使有限而珍贵的教育电影资源发挥最大的效果，教育电影的放映机制就显得尤为重要。

---

① 由于孙明经参与了金陵大学多部电影的拍摄，部分电影的内容根据中央电视台的纪录片《孙明经：带摄影机的旅人》（2004 年 9 月 2 日 ~4 日播出）和朱丽双的《70 年前用镜头写游记的“徐霞客”》（《中国国家地理》，2003 年第 10 期）得到佐证。

② 舒新城：《电影放映问题（一）》，载《中华教育界》1947 年 2 月（复刊第一卷第 2 期）。

在教育电影的流通上，全国教育电影推广处以邮寄的方式，免费供应各地学校、教育行政机构和社教机构教育电影（要求各机构保证不向观众收费），放映完毕之后由各地寄回，轮流供应。教育部将历年购置的影片分发给各省的社教机构轮流放映，每四个月换片一次。抗战期间交通困难，教育部允许各临近省市可以互换影片。片源不足是导致采用轮流供应方式的主要原因。其他民间组织，如青树基金会则向外国大使馆、新闻处租借影片。

在影片放映上，最初只有民间力量组织的巡回放映队在一定的区域放映教育影片，民国政府提倡后，逐步建立起一个深入各个地区，包括固定的放映站、民教馆和流动放映队的放映网络。

中国教育电影协会上海分会的放映工作，可以看成是早期民间组织进行教育电影放映的代表。在资金缺乏、片源不足的情况下，该会仍然组织了流动放映队到上海各中小学放映。从 1932 年 10 月投入工作以来，每月放映的学校以及参观人数统计如表 3 – 9 所示。

表 3 – 9　上海流动放映队的工作效果

时间	1932 年 10 月	1932 年 11 月	1932 年 12 月
放映场次	150 余次	153	351
学校（所）	80	137	200 余所
观众人数	50000 余人	72350	145476

从表中可见，教育电影的影响势头增长极为迅速，普通民众对电影的关注也很强烈。1932 年 10 月，该会在浦东洋泾小学第一次放映电影时，“全镇乡民无有不知，参观人数达四千余人，映演完毕后，民众坚请重映一次……其盛况为该会开始映演来所未有。”①

1936 年 8 月，教育部公布《各省市实施电影教育办法》，在行政上、技术上、事业上对实施教育电影都做了适当的安排。随后，教育部要求各省划分“电影教育巡回施教区”，每区设电影施教队一队。1936 年，教育部一次性拨款 50 万，配足 81 个放映队，每队配默片放映机、幻灯机、发电机各一架。1937 年抗战爆发，没有增配，1938 年 112 队，1939 年 135 队，1940 年买不到器材，没有增配，1941 年达 149 队②。1941 年之后，教育部废除施教区改组为“电化教育巡回工作队”，1942 年有 41 队，1943 年有 52 队，到 1944

---

① 卢莳白：《一年来之电影教育》，选自《1933 年之上海教育》，上海新闻社 1944 年版。

② 杜维涛：《抗战十年来中国的电化教育》，载《中华教育界》1947 年 1 月（复刊第一卷第一期）。

年，又衰减为28队①。

教育部本身于1938年成立了“教育部电化教育工作队”，利用大汽车一辆，巡回施教于湘、鄂、川、黔、滇各省。四川省水道便利、该施教队一度改用巡回施教船。该队在1943年结束工作。教育部西北、西南社会教育工作队也有电教设备和人才，巡回施教于西北、西南各省。到1945年，教育部各工作队都奉令结束，此后，电影放映的职能主要由社会教育机构承担②。

战后，民间放映工作依然继续，比如，舒新城主持青树基金会的电教工作，1946年11月，在浙江吴兴县菱湖区放映电影，一周之间观众有四万余人③。社会教育机构的放映情况可以上海民众教育馆（旧址在今嘉定孔庙）为例。1947年1月到6月，该馆每星期在周六、周日放映电影一次，每次放影片三部（有时需要加映一场），半年共放映影片72部，观众总计有17969人。观众对教育电影反映良好，民众教育馆还能收取一定的门票费④。当然，我们必须注意到教育电影放映的区域性问题，整个民国时期，上海、南京、浙江和江苏四地的教育电影工作比较活跃，京沪沿线各学校也多受其惠⑤，其余地区教育电影的影响就小。

四、推行教育电影的困难

教育界人士之所以推崇电化教育，是认为广播和电影作为教育工具，其效力比其他任何教育工具都大。然而，诚如舒新城所说，教育电影的推行先决条件在于经费和人才。民国时期，经费既然不能保证，人才的培养也并非短期所能见效；到具体实施中，从获取片源、购买器材、组织放映到自主拍摄、培训人才、进行电影教学，遇到的困难是全方位的；加上社会动荡，推行教育电影自然不能从容、顺利。

除了人才、经费的困难，政府对教育电影的重视也嫌不够。民国政府在电化教育法令和政策的制定上还算是比较得力的，从1935年到1943年，总共出台电化教育法令57种。1943年起，经过对这些法令的检查、淘汰和合并，到1947年总计有法令23种，其中工作纲领6种，组织规章7种，办法须

---

① 沈吉苍：《中国推行电化教育的现实问题》，载《中华教育界》1947年7月号（复刊第一卷第七期）

② 杜维涛：《抗战十年来中国的电化教育》，载《中华教育界》1947年1月（复刊第一卷第一期）。

③ 舒新城：《电化教育的实际问题》，载《中华教育界》1947年1月（复刊第一卷第一期）。

④ 生民：《民教馆的电教工作——本市民教馆访谈记》，载《中华教育界》1947年9月（复刊第一卷第9期）。

⑤ 刘光涛编著：《电化教育概论》，商务印书馆1948年版，第22页。

知5种，人才训练5种。但在法令的落实上却只能大打折扣，连教育电影的行政、辅导、施教、制片机构的设置都残缺不全①。

当时的电影工作被认为“是一种牛鬼蛇神的事体”，社会认同不高。幸运的是，普通民众对电影还是追捧的。然而，民众的这种追捧不是基于对教育电影的认同，他们更愿意把放映教育电影当成一场庙会，教育电影巡回放映队更是被直接称为“玩把戏的”、“演电影的”。限于认知水平，普通民众也不喜欢教育电影，加上片源紧张，有时民众教育馆不得不放映一些像《火烧红莲寺》、《杨乃武与小白菜》之类的片子，民众乐在其中，主持放映的人却深感痛苦②。此外，交通不便、电力缺乏、放映场地不足等问题，也影响到教育电影的推广。

困难面前，人们却表现出自强不息的奋斗精神。在经费使用上，对有限的拨款一直量入为出，比如，在设备的购买上，尽量从目的、经费和器材构造儿方面综合考虑选择价廉物美的产品③。除了经费使用上的“计较”外，考虑到广大农村地区缺乏电源，教育部内设立幻灯制造室，试验制造植物油幻灯机、电石幻灯机，镜头用国产玻璃，以人力或水力磨制，各制成幻灯机三十多架，此外，还试验成功透明纸幻灯片代替玻璃幻灯片④。为了使教育电影深入民众，巡回放映队以卡车、帆船为工具深入各地放映，在交通不便的地方用牛车、人力来运送发电设备⑤。

尽管制片困难，商务印书馆早在1918年就有心拍摄教育影片，1935年，《农人之春》已获国际殊荣（国际农村影片比赛第三名），1936年的《民国25年之日全食》，也在世界教育电影史上留下一笔。抗战期间的大后方，教育电影的拍摄也未尝松懈。国民政府也注意到人才培养问题，教育部在1936年、1937年、1938年分别举办三届“电化教育人员培训班”，分电影与播音两组，三届共毕业学员322人，其中电影组毕业238人。从1939年12月到1940年10月，教育部所办四期“各省民众教育馆馆长培训班”课程中都设有电化教育课程。此外，教育部和金陵人学理学院从1938年秋开始，合办了电化教育专修科，1940年国立社会教育学院成立，其中也设有电化教育专修

---

① 杜维涛：《抗战十年来中国的电化教育》，载《中华教育界》1947年1月（复刊第一卷第一期）。

② 董渭川：《我从事电化教育所感受的困惑》，载《中华教育界》1947年1月（复刊第一卷第一期）。

③ 舒新城：《电影放映问题（一）》，载《中华教育界》1947年2月（复刊第一卷第二期）。

④ 杜维涛：《抗战十年来中国的电化教育》，载《中华教育界》1947年1月（复刊第一卷第一期）。

⑤ 董渭川：《我从事电化教育所感受的困惑》，载《中华教育界》1947年1月（复刊第一卷第一期）。

科。除了正规的人才培养外，教育电影的推广实践，甚至抗战期间的流亡，也锻炼了部分人才。比如，山东民众教育馆巡回教育团在济南沦陷后，从山东临沂一路施教到贵阳，在这期间，一个原先搬运器材的不太识字的工友不仅成为流亡期间唯一的放映员，还学会了剪辑影片、解释幻灯片①。

五、电影技术对科普的影响

民国时期教育电影的推广存在着不足，以电影来开展科普工作更是做得很少，这是有历史原因的。

首先，电影并不是作为一种教育技术传入中国的，因此，将电影应用于教育有一定的滞后性，而将电影技术运用于科普则更加滞后。

第二，具有科普意义的电影数量稀少，大大削弱了以电影进行科普教育的效果。国产影片数量稀少，流通拷贝更少，科普教育面临巧妇难为无米之炊的困境。而进口的科学电影往往有和国内事情不符的地方，有的进口的科学影片连董渭川都看不懂。

第三，教育电影不像娱乐片那样有利润推动，它是一项需要经济投资、专业技能以及教育理想和奉献精神的事业，发展的阻力很大。面对教育电影的高成本，李清悚也只能无奈地提出“以戏剧片养教育片。”②

第四，诸多原因造成当时民众对科学类电影的兴趣不高。比如，民众生活本来就艰难，文化生活缺乏，他们更希望以电影娱乐；当时的科学片以默片居多，而且一部片子往往只有一卷，仅够放映十几分钟，民众难以理解等。

第五，正如沈吉苍所说“和平安定未到来之前，任何教育方法都是无法开展的”。1918 年至抗战前，虽然局势较稳定，但教育电影不受重视；抗战中，虽然受重视，但毕竟难以开展；抗战后，文教事业也没有得到喘息的机会，教育电影事业陷于停顿。

尽管如此，我们还应该看到，民国时期电影技术与科普事业初步结合的历史意义。

电影的直观、明了有助于科普受众对相关知识的理解，也能够增加科普受众的兴趣。而电影可以同时对许多人施教的特点，与科普的要求十分契合。在民国的教育家眼中，电影运用于教育可以让文盲也获得知识，可以让“穷

---

① 董渭川：《我从事电化教育所感受的困惑》，载《中华教育界》1947 年 1 月（复刊第一卷第一期）。

② 李清悚：《中国教育电影制片工作回顾与前瞻》，载《中华教育界》1947 年 7 月，（复刊第一卷第一期）。

乡僻壤都有收受同一优秀教材的机会”，这是关乎教育本质和国家建设的大事①。

从民国时期教育电影的出现、发展和推广情况看，电影与科普事业相结合在民国还处于萌芽阶段，只具备了一个雏形。当时虽然没有以电影推动科普的明确论断，但拍摄科学常识影片要达到“使观众得知科学之基本事实与原理及与日常生活之关系，因而养成观察与实验之科学精神”的目的（见表3-2中对“科学常识”的内容描述），已经抓住了科普的核心。由于制片条件的限制，相关影片数量稀少，放映不易等原因，电影科普事业不能很好发展。但是，流动放映队、巡回施教工作队以及像青树基金会这样的民间教育团体的教育电影放映实践，深入到学生和乡村、山区的民众之中，真正是以电影为手段的科普实践。当时国民政府的一些措施也算积极，比如，教育放映以不收费为原则，划分“教育电影巡回放映区”，统一购置器材，装备巡回放映队等②。

当时也还没有“科普电影”的说法，只是在社会教育电影中出现了一些有科普意义的影片。这些有科普意义的电影的推广，主要是为了社会教育的目的，除了科学馆的电影放映工作外，电影放映的科普目的也不明确。然而，科学常识类电影的出现，意味着电影领域作为科普作品创作新天地的开始，而电影技术在科普中的初步运用，意味着科普事业一个质的飞跃。

第二节　中国近代广播技术与科普教育

广播是一种现代化的传播工具。以技术手段划分，可分为有线广播和无线广播两种。中国在20世纪30年代虽然在一些中小城市出现过有线广播，但规模很小，没有形成网络。而在20世纪20年代初，中国却已经出现了外国人建立的无线广播电台，因此，中国的广播事业是从无线广播开始的。

无线广播超越地域限制传播信息的技术特点决定了它在经济、政治、军事和教育领域的应用前景。和对电影技术的认识相似，教育界人士常常把广播技术和电影技术相提并论，看重其作为教育工具的巨大潜力，不止一位教育家推崇播音“无远弗届”的威力。1935年，民国政府开始提倡播音教育，1935年10月，中央广播电台正式开始教育播音，近代广播技术的教育应用进

---

① 见舒新城《电化教育与中国建设》和汪畏之《从推行电化教育说到训练人才问题》，两文均见《中华教育界》，1947年第7期。

② 《第二次中国教育年鉴》，第1153、1154页。

入了一个新的阶段。

一、中国近代广播事业的产生与发展

1895 年，马可尼初步制成了最初的无线电接收机。1899 年，从欧洲大陆飞越英吉利海峡的无线电报试验成功。1901 年，无线电报横跨大西洋，从欧洲传到美洲。无线电通信的技术优越性很快显示出来，它被迅速、广泛地用于军事联络、商业信息传递等方面。随着当时各国在华的侵略扩张，无线电技术也传入了我国。

中国最早使用无线电报始于清末①。1905 年，清政府购置无线电收发报机，分别安装在北京、天津、保定和北洋海军的舰艇上，以沟通军事情报。民国成立后，政府交通部内设置了电政司，掌管有线电报和无线电报事宜。

用于通信联络的无线电台与广播电台是不一样的，民国政府成立电政司的时候，用无线电进行广播的技术尚在试验阶段。1920 年 8 月，《东方杂志》以“无线电传送音乐及新闻”为题介绍了广播技术。1920 年 11 月 2 日，美国匹兹堡的 KDKA 广播电台开始播音，这是世界上最早的广播电台。1923 年 1 月，美国人 E. G. Osborn 在上海创办了中国无线电公司（Radio Corporation of China），由其与《大陆报》合作开办的“大陆报—中国无线电公司广播电台”是中国境内第一座广播电台，功率 50 瓦；同年 5 月，美商新孚洋行（Electric Equipment Co.）也创立了一座功率 50 瓦的广播电台，但二者相继倒闭了。早期外商在上海开办的电台中，时间较长、影响较大的是 1924 年 4 月开始播音的美商开洛公司（Kellogg Switchboard Supply Co.）创办的广播电台，播音一直延续到 1929 年 10 月。当外国人在上海开办广播电台时，北洋政府有关当局还对广播技术一无所知，他们把广播电台与用于通信联络的无线电台同等看待，不准私自设立；同时，又分不清收听广播的收音机与无线电收发报机的区别，因此同样不准任意出售②。交通部从屡次查禁中才逐步认识到两者的区别。1924 年 8 月，交通部颁布《装用广播无线电接收机暂行规则》，对建立广播电台，出售和安装收音机不再无条件地取缔。1927 年 3 月 18 日，上海新新公司为了推销自己制造的矿石收音机，开办了一座简陋的广播电台，发射功率只有 50 瓦，播送唱片和戏曲。这是中国第一所民营广播电台。同年底，北京也出现了一所商办的燕声广播电台。

在旧中国，广播电台与电影院一样，最早是由外商创办的。在 1928 年 8

① 关于无线电引进中国的情况可参看吕世勤《无线电何时引进中国》，载《中国科技史料》1983 年第 1 期。

② 赵玉明主编：《中国广播电视通史》，北京：北京广播学院出版社 2004 年版，第 12 页。

月国民党中央广播电台出现之前，中国境内先后有外商和中国人创办的广播电台十来座，发射功率一般很小，收听范围也限于广播台所在城市和周边地区。当时没有一个全国性的中央台，全国的收音机也仅1万部左右[①]。

1928年8月，国民党中央广播电台在南京开始播音，开始功率只有500瓦，1933年11月建成功率达75千瓦的大电台。这是第一座全国性的电台。从该台建立到1937年抗战全面爆发，中国的广播事业有了较大的发展。据1937年6月的统计，国民党地区共有官办、民营电台78座，总发射功率近123千瓦。从数量看，民营台55座，但发射功率仅占总功率的5.4%，官办广播台占统治地位。从地区分布看，江苏省（包括上海、南京）有电台43座，占全国总发射功率的68.5%；其次为浙江省8座，河北省（包括北平和天津）7座，山东省3座；安徽等5省各2座；湖北等7省各1座[②]。全国收音机总数，包括东北沦陷区内，约有20万部。

抗战爆发后，中国的广播事业大受挫折，有的电台落入日军之手；更多的电台选择了内迁，上海的亚美、华美等几家民营电台，抱定“宁为玉碎，不为瓦全”的态度，自动拆机停播……1938年3月10日，国民党中央台在重庆恢复，发射功率由75千瓦减为10千瓦。据1938年统计，当时国民党广播电台仅余六七所，总发射功率11千瓦，广播事业的挫折可想而知。抗日战争期间，中国共产党领导的革命根据地的广播事业也开始发展。

解放战争时期，以延安（陕北）新华广播电台为代表的解放区广播事业，经历了恢复重建——曲折发展——成长壮大的过程，配合解放战争进行广播宣传成了当时的主要工作。而以中央广播电台为代表的国民党广播事业也出于维护最后的统治的需要，为鼓吹内战、独裁而不遗余力。国民党统治下的民营广播电台，因为文化控制的加强，苦苦挣扎在生存线上，再也没有出现过战前的繁荣景象。

二、科普教育播音的实施

1. 1935年之前的教育播音实践

民国政府从1935年开始提倡播音教育。当然，在此之前的播音实践中，政府、外商、团体或个人所办的电台中，不可避免地会有具有教育意义的内容，尤其是面向普通大众的具有社会教育意义的内容。

中国境内的第一座电台，“大陆报—中国无线电公司广播电台”，虽然以娱乐性节目为主，但在开始播音的第四天（1923年1月26日），就播送了孙

---

① 赵玉明主编：《中国广播电视通史》，北京：北京广播学院出版社2004年版，第18页。

② 中国文化建设协会编：《十年来的中国》，上海：商务印书馆1937年7月版，第716～719页。

中山先生当日在上海发表的《和平统一宣言》。次日，孙中山在《大陆报》发表谈话表示称赞，说："……此物（无线电）不但可于言语上使全中国与全世界密切联络，并能联络国内各省、各镇，使益加团结也"①。如果从社会效益或政治宣传的角度看，这次广播不失为最早的教育播音。该台还举办过无线电基本常识讲座，虽然目的是为了推销收音机以扩大广播的影响——新孚洋行创办的电台更是以试验和推销收音机为目的，但却有普及相关知识的实际效果。1929 年 12 月 23 日开播的亚美广播电台（初办时称上海广播电台）的特点，就是注重无线电常识的普及与宣传。1932 年该台还将广播中的《无线电问答》节目广播稿汇集成册，发行《无线电问答汇刊》（半月刊）。此外，亚美还开设了《学术讲演》节目②。

1924 年 8 月，交通部颁布《装用广播无线电接收机暂行规则》，对建立广播电台，出售和安装收音机不再无条件地取缔。国民政府 1928 年 12 月公布《中华民国广播无线电台条例》，规定"广播电台得由中华民国政府机关、公众或私人团体或私人设立……"此后，交通部的有《民营电台暂行取缔规则》28 条③也允许公私团体和个人经营广播电台。在这样的政策环境下，20 世纪 20 年代末、30 年代初，中国就出现了一些由地方民众教育馆和大中学校开办的教育性广播电台，比如，无锡的江苏教育学院广播电台、徐州民众教育馆等所办的徐州广播电台、南昌的江西省立民众教育馆广播电台、北平育英中学育英广播电台、济南的齐鲁大学广播电台、青岛市立民众教育馆广播电台、厦门同文中学广播电台等。这类教育性广播电台的播音内容大都限于文教方面，发射功率不大，收听范围也限于当地。这些电台的出现，代表着广播技术与教育进一步深入的结合，这些电台也成为民国政府正式推行教育播音后，实施教育播音的物质基础。

2. 教育播音行政的演进

民国政府从 1935 年开始提倡播音教育。1935 年 5 月，教育部与中央党部广播事业管理处商定利用中央广播电台播送教育节目计划。6 月，通令各省市教育厅局，转饬所属中等学校及民众教育馆，分期装设收音机，并向建设委员会电机制造厂订购收音机 1000 部，以供各省市需要。7 月，举办全国中等学校及民众教育馆收音指导员训练班，由各省市保送人员入班受训。10 月 10

① 据上海《民国日报》1923 年 1 月 28 日报道，转引自赵玉明主编《中国广播电视通史》，北京：北京广播学院出版社 2004 年版，第 9 页。

② 上海市地方志办公室编：《上海广播电视志 · 大事记》，链接地址：http://www.shtong.gov.cn/node2/node2245/node4510/node10154。

③《民营电台暂行取缔规则》中公私团体和个人经营广播电台的条文，参见刘光涛编著：《电化教育概论》，上海：商务印书馆 1948 年版，第 159 ~ 160 页。

日，教育部延聘各科专家在中央广播电台开始教育播音。

1936 年 7 月，教育部内设立播音教育委员会，主持播音教育事业，这是播音教育事业的最高行政机构。同时，教育部令各省设置播音教育服务处，办理收音机修理和干电池的统筹购配事宜。然而，由于物力人力的限制，仅福建、江西等几个省设立了服务处。

1937 年抗战爆发之后，教育部更加意识到播音教育有积极推行的必要。尽管器材、经费和人才都感到困难，但后方各省市的电教工作（包括教育电影事业）仍然能够继续开展。1940 年 11 月，将原先的电影教育委员会和播音教育委员会合并为电化教育委员会，并在社会教育司增加第三科掌管电化教育事宜。各省方面，1941 年 2 月通饬一律设置电化教育服务处，以扩大原有的播音教育服务处。到 1943 年 10 月底，除战区外，全国有江西、湖南、陕西、青海、四川、广西、西康（西藏）、福建、甘肃、河南、湖北、广东、云南、贵州、安徽、宁夏、重庆等 18 个省市建立了服务处。此后，电化教育事业次第展开。

在各省的电化教育行政上，教育部战前通令各省市教育厅局，在社会教育科股内，指定职员两人分别办理电影教育和播音教育行政，或者指定一人办理电化教育行政。此外，规定各省划分“播音教育指导区”，每区设指导员一位。各省市多遵照施行，1936 年 81 区，1938 年 112 区，1939 年 135 区。

1944 年 12 月，教育部将原先公布的各省市实施电影教育与播音教育办法，合并修订为《电化教育实施要点》二十二条，令各省市施行，成为其后实施电化教育的主要依据。同年 10 月，“电化教育服务处”改为“电化教育辅导处”。到 1946 年 12 月，四川、云南、湖南、甘肃、浙江、江西、宁夏、广西、福建、新疆、河南、广东、辽北、北平 14 个省市建立了辅导处。教育部电化教育委员会也在 1943 年 2 月改为会议性质的委员会，不再设独立机构，所有事务移交社会教育司第三科。1945 年，教育部奉蒋介石手令，编成《教育部首次电化教育五年计划》，内分机构组织、器材设备、人才训练、经费预算四章，1946 年 4 月呈送[①]。由于政治原因，这个五年计划自然不了了之。

3. 科普教育播音的内容

1935 年开始的教育播音按对象分为两类：一是“关于中等学校学生者”，二是“关于一般民众者”。关于前者的播音时间是每周二、四、六 3 次；关于后者播音时间是每周一、三、五和星期天 4 次，每次都是 30 分钟。全年的教

① 杜维涛：《抗战十年来中国的电化教育》，载《中华教育界》1947 年 1 月（复刊第一卷第一期）。

育播音在时间安排上分为两期：第一期从8月1日到翌年的1月31日，第二期从2月1日到7月31日。关于一般民众的教育播音全年进行，关于中等学生的教育播音，则暑期从7月1日到8月31日，寒假从1月18日到1月31日停播。节目都由中央广播无线电台播送。教育部规定的关于两类教育播音的内容和次数的分配，如表3-9。

表3-9　教育播音的内容与次数分配表

关于中等学校学生者			关于一般民众者		
项目	第一期播音（次）	第二期播音（次）	项目	第一期播音（次）	第二期播音（次）
青年训练	12	12	公民训练	36	40
科学讲演	36	40	科学常识	48	48
教育讲演	12	12	国语训练	10	10
时事讲演	10	10	时事讲演	10	10
合计	70	74	合计	104	108

从表3-9中可知，对中学生的“科学演讲”和对一般民众的“科学常识”播音都是两大类教育播音中最主要的内容，所占比例分别为51.4%和44.4%。可以说，教育播音对科学普及还是非常重视的，当然，“科学演讲”和“科学常识”因为对象不同，在侧重点上也有所不同，同时，对一般民众强调“公民训练”也是恰当的。以教育部编辑的《教育播音讲演集·中等教育》第一辑、第二辑为例[①]，内容分布如下（表3-10）。

表3-10《教育播音讲演集》内容统计

内容	第一辑（次）	第二辑（次）	合计
青年训练	4	5	9
科学讲演	18	16	34
教育讲演	7	8	15
时事讲演	5	7	12
合计	34	36	

从表中可以看出，科学讲演是最主要的教育播音内容。这34次科学讲演的具体内容和演讲者概况如下（表3-11）。

① 分别由商务印书馆在1936年、1937年出版。

表 3－11 《教育播音讲演集（中等教育）》中的“科学讲演”内容

第一辑

类别	题目	演讲者
科学概论	科学之意义与功用	中央陆军军官学校教官：程祥荣
	近代科学发达简史	金陵大学理学院院长：魏学仁
	我国的科学研究事业（一）	已故中央研究院总干事：丁文江
	我国的科学研究事业（二）	
国语科讲演	写作什么	开明书店编辑：叶绍钧
	怎样写作	
	阅读什么	开明书店编辑部主任：夏丏尊
	怎样阅读	
历史科讲演	中小学本国史教授的目标	国立编译馆专任编审：郑鹤声
	中小学本国史教材的运用	
	研究外国史的价值与范围	中央大学教授：沈刚伯
	研究外国史的方法	
地理科讲演	中国地理之统一性	中央大学教授：张其昀
	中国自然区域简说	
	我们为什么要学外国地理（一）	中央大学地质系教授：黄国璋
	我们为什么要学外国地理（二）	
算学科讲演	我们为什么学算学和怎样学算学	大夏大学教授：任孟闲
	怎样使学生算学成绩好	

第二辑

类别	题目	演讲者
国语科	注音符号与简体字	国立北平师范大学文学院院长：黎锦熙
英语科	对中学生谈学英语	国立编译馆专任编辑：周其勋
化学科	中等学校化学的教学	国立编译馆专任编辑：陈可忠
	化学的应用	
	中国化学发达史	
物理学	伽利略的生活和工作	金陵大学理学院教授：戴运轨
	牛顿的生活和工作	
	物理学的基本定律	
	中等学校物理学的教学法	
生物科	生物学对于人类的贡献	正中书局编译所自然科学组主任：薛德焴
	今后怎样研究生物学	
劳作科及职业学科	关于劳作科的几个重要问题	上海私立美专教授：何元
	中学生研究农业的方法	金陵大学理学院教授：沈宗翰
	工科职业学校学生应注意之问题	河北省立工业学院院长：魏元光
体育科	各国青年体育训练之实效及吾国今后青年体育应有之动向	国立中央大学体育科教授：程登科
童子军科	童子军教育的功能及其推进方法	中国童子军总会理事：严家麟

从中学教育的播音文集看，广播稿的撰稿人都是各领域的专家，稿件质

量相当高。此外，商务印书馆分别在1936年和1940年出版了《教育播音讲演集·社会教育》的第一辑和第二辑。

为了使教育播音达到更好的效果，《中等学校利用教育播音须知》规定，学校不仅要积极组织收听相关播音，还要印发播音讲义、讲解播音内容，要求学生做笔记、批阅笔记，每次播音不仅作为正式授课一小时，而且授课内容还可以酌情进入相关科目的考试。《民众教育馆利用教育播音须知》则规定，民众教育馆有组织、宣传、发动的责任，要准备设备、场地，负责吸引民众来听，也要印发播音讲义、讲解播音内容，此外还有将播音要点张贴起来以引起民众注意①。

教育播音的缺点之一就是内容的暂时性，在缺乏录音技术的条件下，把教育播音的内容编辑成书籍、刊物或讲义就显得必要了。从1935年教育播音开始到1944年10月，9年间，由教育部编辑出版的广播稿有以下几种：

（1）《播音教育》月刊，商务印书馆出版，出版10期；

（2）《教育播音讲演集》，商务印书馆出版，出版中等学校一辑，民众教育馆两辑；

（3）《教育播音小丛书》，商务印书馆出版，《防空常识》、《防毒常识》等9种；

（4）《抗战演讲集》，正中书局出版，有《全民抗战》、《民众宣传与青年教育》、《现代战争》、《战时医药》、《战时日本》、《战时社会教育》。

（5）《青年自习播音讲稿》，教育部印行，已出版《战时公民常识》、《理化常识》两种。

其中，商务印书馆1937年出版了《教育播音讲演集（中等教育）》第二辑。从所有编辑出版的广播稿看，科普教育类内容占了相当大的比例。

4. 推行教育播音的困难

作为一种新的教育技术，推行教育播音与推行教育电影一样，面临着器材、经费、人才的困难，战争的环境同样不利于教育播音事业的发展。

教育播音要求有广播电台、收音机和干电池。国民党的广播电台在抗战中严重受挫，虽然有中央电台和各个省立电台的存在，其播音也一直继续，但对教育播音而言，电台数量和发射功率的锐减，无疑是对教育播音的致命打击。由于电台是教育播音的基础，在电台确定的情况下，收音机和干电池的数量和地域分布就决定了教育播音的影响范围。教育部历年购发收音机和

---

① 教育部：《教育播音讲演集（中等教育）》第一辑附录部分，上海：商务印书馆，第301～304页。

补助干电池数量如表 3－12 所示[①]。

表 3－12　教育部历年购发收音机和补助干电池数量

年度	1935	1936	1937	1938	1939	1940	1941	1942	1943	1944	1945	1946	1947
收音机	1000	895	425	239	190	138	57	30	200	20	13	1000	120
干电池	600	5300	375	908	718	354	现款	现款	现款	现款	现款	100	120

从 1935 年到 1947 年，合计购发收音机 4327 部，补助干电池 8345 套、现款若干。从趋势看，抗战爆发后，设备数量就大为减少；从 1940 年起，由于器材内运更加不易，设备数量进一步萎缩。加上战争造成的损坏，抗战期间以及抗战后全国各教育机关的收音机数量十分稀少。抗战中（年份不详），教育部对全国教育机关装设收音机情况的调查显示，根据贵州、广西、四川、湖南等 15 各省呈报的资料统计，完好的收音机只有 303 部，略有损坏的收音机有 201 部，合计仅 584 部。1946 年，教育部对江苏、浙江以及北京、上海等 32 省 6 市的统计显示，全国完好的收音机只有 608 部，略有损坏的收音机有 366 部，合计仅 974 部[②]。各地复员之后，百废待兴，文盲和失学现象十分严重，因此，尽管教育部在 1946 年配发了 1000 部收音机，但这是远远不能满足教育的需要的。相比之下，此时的设备更加稀缺，迟至 1947 年 8 月初，上海市民众教育馆还没有任何播音教育的设备，只能等着经费落实后设置限于民教馆范围之内的播音和收音设备[③]。

由于民国政府推行教育播音的策略是先在中等学校和民众教育馆范围内推广，这就造成有限的设备集中在学校和民众教育馆中。“1935 年到 1946 年，中等以上各级学校和省级以上各种社会教育机关都设有收音室。中等以下学校和县市级社会教育机关有 20% 设有收音室，所用收音机 60% 以上均系教育部统筹配发。”[④] 由于当时中国广大的乡村地区缺乏电源，收音机很难在乡村使用，而教育播音也不能像教育电影一样巡回施教，因此，教育播音对校外，尤其是乡村，影响很小。而其实，教育播音是可以在乡村发挥其巨大的优势的。董渭川在山东推行教育电影时，就遇到了这样的情况：在山东平原县一个叫二十里堡的小乡村里，有一个试验国语罗马字的办事处，该办事处每晚开收音机，每晚都有不少村民聚集着听，听了之后还去向其他村民讲述传播，并且有时还能引起村民们的讨论。但这样有收音机的村子，是董渭川遇到的

① 根据《第二次中国教育年鉴》第 1156 页统计。

② 以上数据见《第二次中国教育年鉴》，第 1156、1157 页。

③ 生民：《民教馆的电教工作——本市民教馆访谈记》，载《中华教育界》1947 年 9 月（复刊第一卷第九期）。

④ 《第二次中国教育年鉴》，第 1155 页。

唯一个案[①]。

此外，人才是制约近代电化教育推行的瓶颈之一。教育部在1935年举办第一届无线电收音指导员的短期培训班，在1936年、1937年、1938年，分别举办三届“电化教育人员培训班”，每班分电影和播音两组。三届共毕业学员322人，其中电影组毕业238人，播音组毕业84人。从1939年12月到1940年10月，教育部所办四期“各省民众教育馆馆长培训班”，课程中都设有电化教育课程，共毕业学员260人。教育部还于1940年8月公布《各省市电化教育人员训练办法大纲》，规定各省市教育厅局分别举办“电化教育人员训练班”，各省市大都陆续办理。1946年复员后，电教人员紧缺，教育部又订立《利用暑期举办电教人员训练办法》电告各地厅局照办，该年共有湖南、湖北、山东、甘肃、宁夏、江西6省举办，培训175人。此外，教育部和金陵大学理学院从1938年秋开始，合办了电化教育专修科，从1938年到1944年共毕业了46人。1940年，国立社会教育学院成立，其中也设有电化教育专修科。从1941年到1947年，共毕业了63人[②]。受过培训的人员总计只有866人，培训的播音单科人员仅84人，得到播音培训的最多也只有328人。

推行教育播音另一个比较突出而独特的问题，是广播事业行政部门对播音内容的审查。

整个民国时期，广播行政部门对播音内容的限制是比较多的。1924年8月，交通部颁布的《装用广播无线电接收机暂行规则》规定：“接收机只准供接收音乐、新闻与气象、时刻、汇总之报告以及演说、试验之用……”这一规定等于规定了播音内容的大致种类。1932年交通部公布《民营电台暂行取缔规则》28条规定：“广播电台之业务以下列为限：工艺演讲、新闻报告（必要时交通部得制止之）、音乐歌曲及其他节目、商业报告。”同时规定，广播电台不得不服从交通部所派检查员之指导与监督，不得播送不真确之消息和新闻，不得传递私人信息，不得播送危害治安或有伤风化的一切言论、消息、歌曲、文词[③]。1930~1934年间，国民政府先后公布《出版法》、《危害民国紧急治罪法》、《宣传品审查标准》等法令，逐步确立了严格的新闻检查体系。1936年10月，交通部公布了中央广播事业指导委员[④]会通过的《指导全国广播电台播送节目办

① 董渭川：《我从事电化教育所感受的困惑》，载《中华教育界》1947年1月（复刊第一卷第一期）。

② 培训数据综合了《第二次中国教育年鉴》（第1160页）、杜维涛《抗战十年来中国的电化教育》以及刘光涛《电化教育概论》（第168~169页）的相关内容。

③ 刘光涛编著：《电化教育概论》，商务印书馆1948年版，第160~161页。

④ 民国政府的广播事业行政机构主要有三个：中央广播事业管理处、交通部以及由以上两个单位及教育部、外交部代表组成的中央广播事业指导委员会。

法》，标志着国民党开始以法律的形式着重从广播内容上来控制广播台。1937年，又公布了《处分简则》和《播音节目内容审查标准》[①]。

国民党对播音内容的控制是当时政治斗争的反映。尽管自然科学类的播音内容受被紧播的可能性相对较小，但文化事业是一个综合的整体，国民党的播音节目审核制度导致了这样的后果：即便在复员后失学与文盲极为严重，迫切需要教育播音发挥作用的时期，国民党电台多是反共的喧嚣和一片歌舞升平的靡靡之音，民营电台迫于生存的需要也只能就范[②]。

从播音技术的既定特点和民众科普的内在要求考虑，播音成为科普的手段可以说是科普发展的必然趋势。为了扩大教育播音的影响力，民国教育部做了一定的规划和推进工作，其主要的举措列举如下：①公布了《各省市实施播音教育办法》。1935年10月3日，教育部公布的《各省市实施播音教育办法》，在行政上、技术上、事业上对播音教育均做了适当的安排，成为推行播音教育的准绳。②确立了各省的电教推行机构。教育部战前通令各省市教育厅局，在社会教育科股内，指定专人负责电化教育，还划定了“播音教育指导区”，要求各省筹设“播音教育服务处”。③训练了各省的电教人才。教育部、高校及地方历年培训的电教人员总计只有866名，受过播音培训的人员只有600余人。尽管数量十分稀少，但毕竟培养了一批播音教育的骨干。④补助器材设备。在学校和民教馆的设备中，绝大多数是由教育部配发的，尽管从1935年教育播音推行以来，收音机和干电池都处于缺乏的状态，国民政府教育部对设备的支持还是极为重要的。此外，广播稿的编辑出版也有利于扩大播音教育的影响力。

与教育电影相比，教育播音的科普效果也许更大一些。这是因为，首先，教育播音中的科普内容较多，占有较多的播音时间；其次，教育播音节目具有相当的延续性，尽管全年播音分为两段，但针对一般民众的播音是从不间断的，针对学校的播音只在寒暑假暂停，其影响力是延续的；第三，教育部对如何利用教育播音有政策上的引导，虽然具体落实情况可能不尽如人意，但教育播音播音次数和时段安排上固定，利于学校和民众对播音的利用；第四，教育播音对器材、经费、人才的要求相对低一些，学校和民众教育馆开展工作比较容易。整体而言，在民国的历史条件下，从科普效益的角度考虑，播音显然优于电影，《电化教育实施要点》第八条就明确规定，“省立民众教育馆应设置收音机，公开收听教育播音”，经费充裕的才举办电影和幻灯教育。

---

① 赵玉明主编：《中国广播电视通史》，北京：北京广播学院出版社2004年版，第38～41页。

② 沈吉苍：《中国推行电化教育的现实问题》，载《中华教育界》1947年7月号（复刊第一卷第七期）。

结　语

自中国的近代化进程发动以来，“科学”逐渐成为中国人民的群体性追求，科普教育事业的发展正是这一历史趋势的体现。由于种种原因，国人追寻科学的每一步都是动力交织着阻力，成功与失败并存，充满了挣扎和奋斗，近代科普教育事业的发展同样如此。

科普的对象是广大民众，科普教育怎样才能深入民众始终是问题的核心。从近代科普主体的探索中，我们可以反思推进民众科普的基本策略。

1. 科普主体的多元化

不同的科普主体有不同的优势，科普教育要深入民众首先需要建立主体多元的科普体系。从清末到民国，致力于科学知识普及的主体始终是多元的。学会的优势在于能够联络同志、聚合力量，举办各项事业来推进科普。而各类公共场馆不仅能够为科普活动提供相应的场地，而且一定的场馆往往与一定的科普形式相联系，场馆提供了专门的科普服务。对于科普事业而言，电影和播音技术的优势相当明显，将影音技术运用科普可以说是科普的必然选择。

2. 科普形式的多样化

严格地讲，形式的多样化有利于民众更好地了解科学知识。比如，对某一科学知识，电影演示可能会收到与讲解截然不同的效果；形式的多样化也意味着科普可以接触更多的民众，比如，出版科普书籍和刊物的方式只适合识字的人，而演讲则可以使文盲也获得知识。形式多样化有助于维持民众对科学知识的兴趣，播放教育电影人山人海的场面是最好的证明。从近代的科普事业看，各种教育主体如民众教育馆、科学馆都注意综合地运用各类科普方式，他们经常举行讲演、巡回书库、巡回施教以及播放电影等手段，开展形式多样的科普教育。

3. 适当的科普方法

科普方法的选择要考虑科普对象的特点、科普内容的特点以及已有的科普条件。科普对象不同，科普形式就可能不同，比如，对学生可以让他们阅读，对没有阅读能力的民众则适合讲演、播音或电影。科普内容不同，科普形式也可能不同，比如，科学史实的介绍适合讲解，动物、植物和地质学的许多内容适合展览，而化学实验以及一些应用技术则适合演示（包括电影演示）。已有的科普条件也影响着科普方式的选择，比如，图书馆的科普功能主要通过书籍借阅来实现，博物馆主要通过展览，立足于自身的特点开展科普各项工作。

4. 充分利用科普资源

科普资源是服务于科普活动以达到科普目的的各类资源。纵观清末到民国时期，科普资源（科普场馆、设施、书刊等）远远不能满足民众科普的需要，各类科普主体进行了许多有益的探索。图书馆、博物馆开展相关的科普事业本身就是对科普资源挖掘。巡回书库、电化教育工作队的努力，都是力图使有限的科普资源发挥最大的效用。对于隶属于某些场馆又不宜移动的科普资源，则应该以尽量利用为原则，比如，济南广智院在吸引民众参观展览上的努力，科学馆设置实验室供周边学校轮流实验等。此外，民国时期有学者提出"乡村学校社会化"的主张，其第一条要求就是"学校的一切设备按时开放，供民众阅览或活动"①。

5. 与生活、生产结合开展民众科普

科学的价值对民众和专业的研究者是不同的，一般民众不求科学知识的专业、艰深，科学对于他们而言不应该是个无用的东西，因此必须把科学引入一般民众的生活和生产方面，才能坚定他们对科学的信任感，促进其科学意识的提高。比如，疟疾预防、饮水卫生之类的医学卫生知识是易于引入农村的日常生活的，而制造肥料、缫丝等技术也易于与农村的生产实践结合起来。近代各科普主体在这些方面做出了相当的努力，比如，费孝通先生的姐姐费达生女士在江苏吴江地区推广科学养蚕、改革制丝技术数十载如一日，堪称典范②。

6. 拥有一批具有奉献精神的科普工作队伍是关键

中国百余年的近代史中，难得有和平、稳定的岁月，但或许正是动荡的社会环境，激发了一个国家和民族的生命力与潜能，尤其是在艰苦的抗战时期表现得更为明显。我们从一些科普基层单位的工作实录中，可以看到许多科普工作人员可贵的奋斗精神。巡回教学、民众教育馆等基层单位的工作实

---

① 刘百川编著：《乡村教育的经验》，商务印书馆1937年版，第77页。此外，陈润泉在其《科学教育》（文化供应社印行，1948年版）一书中也提出，应尽量利用学校的自然科学设备（杠杆、滑轮、斜面）以使科学教育深入民众，见第115页。

② 相关事迹见《中国科学技术专家传略》（工学篇·纺织传）费达生介绍，中国科协网站资料，链接地址：http://www.cpst.net.cn/kxj/zgkxjszj/cx/gxb/pe/fz20029001.htm。

录中，也可以窥看这种牺牲精神①。“江苏省立镇江民众教育馆施教汽车一辆，于1937年11月由江苏循公路开至长沙……”，随后被教育部接收成为“教育部第一民众教育施教车”，“在后方沿公路线出发施教，历经湖南、贵州、云南及四川等省，成绩甚佳”。② 济南沦陷后，山东省立民众教育馆得一个巡回教育团，从临沂出发，一路巡回施教到贵州，后加入“教育部第一社会教育工作团”，作为独立的工作队，巡回施教直到解散③。就民众的科普需求看，近代的科普事业显然是远远不够的，但比之于近代发展科普事业的层层阻力，显然又是成功的，甚至可以说是“超水平”的，这与近代科普工作者们“精卫衔微木，将以填沧海”的奋斗精神分不开。

---

① 《第一次中国教育年鉴》中对社团、场馆以及电化教育工作队等的工作都有简略记载。巡回教育的实际情况可以参看骆庆珍：《巡回教学》，中华书局1939年版。民众教育馆的工作实况可以参看《浙江省立杭州民众教育馆概况》，该馆研究辅导部编，（杭州）正则印书馆1947年8月刊印。

② 《第二次中国教育年鉴》，第1159页。

③ 董渭川：《我从事电化教育所感受的困惑》，载《中华教育界》1947年1月（复刊第一卷第一期）。

第二编 中国近代科技期刊与科技传播

引 言

从广义上理解，任何一种对个体的知识、思想和精神产生影响的活动，都属于教育的范畴；从科学教育的角度来看，科技期刊、学校教育、科技书籍和科普场馆都是重要的科学教育媒介。因此，将我国近代科技期刊纳入研究的视野，从科技知识传播和科学精神培育的角度来研究近代科技期刊，理应成为我国科学教育史研究的一项重要内容。

一个时代的科技期刊不仅反映了刊物创办者的科学普及理念，如对刊物内容的确定、主题的分布、栏目的厘定等，而且与民众的科学观念和科学素养有很大关系。对民众进行观念启蒙，传播科学知识，成为我国早期科技期刊的一个重要目标。我国目前的科学教育史往往忽视科技期刊对科技知识传播的影响，限于发掘正规学校教育范畴之内的科学教育演变的历史，对科技期刊在传播科技知识方面的作用虽然有一定的研究，但这些研究还是较为零散的，对科技期刊的教育意义探讨相对有限。毋庸讳言，学校教育是科学教育的主要机构，在传播科技知识上具有无可替代的作用，但从广义的教育来看，科技期刊作为一种传播媒介在普及和传播科技知识方面的作用，是有目共睹的。因此，科学教育史也应该将科技期刊列为广义科学教育的一个重要组成部分，研究科技期刊所传播的科技知识，以及这些期刊对民众科学观念和科学知识的影响。

本篇是对我国近代科技期刊与科技知识传播之间关系的一项历史研究，以近代科技期刊为主要分析对象，阐释近代科技期刊的主题分布，探讨近代科技期刊所刊载知识的主要范围，以及民众对科技期刊的接纳程度。

研究的问题分三个方面：①我国近代科技期刊的主要特点；②我国近代科技期刊所刊载的科技知识的范围；③我国近代科技期刊在传播科技知识方面的作用及其社会影响。这三个问题相互联系，构成一个整体。

从 1874 年《格致汇编》创刊直到 1949 年，我国创办的近代科技期刊总共有 300 多种。但这些科技期刊中，真正以普及科技知识为目的的科技期刊却寥寥可数。大多数专业性期刊较为艰深，主要面向本专业的知识群体，普通的民众很难理解，在传播科技知识方面的意义殊为有限。因而，我们主要选择综合类的科技期刊为研究对象。

侧重于科学教育史的考察，我们关注的是科技期刊所刊登的科技知识的范围，以及民众对科技知识的接受情况，科技发展的情况和规律并不是我们研究的重点。在分析视角上，我们主要考察科技期刊在普及科技知识和传播科学精神方面所具有的效应，这要求将民众对科技期刊的接受情况作为研究的重点，从民众的反应、民众与科技期刊的互动情况，以及科技期刊所传播的知识内容等方面，综合研究我国近代科技期刊在传播科技知识方面的作用。

对我国近代科技期刊的研究，一直是科技史研究的主要内容，但这类研究的重点是分析科技期刊的内容，对科技期刊对民众的影响缺乏足够的关注。关于我国近代科技期刊的研究文献，大致可以分为两类：一类是以研究某种科技期刊为主，详细地考证期刊创办的时间、地点、时代背景、主要内容和社会影响。如谢振声的《上海科学仪器馆与〈科学世界〉》[①]、徐克敏的《我国最早的科技期刊〈亚泉杂志〉》[②]、王扬宗的《〈格致汇编〉与西方近代科技知识在清末的传播》和《〈六合丛谈〉中的近代科学知识及其在清末的影响》[③] 等。宋原放主编的《中国出版史料》（近代部分），介绍了近代一些重要的科技期刊，阐明了清末科技期刊的产生原因、发展阶段、影响等。

另一类研究是综合性研究，将我国近代的科技期刊作为一个整体来研究，对近代科技期刊发生的社会背景、主要内容和社会影响进行总的分析与阐述。这类研究由于跨度较大，涉及期刊众多，在期刊内容的介绍上相对较为简略，但却提供了近代科技期刊发展的一个较为明晰的框架。这方面如朱联营关于“中国科技期刊史纲”的系列文章[④]，熊月之在《西学东渐与晚清社会》[⑤] 一书中对《万国公报》、《中西见闻录》、《格致汇编》和《格致新报》等晚清传播科技知识的重要期刊的研究，都对研究我国近代科技期刊对民众影响不无启发意义。

对我国科技期刊的研究还散见于报学史、出版史、科技史中，这类研究

---

① 谢振声：《上海科学仪器馆与〈科学世界〉》，载《中国科技史料》1989 年第 2 期。

② 徐克敏：《我国最早的科技期刊〈亚泉杂志〉》，载《中国科技期刊研究》1990 年第 3 期。

③ 王扬宗：《〈格致汇编〉与西方近代科技知识在清末的传播》，载《中国科技史料》1996 年第 1 期；《〈六合丛谈〉中的近代科学知识及其在清末的影响》，载《中国科技史料》1999 年第 3 期。

④ 朱联营：《中国科技期刊产生初探——中国科技期刊史纲之一》，载《延安大学学报》1991 年第 3 期；《简析中国科技期刊初创时期对科学技术的传播——中国科技期刊史纲之二》，《延安大学学报》1992 年第 1 期。

⑤ 熊月之著：《西学东渐与晚清社会》，上海人民出版社 1994 年版。

主要是介绍性的，整体来看，科技期刊似乎徘徊在科技史与报刊史的边缘。这些著作是从一个大的时间段上来研究科技期刊的，但往往仅点到为止。

上述两类研究，成为我国近代科技期刊研究的主要类型，这些研究主要是由一些自然科学史的研究者和历史学者承担的。他们研究的重点是科技期刊的内容变迁，很少有从科学教育史的角度来研究近代科技期刊，对科技期刊在传播科技知识方面的作用缺乏系统的研究。

针对目前科技期刊研究中对某些期刊研究较多，而对另外一些期刊研究过分简略的现状，我们将从科技知识普及的角度，有选择性地研究一批在科技知识普及过程中发挥过巨大作用的科技期刊，从这些期刊刊载的内容和对社会的影响等方面，整体地透视近代科技期刊在传播科技知识过程中的作用。

第四章

中国近代科技期刊概述

19世纪50年代以来，为了传播科学观念，在精神上对民众进行科学启蒙，许多志士开始创办科技期刊。由于初创时期人才极为缺乏，我国科技期刊的发展经历了一条并不平坦的道路。直到20世纪20年代之后，我国真正意义上的科技期刊才得以蓬勃发展，并呈现出欣欣向荣之态。在我国近代科技期刊发展的百年历程中，救国与启蒙始终是科技期刊创办者所念念不忘、孜孜以求的。下面的内容中，我们将对我国近代科技期刊的发展阶段、分布区域、创办时间和平均寿命等问题，作一些简要的分析。

第一节　近代科技期刊的发端（1850～1910）

近代期刊大致是由少到多，由综合向专业化发展的。专业性科技期刊诞生之初，科技知识是在综合性的期刊中刊载的，这些期刊内容庞杂，几乎涉及所有的学科。因此我国科技期刊经历了长期的酝酿，才逐渐发展起来。早期中国的科技期刊主要是由西方的传教士创办的，据这些期刊的内容，可以将这些杂志分为两类：一类是综合刊物，这类期刊登载的内容较为庞杂，往往把科技知识与其他学科的知识混杂在一起，并非以传播科学知识为创刊宗旨，带有强烈的宗教色彩。这类期刊除了刊登科技知识，还刊登新闻、文学、商业消息、宗教等方面的内容。著名的有《中外新报》（1854～1860）、《六合丛谈》（1857～1858）、《中外杂志》（1862～1868）、《万国公报》（1868～1907）、《中外新闻七日录》（1865～?）、《中西闻见录》（1872～1876）、《益智新录》（1876～1878）、《图画新报》（1880～?）等。上述诸种期刊中，大都以宗教知识为主，也登载一些“声光化电”之类的科学知识，而且传教士并不均为博学之士，文字又极其肤浅，所以，即便是按期出版，亦觉“一鳞一爪，破碎不完”[①]。因此，严格来讲，这些期刊并不能称之为专业性的科技期刊，但从科学知识普及的角度来看，

① 戈公振：《中国报学史》，上海古籍出版社2003年版，第136页。

这类期刊的作用也是不容忽视的。

第二类是以传播科技知识为主导的专业性科技期刊，1876 年上海出版了一种自然科学期刊——《格致汇编》。《格致汇编》（the Chinese Scientific Magazine）是由英国人傅兰雅主编，初为月刊，1880 年改为季刊，先后出版共七年，一直到 1892 年停刊。《格致汇编》的稿件大部分由傅兰雅撰写，中国学者徐寿、徐建寅、华蘅芳、舒高第、杨文会也参与撰写一部分稿件，内容主要是自然科学基础知识、工艺技术、科技人物传记和答读者问。自然科学基础知识方面内容相当广泛，包括数学、物理、化学、天文学、地理学、生物学、医学、药物学等。《格致汇编》对国外的科技知识的编译和介绍非常及时，拥有大量的读者，成为我国科技期刊发展史上对民众影响最为深远的早期科技期刊之一。

随后，由我国知识群体创办的科技期刊不断涌现：1897 年 3 月，长沙校经堂实学会创办的《湘学新报》，1897 年 4 月，上海农学报馆创办的《农学报》（旬刊）、《格致新报》、《算学报》等。这些科技期刊篇目极少，主要限于介绍科技知识，办刊方向尚不够明确，而且刊物存在的时间极为短暂。直到 1900 年 11 月 29 日《亚泉杂志》的创刊，才标志着我国近代科技期刊的诞生[①]。《亚泉杂志》的主编是杜亚泉，他积极提倡发展科学技术，认为“存活我社会中多数之生命者，必在农商工业之界”，“揭载格致算化农商工艺诸科学”[②]。《亚泉杂志》虽仅出版了十期，但却极大地鼓励了我国知识分子创办科技期刊的热情。在随后的 10 年里，我国科技期刊数量迅速增加，出现了我国近代科技期刊史上第一个高峰期，这一时期较有影响的期刊如表 4－1。

表 4－1　清末国人主办的重要科技期刊

刊物名称	创办人	时间	地点
亚泉杂志	杜亚泉	1900～1901	上海
中外算学报	杜亚泉	1902	上海
科学世界	上海科学仪器馆	1903～04、1921～22	上海
北直农话报	保定高等农业学堂	1905. 11	河北
河北农会报	河北全省农务总会	1905	河北
理化杂志月刊	上海宏文馆	1906. 11～1907. 8	上海
学报	上海学报社		上海
科学一斑	上海科学研究会	1907. 3～6	上海

① 关于我国近代科技期刊的诞生时间，学术界有不同的争论。笔者认为，从刊物的影响来看，《亚泉杂志》显然不及《格致汇编》，但《亚泉杂志》是由我国学者创办的。

② 许纪霖、田建业编：《杜亚泉文存》，上海教育出版社 2003 年版，第 229 页。

续表

刊物名称	创办人	时间	地点
理工	理工学报社	1907.11～1908.7	上海
卫生白话报		1908	上海
科学杂志		1908.2～1909.？	上海
绍兴医药学报		1909～1911	浙江
地学杂志	中国地学会机关刊物	1910～1937	天津创刊，1912 年迁至北京
广东劝农报		1909～1910	广东
中西医学报		1910	上海

这一时期由国人主办的期刊有明确的意图，是我国近代科技期刊的萌芽阶段，主要有以下特点。

首先，这些科技期刊分布广泛，以上海为中心，辐射到全国其他一些地区，传播范围较广。

其次，由于特殊的历史社会原因，除《地学杂志》外，其他科技期刊存在时间较短，大部分不到两年，有的甚至仅有几个月，近代社会的动荡在我国本土科技期刊的发展上打下了深刻的烙印。

再次，这些科技期刊以“科学救国”、“实业救国”为主导，所刊内容大都具有很强的实用性。这些期刊集中体现了我国知识分子希望通过传播科学知识、发展实业来抵制帝国主义侵略的迫切愿望。尽管通过科技期刊传播科学、推动实业，以此来实现科学救国、实业救国的目的一再落空，但这些科技期刊在传播科学知识、普及文化方面发挥的积极作用却是不能忽视的。

另外，由于我国当时的科技发展水平较低，这些科技期刊仍然是以介绍科技知识为主，真正具有较高学术水平的论文很少①，这是历史和社会原因所造成的。

第二节　近代科技期刊的发展（1911～1949）

1911 年辛亥革命爆发，结束了清政府的腐朽统治。1914～1918 年第一次世界大战期间，帝国主义列强相互之间残杀，无暇东顾，我国的民族工业获得短暂的发展机会；同时，经过五四运动的洗礼之后，国人观念大开，要求

① 参见丁守和主编：《辛亥革命时期期刊介绍》（第四集），人民教育出版社 1986 年版，第 694～695 页。

引入外国先进技术，发展本国的科学教育事业的愿望日渐强烈，科技期刊作为一种介绍先进科学技术、传播科学知识的重要工具，得到了社会的普遍认可。在此背景下，我国的科技期刊进入了一个迅速发展的时期，无论质量还是数量，这一时期的科技期刊都有新的发展。

1915年，中国科学社成立，创办了中国最早介绍现代科学的刊物——《科学》杂志。一直出版至1950年为止，前后共出版了32卷384期。这是我国现代出版史上创刊最早、出版时间最长、影响最大的科技期刊。其后，类似的科技期刊逐年增加，我国科技期刊进入一个繁荣而稳定的时期。

五四新文化运动推动了社会科学和人文科学的翻译，同样也加速了西方新科学观在中国的传播。在当时出版的200多种报刊中，刊载了大批有关自然科学方面的译作，这些译作较多地集中在《科学》、《理化杂志》、《东方杂志》、《晨报副镌》、《时事新报·学灯》、《学艺》和《国风日报·学汇》上。其他刊载少量科学译文的还有《中华教育界》、《民铎杂志》、《学生杂志》、《东北丛刊》、《博物杂志》、《化学工业》、《清华周刊》、《大公报科学周刊》、《地学杂志》、《自然界》等。科学翻译的中心内容是科学观的译介①，这导致该时期我国近代科技期刊的迅速发展。

综合《（1833～1949）全国中文期刊联合目录》（增订本）和《近代中国期刊篇目汇录》，仅1910～1949年，我国创办的科技期刊已有369种（参见附录一）②，与1910年之前期刊的总数相比，1911～1949年我国科技期刊的数量迅速增加，而且发行时间明显增长，表明当时我国已经形成了稳定的知识群体，民众对西方科技的态度有了明显的改变，科技期刊在民众科学知识的普及过程中发挥着重要的作用。

第三节　近代科技期刊发展的特点

首先，从科技期刊所属的学科来看，我国近代科技期刊中，农业类科技期刊最多，按照《（1833～1949）全国中文期刊联合目录》，农业期刊共有

① 叶再生主编：《出版史研究》（第一辑），中国书籍出版社1993年版，第125页。

② 此附录是笔者参照《（1833～1949）全国中文期刊联合目录》整理而成的，在查找过程中，虽然力求完整，但农业与医学的内容并未包括在内，这是需要特别予以说明的。本文统计的数据，比实际的期刊数目要少。丁守和主编的《辛亥革命时期期刊介绍》（第四集）中，认为从1900～1919年间，共创办一百多种科技期刊，其中自然科学期刊24种（综合性9种，数理科学9种，地学2种，生物学2种，气象学2种），而笔者只能找到20种。参见丁守和主编的《辛亥革命时期期刊介绍》（第四集），人民出版社1986年版，第694页。

285种。这与我国农业社会的特点密切相关，农业的兴衰与国家的命运休戚相关。其次是综合性的科技期刊，这类期刊在传播科技知识方面的作用更大，由于内容浅显和鲜明的时代特色，拥有大量的读者，在民众中间有极高的口碑，这类有97种。第三，气象学、地质学和工程学方面的期刊在近代科技期刊中占据了绝大多数。尽管各门学科的学术期刊数分布并不均衡，但每门学科都有相应的学术期刊。这种期刊学科分布不均的情况大概有两个方面的原因：一是我国专业人才结构的不平衡，如数学、物理、化学和生物等方面的人才较少；另一方面可能是从实用的角度来看，气象、天文和工程类的科技期刊更具有实效性，能够实现增强我国民众科技知识的目的，达到学以致用、强国富民的目的。表4－2也反映了我国科技期刊偏重于技术与实用的特点，科学理论方面的期刊数明显少于技术类的期刊，而且与民众生活和国家发展相关的一些应用性较强的领域所拥有期刊较多，这也折射出我国近代社会特殊的历史背景。

表4－2　我国近代科技期刊的学科分类

学科	心理学	数学	物理	天文学	化学	生物	地理	地质学	工程类	气象学	综合性	农业
数量	2	4	7	8	17	18	19	51	51	73	97	285

（此表根据《（1833～1949）全国中文期刊联合目录》辑录统计而成）

其次，从区域分布来看，这一时期的刊物几乎遍及全国各地，除西藏和青海，几乎每个省都办有一份以上的科技期刊，其中上海、江苏、北京、四川和广东所办期刊的数量最多，成为当时科技知识传播的重镇。从时间上来看，1919年以前，科技期刊的分布区域主要是北京、上海和南京，1919年之后，科技期刊已经逐渐向全国扩散。而且由于战乱和社会的动荡，一些科技期刊被迫迁址，在抗战时期，南京、上海的许多杂志迁到重庆，因此四川作为一个内陆省份，所创办的期刊仅次于上海、北京和江苏，排名第四。广东一直是经济和文化较为发达的地区，拥有29种科技期刊，成为第五个创办科技期刊最多的省份。福建、湖北、山东、浙江所创办的期刊也超过10种。这表明我国当时科技知识传播的区域已经大大拓展了。这种分布状况既与每个省的经济文化发展水平有关，更与其教育水平相关，高等教育发展较快的省份，其创办的科技期刊也相应较多。尤其是20世纪30年代以后，大量的科技期刊是由大学中的系或研究所的教师所创办，这种趋势就更明显；一些偏远的内陆省份只办有一两种科技期刊，与这些地区高等教育的落后大有关联。我们可以将高等教育的区域分布与科技期刊的区域分布做一比较。以1922年中国主要的学院和大学的分布为例，见表4－3、表4－4。

表 4－3　1922 年中国主要大学和学院分布表

上海	北京	南京	武汉	广州	天津	福州	杭州	成都	苏州	济南	长沙	厦门	南通	太原	唐山
10	7	3	4	2	2	2	1	1	1	1	1	1	1	1	1

（此表据《剑桥中华民国史（1912～1949 年）》（下卷）整理而成，详见该书 428～430 页）

表 4－4　1910～1949 年我国科技期刊的分布区域①

地点	上海	江苏	北京	四川	广东	福建	山东	湖北	浙江	河南	湖南	贵州	陕西、云南、广西各 5 种，天津、江西各 4 种，甘肃、吉林、辽宁各 3 种，黑龙江、河北、山西、新疆各 1 种
数量	63	59	53	52	29	19	15	12	10	9	7	2	

（此表根据《（1833～1949）全国中文期刊联合目录》辑录而成）

把表 4－3 与表 4－4 对比来看，科技期刊的分布区域大致与高等院校的分布数量存在着一定的相关性，上海、北京、江苏所拥有的高校最多，所创办的科技期刊数也最多。

表 4－5　1910～1949 我国高等院校创立科技期刊数目表

年代	1910～1920 年	20 年代	30 年代	40 年代
数目	4	15	55	26

表 4－6　20 世纪 20 年代我国高校创办科技期刊表

地区	学校名称	刊物名称	时间	合计
北京	北京大学	北京大学化学会年刊	1926	4
	北京大学	北京大学地质学会会刊	1920～1931	
	北京大学	自然科学季刊	1929. 10～1935. 9	
	北平女子师范学院	地球（月刊）	1929. 10～1930. 1	
广州	中山大学	自然科学	1928. 3～1937. 6	2
	中山大学	中山大学气象观测所报告	1927～1929	
江苏	南京中央大学	气象月报	1929. 1	3
	南京中央大学	南京气象月报	19？～1928. 7	
	南京东南大学	数理化	1920. 5～1924. 6	
上海	上海交通大学	工程	1929. 1	2
	上海沪江大学	科学丛刊（年刊）	1928～34	

① 需要说明的是，下面的统计中没有包括医学和农业方面的期刊，因为这些期刊不在本文研究的范围之内，所以在统计时并没有将这些期刊包括在内。另外，表中的省份是今天的省份名称，尽管近代的行政区划与当前我国的行政区划有所不同，但科技期刊主要集中在省会一级的城市，这样科技期刊创办地的统计与省份名称的变化便没有多大的关系了。

续表

地区	学校名称	刊物名称	时间	合计
河南	河南大学	河南大学理学院季刊	1929.1～1931.2	2
	开封中山大学	理科季刊	1929.12～1930.6	
天津	南开大学	理科学会会刊	1928.？～1929.5	1
湖北	国立武昌师范大学	理化（半年刊）	1925.4	1

由表4－5可以看出，1920年以后，我国大学创办的科技期刊数量明显增多，并且以表4－6来看，北京、上海的高校比较多，高校创办的科技期刊也比较集中。

进入近代社会以来，通过期刊来进行思想启蒙已经成为我国一些知识分子坚信不渝的信条，传播科技知识被一些进步人士认为是实现实业救国的重要的途径。科技期刊不仅承载着救国的任务，而且成为一些学术机构表达自己的研究成果，传播科技知识的重要手段。1919年以来，我国的科技刊物的数量在迅速递增，以《科学》为核心的一批学术性较强的杂志纷纷出现，为近代沉闷的社会注入新活力。随着科技期刊不断向全国各地扩散，科技期刊在传播科技知识过程中作用明显增强了。尽管我国近代科技期刊的创办区域分布在全国的20多个省，但近代科技期刊的传播区域却相当地广阔，一些重要的科技期刊在全国的重要城市都设有代售处。

第三，从时间分布来看，1900年之后，我国的科技期刊数量在不断增加，尤其是在20年代、30年代，我国创办的科技期刊总数增幅较为明显，达到了最高峰；而在40年代科技期刊的增幅趋缓，但绝对数量仍然很大（表4－7）。1900～1910年科技期刊的增加，是因为随着科举制度的废除，新式学堂的建立，以及西方科技的逐步传播，许多知识分子认识到科学技术的重要性，把传播科学知识，发展中国实业看成是实现救国抱负的途径。当时，我国许多留日、留美的知识分子已经回国。他们掀起创办科技期刊的第一次高峰。在1911～1920年，科技期刊的持续增加也是出于同样的原因。辛亥革命之后，中西文化之间的交流与碰撞更趋频繁，这一时期随着封建帝制的消亡，国家对民间文化力量控制的弱化，为我国的科技期刊的发展创造了宽松的环境。1921～1930年科技期刊的持续增加，这种趋势一直延续到1949年，都是基于同样的原因。当然，我国日趋成熟的科研体制和日渐发达的高等教育，也是20年代之后科技期刊蓬勃发展的重要促进因素。

表 4-7　我国近代科技期刊的时间分布

时间	1850～1899	1900～1910	1911～1920	1921～1930	1931～1940	1941～1949
数量	6①	15	13	43	189	132

（此表根据《（1833～1949）全国中文期刊联合目录》辑录而成）

第四，从期刊的寿命来看，我国近代科技期刊的寿命都比较短，创办时间达10年以上的期刊仅32种，几乎一半以上的科技期刊寿命不足1年，许多期刊只是昙花一现（表4-8）。这与我国近代社会的动荡有很大的关系，战乱频仍，经费紧张，民众对科技知识的接纳程度低是主要原因。进一步分析会发现，在32种寿命超过10年的科技期刊中，其中综合类的科技期刊有10种，其余是一些专业性的科技期刊，分属于工程、气象和地质等学科；而且这些期刊中1910～1920年创办的期刊只有3种，绝大多数是30年代之后创办的。这些事实表明，我国近代科技期刊的寿命受多种因素的影响，其中稳定的知识团体是科技期刊长久生存的必要条件。据笔者统计，中国科学社成员是我国近代科技期刊发展史上一个最为重要的知识群体，创办的《科学》杂志前后持续35年，1933年创办的《科学画报》也持续了16年。尽管由于战乱不断，中国科学社的工作也曾受到干扰，杂志的编辑工作几度延缓，但《科学》和《科学画报》却一直没有间断，而且所刊内容的广度和深度都是同类期刊所难以望其项背的。其他一些较为短命的科技期刊，尽管创办之初颇有雄心壮志，但期刊的编辑队伍不稳定，缺乏较为稳定的撰稿者队伍，最终惨遭淘汰。如果从我国人口与科技期刊的比率来看，我国近代科技期刊虽然绝对数量增幅很快，但人均期刊数仍然较少，难以与同一时期西方国家人均科技期刊的数量相比。这至少从受众的角度来看，我国近代科技期刊发展的空间仍然很大。实际上，我们关于近代科技期刊寿命的分析却表明，我国近代科技期刊的绝对数在增加，但科技期刊的存在时间普遍较短，也就是说在一个固定的时间段中，我国实际发行的科技期刊数量并不多。这与我国近代民众普遍的科学素养较低有很大的关系。

表 4-8　我国近代科技期刊的寿命

时间	1年以下	1年	2年	3年	4年	5年	6年	7年	8年	9年	10年及以上
数量	142	57	31	32	23	19	13	5	7	4	32

第五，从创办团体来看，由高校承办的期刊达100余种，高校知识分子和科研团体是我国近代科技期刊的主要创办者。我国科技期刊在20年代之后

① 需要说明的是，1850～1899年的专门性的科技期刊只有《格致汇编》，这里的统计数据将一些刊载科技知识的综合类期刊包括在内了。

逐渐增加，一个重要的推动因素便是我国高等学校的数量在不断扩充，相应的研究机构在不断增加。清华大学校长梅贻琦认为，清华的学术研究，应该有特殊的成就，应该向高、深、专、精方面去做。他为了追求清华大学作为科研中心的特殊成就，采取了诸多措施，其中一项就是办好《清华学报》、《理科报告》、《气象季刊》等学术刊物，发表科研成果，出版专著。①

在我国近代科技期刊中，由科学团体创办的期刊也很多，如中国科学社、中国农学会、中国工程师学会、中国气象学会等都创办了多种期刊，成为我国近代科技期刊的主要创办群体。此外，政府机关也创办了一些科技期刊，但这些期刊的数量相对较少。从时间上来看，1910 年之前，我国的科技期刊大多由出版社、译书局和学堂承办，甚至有些期刊是由个人创办和经营的。1910 年之后，科技期刊的创办者越来越专业化，专业性的学术团体成为科技期刊的主要力量，撰稿者队伍也大大扩充，由主编独立操刀的局面已经一去不返了。

整体上，我国近代科技期刊到民国时期已经形成了明显的特色，不仅各分支学科都有相应的期刊，而且一些学科已经形成了多层次的科技期刊，有些期刊理论性较强，而有些期刊则普及性较强，这些不同性质的期刊相互补充，在传播科技知识方面发挥了重要的作用。从分布区域来看，我国近代科技期刊的创办地分布在全国各地，形成了较强辐射能力；而从时间来看，我国近代科技期刊的数量随着时间的推移在不断增加。这不仅与中国科研群体的增加有关，而且与我国民众对科技知识的接纳程度有关，反映了西方科学技术在我国传播的过程和我国科技水平的发展。当然，从我国科技的发展来反观我国的科技期刊，也不难发现一些明显的缺点，如科技期刊的规范化程度不高，引文、注释等一系列的规范并没有受到我国近代科技期刊的重视。对于我国科技的发展而言，传播科技知识固然重要，但倡导和培育一种科学精神则更具有现实意义，也是我国科技发展的一项任重道远的职责。1930 年《科学月刊》创办一周年后，编者在《周年独白》中的一段话发人深省：

“今日中国之所需，不是科学结果的介绍，是在科学精神的灌输，与科学态度的传播。科学的结果产品，得之甚易，飞机、无线电等，今既遍布于中国；但科学所以得这些结果的精神和态度，则自中国人知有科学至今日，尚是微乎其微，绝无而仅有。所以中国人对于科学，始终是猿猴式的模仿，未能达到人类性的创造。”

由此而言，我国近代科技期刊正以其独特的视角，在传播科技知识的过程中，在培育着科学精神，这也使得近代科技期刊在广义上承担着科学教育的责任。

---

① 吴洪成：《生斯长斯吾爱吾庐——清华大学校长梅贻琦》，山东教育出版社 2004 年版，第 115 页。

第五章

近代科技期刊主题的统计分析

上一章对中国近代科技期刊的发展及主要特点做了简要的描述，本章内容主要通过对期刊主题的统计，来考察我国近代科技期刊和科技传播的关系。就科技知识的传播而言，刊物的内容才是最重要的。社会变迁无疑是影响期刊内容的主要原因，但这并非本章研究的重点。本章所集中探讨的问题是，我国近代科技期刊究竟传播了哪些内容？以下内容只是根据笔者所收集到的相关资料所做的分析，对于1910年之前的期刊，以《中国近代期刊编目汇录》为主要参照，1910年以后的期刊主要选择《科学》，这主要是因为《科学》是一份综合性杂志，存在时间最长，发行量大，普及范围较广。①

第一节 主题概况

通过对近代主要科技期刊主题进行整体的分类统计，可以反映我国近代科技期刊所传播知识的整体范围及频率，进而表现我国近代科技期刊在传播科技知识过程中的总体作用（表5－1）。

① 本论文中的统计仅限于学术论文和译文，新闻类文章没有统计在内。笔者认为，真正对我国近代科学知识传播有深远影响的是学术性文章，因而笔者主要选择三种较为综合性的科技期刊为统计对象，分别是《科学》、《格致汇编》、《亚泉杂志》。鉴于各类杂志所刊论文的水平参差不齐，单以论文的数量来权衡科技知识普及的程度是不够合理的。如《科学》杂志上的论文在质量要高于一般杂志上的论文，如果仅以篇数来论的话，可能会掩盖很多问题。故在统计过程中，笔者尽量限定期刊的质量，使本文的统计数据具有一定的代表意义。为了弥补这种数量统计上的缺憾，本文将以在主题统计之后，专门以《科学》和《格致汇编》来分析近代科技期刊传播科技知识的情况。因有学者已经分析了《格致汇编》对科技知识传播的影响，本文将主要分析《科学》的主题变化。另外，本文所统计的数字是至少能找到的，比实际数目要少。

表 5－1　近代部分主要期刊主题统计

名称	主题	篇数	备注
科技发明、发现	地圆说	2	
	地球中心论	4	
	电的发明	1343①	
	内燃机的发明	6	
	X 射线	6	
	放射性	4	
	相对论	4	
	量子理论	1	
	原子能和原子弹	3	
	电子计算机	1	
	基因理论	2	
	核酸	2	
	蛋白质	4	
	维他命	9	
	原子	7	
	分子	8	
	元素周期表	3	
	细胞	3	
	橡皮	4	
	计算器	3	
	进化论	25（专刊）	
	照相	10	
	铁路	10	
	飞机	12	
	拓扑学	1	
应用	中国地势研究	5	
	算术应用	4	

① 见第五章表 5～表 7。

续表

名称	主题	篇数	备注
基础知识	世界各洲介绍	7	
	地理基础知识（含地貌、地表和地况的研究和介绍）	30	
	数学基础知识	21	
	数论	4	
	彗星	6	
	日食月食	6	
	星球	12	
	潮汐	5	
	微生物	8	
	力学	9	
	火山	2	
	土壤	2	
	地震	3	
	天体研究	3	
	神经系统	2	
	营养知识	28（专刊）	
	微生物	1	
	分子生物学		
倡导和传播科学精神	科学与东方文化	15	
	科学理念	11	
	反对迷信	19	

可以看出，我国近代科技期刊刊载的内容相当广泛，涉及几乎所有相关学科的科技知识，无论是科技发明、发现，还是基础理论，均大量登载，科技知识在我国传播的范围和时间，在这些科技期刊的主题变化中体现得甚为明显。对于我国科技知识的传播而言，首要的任务便是破除迷信，传播科学精神，近代科技期刊的主题变化反映了这种趋势。从科技期刊传播的范围来看，西方重大的科技发明如地圆说、地球中心论、电的发明、进化论、相对论、铁路、电报、火的研究、照相、电话、飞机、无线电、电视、原子能和原子弹、电子理论、维生素、原子论、细胞、橡皮等，都被我国的科技期刊介绍和研究过。在基础知识方面，世界各洲介绍、地理基础知识（含地貌、地表和地况的研究和介绍）、数学基础知识、彗星、日食月食、星球、潮汐、微生物、力学、火山、土壤、地震、天体研究、动植物进化阶段论、神经系统、蛋白质、营养知识等的最新发展，也被我国近代科技期刊所瞩目。

主题的总体统计只是反映了我国科技期刊传播的范围，而没有反映出我国近代科技期刊在传播科技知识过程中逐步深入的轨迹。这里选择一些近代发明和发现的重要科技主题，从年度传播的频度来分析我国近代科技期刊在科技知识传播过程中的特征。

1. 照相的理论和应用

表 5－2　照相的理论和应用文章统计表

年份	1880	1881	1902	1915	1925
原理			4		
应用	3	1	1		1

（根据《格致汇编》、《科学》整理）

照相技术是19世纪发明的给人类生活带来巨大影响的应用技术。从我国科技期刊对“照相”的研究和介绍来看，最初的介绍都是一些描述性的文字，局限于阐述照相的方法和技术，对其原理缺乏深入的分析。1915年《科学》杂志四期连载任鸿隽和周仁合写的《照相术》，用很大的篇幅介绍了照相的原理和技术，向人们揭示了照相所涉及的光学原理和化学理论，从此照相的原理和技术逐渐被民众接受，并得到普及（表5－2）。①

2. 进化论

表 5－3　进化论文章统计表

年份	1877	1891	1917	1919	1921	1922	1923	1925	1927	1931
理论	1	1	1	2	1	1	1	5	11	1

（根据《格致汇编》、《科学》整理）

1877年8月，在《格致汇编》中刊登了傅兰雅所做的《混沌说》一文，概略地叙述了当时中国还不大有人了解的生物进化论观点②。1891年，在格致书院所编的《格致汇编》中，在“博物新闻”栏内正式报道了进化论的观点，但仍然没有出现达尔文的名字。③

1894年甲午战争之后，列强对中国瓜分豆剖的形势迫在眼前，变法维新、救亡图存成为强大的思想潮流。正是在这样的时代背景之下，严复开始把达尔文的进化论介绍到中国。1895年开始，着手翻译进化论的支持者赫胥黎的《进化论和伦理学》一书，取名为《天演论》，最早在严复自己创办的《国闻

① 看过电影《黄飞鸿》的人大概不会忘记电影中表现清末我国普通民众初次照相时的一个夸张的镜头：在照相过程中人们表现出的惊恐和疑惑被刻画得淋漓尽致，虽然有点夸张，但照相对清末的普通百姓而言，的确是稀罕、妖魔之物。但到了20世纪20年代，随着科技期刊对照相的介绍，普通民众便对照相没有神秘之感，这不能不归结为近代科技期刊在传播照相知识方面所起到的作用。

② 熊月之主编：《上海通史》（第六卷晚清文化），上海人民出版社1999年版，第71页。

③ 杜石然等编著：《中国科学技术史稿》（下册），科学出版社1982年版，第272页。

报》上发表，后来正式出版，深受欢迎。[①] 此后进化论的传播开始归于沉寂，直到《科学》杂志出版之后，对进化论最新发展趋势的介绍才逐渐增加。1917年，胡适的《先秦诸子之进化论》在《科学》上发表，这是以进化论的视角来剖析和阐释我国古代哲学思想的尝试。胡适对进化论的运用在当时的学术界引起了强烈的震动，从而给我国古代思想史的研究带来了一种不同的观念，极大促进了国人对古代思想和进化论的接受与理解。此后，《科学》杂志接连不断地介绍国外关于进化论最新进展的论文，这些文章与严复翻译的进化论著作相得益彰，掀起了国人对进化论知识传播和研究的高潮。之后的《科学》曾经两次刊登了"进化论"专号，系统地介绍进化论的历史和其中的一些重要理论，第一次是1925年的"赫胥黎号"，另一次是1927年第5期刊登的"进化论专号"。收录的文章中有8篇译自英文，从内容来看，都是当时欧美学术界对进化论研究的最新论文，而3篇是我国学者所写的，体现出我国学者在进化论研究方面取得的进步。这期专刊在传播进化论知识方面具有重要的意义。

3. 元素周期表

《元素周期表》是门捷列夫所发现而发表于1869年的。尽管郭嵩焘早在1878年2月25日的日记中就提到过[②]，但《亚泉杂志》最早将《元素周期表》介绍给中国读者，这已经是1901年3月13日了。在《亚泉杂志》的第六册里载有《化学周期律》一文，该篇标题下编者杜亚泉注曰："本杂志第一册，揭露化学原质新表，其序次悉依原点重率（原子量），以冀与周期律相核证。惟周期律为近来新得之学理，向来译书中未曾述及，去年腊底，承镇海虞君和钦，以所译化学周期律一篇见示，同气相求，实有先得我心之乐。兹将虞君来稿，揭露一过，更不揣疏漏，就本馆所见闻者，补述一二，借以质之虞君，并乞海内诸学家正之。"[③] 此后关于元素周期表的介绍主要以《科学》杂志上的文章为最重要，尽管只有两篇文章，但已经向国人介绍了较为翔实的"元素周期表"知识。

4. 相对论

1921年《科学》杂志在第3期上刊登了杨铨译L. Bolton的《爱因斯坦相对说》，该译文在小引中写道："……固极译之，以飨国人，惟吾科学幼稚，术语每多费解，原文述理复有时失之过简，兹由译者略加注释，以求易明，不敢谓

① 杜石然等编著：《中国科学技术史稿》（下册），科学出版社1982年版，第272页。

② 杜石然主编：《中国古代科学家传记》，科学出版社1993年版，第1289页。

③ 张子高、杨根：《介绍有关中国近代化学史的一项参考资料——〈亚泉杂志〉》，载《化学通报》1965年第一期，第56页。

其能通俗也。”随后的几年中，《科学》杂志一直在关注相对论的发展情况。

这里有必要回顾一些其他刊物对相对论的传播情况。20世纪初最突出的综合理论成就，是1900年普朗克的量子论和1905年爱因斯坦的狭义相对论和1916年的广义相对论。爱因斯坦相对论成为20年代期刊刊载的对象。1920年10月，《新潮》译刊罗素讲演的《爱因斯坦引力新说》，同年，《少年中国》第7期刊登沈怡译的《爱因斯坦的新世界观》，该杂志1921年3卷7期推出《相对论号》，由魏嗣銮、王光祈等编译了《相对论》、《我所知道的安斯坦》等文。1922年，爱因斯坦曾试图来华讲演的消息以及同年11月、12月两度途经上海，把这一译介活动推向了高潮。1922年12月，《东方杂志》19卷24期破例出版《爱因斯坦号》《同学社丛书》、《通俗丛书》，先后收入爱因斯坦《相对论浅释》和司密士《相对论与宇宙观》（闻齐译）。而《科学》杂志对相对论的翻译和研究无疑是最为系统也最具有权威性的，因为科学杂志的许多撰稿者是在美国，他们能够捕捉最新的进展，译介最富有质量的论文，而且他们对相对论的理解也处在国人的前列，所以《科学》杂志对相对论的译介和研究无疑是这方面知识的传播的主体，其在推动国人对相对论的理解方面所具有的作用是可以想见的。据戴念祖统计，从1917年在中国报刊上开始出现相对论的文字到1923年上半年，有关爱因斯坦相对论的著作、译文、报告、通讯等文章达上百篇之多，有关相对论的书籍编译出版有15种之多。①

5. 营养知识

在人类历史上，出现过许多营养缺乏性疾病。进入20世纪以后，营养作为一个学科名词，大量出现在医学文献中，营养学得到了很大的发展。由于营养学知识的进步，人们搞清楚了各种营养缺乏病的病因，便有可能采取“强化食物”等措施来加以施治。

营养学的进展也在我国近代科技期刊中有所反映。《科学》杂志从1926年刊载了6篇营养方面的文章，从1931年起，又有关于营养知识的论文刊登，1939年起，连载了郑集、周同璧合写的《营养讲话》，一共连载了14期，前后持续一年之久，分别详细地介绍了营养的各种实用的知识，具有很高的普及价值。

1944年，《科学》杂志又推出了“营养知识专号”，内容广泛，针对性很强，是我国学者针对我国独特的国情撰写的研究性报告和理论文章，展现了我国学者在营养理论和应用方面的研究水平，成为对营养知识介绍最为详尽的资料（表5-4）。其目次如下：粮食与营养，部队之膳食与体格，军医学

① 叶再生主编：《出版史研究》（第一辑），中国书籍出版社1993年版，第126～127页。

表 5-4　《科学》营学文章统计表

年份	1926	1931	1932	1933	1934	1937	1939	1940	1943	1944
理论	4	2	1	1	2	1	1	1	1	3
应用	2				1		1			7

生膳食调查，战时高中级家庭膳食调查初步报告，抗战时期大学生的营养，中国莜麦面之营养研究，爬山豆中蛋白质之研究，贵阳秋季蔬菜中丙种维生素之含量，营养与皮肤。

20 世纪初期，营养学领域的另一项重要成就之一，是维生素（维他命）的发现。先后有维生素 B_1（1913 年）、维生素 A（1913 年）、维生素 D（1926 年）、维生素 C（1928 年）、维生素 B_2（1933 年）、维生素 E（1936 年）、维生素 B_6（1938 年）、维生素 K（1948 年）被陆续分离出来。关于维生素的论文，在近代科技期刊中虽然不算一个热门的话题，但从《科学》杂志所刊文章的相关内容来看，从埋论到应用逐渐深入，体现了编者对此领域的领悟程度和向民众传播这些知识的愿望（表 5-5）。

表 5-5　《科学》"维他命"文章统计表

年份	1926	1932	1933	1934	1935	1937
理论	1	3	1	1	1	1
应用	1					

第二节　电的发明和应用：近代科技期刊中一个重要专题的统计①

由于电的发明和应用在 20 世纪的非凡影响，我们将其作为一个重要的专题，对《中国近代期刊篇目汇录》、《科学画报》、《科学天地》和《科学世界》中所有关于"电的发明与应用"的篇目进行了汇总与整理，表（5-6）即是统计的结果。②

① 下面关于电的发明和应用的统计中，包含了几乎笔者所能查阅的所有近代科技期刊，按照篇目来统计，对于文章本身的质量没有进行甄别，因此，下表的统计数字中包含了新闻报道、学术论文和简短的消息报道等。这样统计，是为了展现我国近代科技期刊主题变化的整体趋势。

② 需要指出的是，这里统计的期刊与前面的期刊在范围上是有很大的不同的，因而在统计的数据方面与前面总体统计表中的数据有一定的差异。从前面的总体统计表中不难发现，我国近代科技期刊所传播科技知识范围之广泛，而传播的深度虽然要从文章的具体内容来剖析，但电的发明这一专题在近代科技期刊中巨细靡集的传播，也在一定程度上表明我国近代科技期刊在传播电的发明这一专题上所体现出的博采众长、为我所用的趋势。

表5-6　关于“电的发明和应用”文章的总体统计表①

年份	电线	电报	电灯	电话	电视	电车	电池	无线电	电磁铁	电动机	电镀	电铸	电铃	电眼	电子显微镜	发电机	其他	总计
1872		1																1
1874	3	17															2	22
1875	9	7															4	20
1876	10	6									1						2	19
1877	5	2									1						1	9
1878		3	1														1	5
1879	6	6	3														1	16
1880	9										10							19
1881	11	6	2								1						2	22
1882	3	6	10														4	23
1883	3	2	4														1	10
1889	4	2	2			1											8	17
1890	3		2														11	16
1891	1	1	1			1											8	12
1892	1	1				1					1						4	8
1893	1	1				1											5	8
1894		1				1											7	9
1895			1			1											1	3
1896		1				1												2
1897	1	5	5			1					4						56	72
1898	4	1	3					1			1						25	35
1899	6	4	4					9			1						9	33
1900	6		1			1											1	9
1901	3	1				2		1									6	13
1902		3	1	1		4		7									10	26
1903	4	4	6	4		1		3									32	54

①　本表根据《中国近代期刊篇目汇录》、中国科学社编《科学画报》、中华自然科学社编《科学世界》、科学出版社《科学天地》整理而成。本次统计把一些科学新闻和消息也包括在内。

续表

年份	电线	电报	电灯	电话	电视	电车	电池	无线电	电磁铁	电动机	电镀	电铸	电铃	电眼	电子显微镜	发电机	其他	总计
1904	6	5	5	6		8		6			1						65	102
1905	1	5	4	6		3	1	3					2				51	76
1906	3	5		3		3		5									34	53
1907	3	4	3	10		4		4			1		1				30	66
1908			7	2				2			8	4	1				17	41
1909		2	3	2				4									8	19
1910	1	2	1	1				2									7	14
1911				2			1											3
1912	1		1	2		2	1	2									11	20
1913			4	8		3		1									24	40
1914			2	1		1		3	1								22	30
1915		1	2	5				6			2						15	31
1916			1	1													18	20
1917			1	2		2	2	1									18	26
1918		2					1	3			1						6	13
1919			1					1									1	3
1930 年后	2	3	13	11	15	1	7	37	7	14	4		1	6	4	11	183	329
总计	110	110	94	67	15	43	13	101	8	14	37	4	5	6	4	11	711	1343

可以看出，从 1872 年我国第一篇介绍电报的文章问世以来，所统计的近代科技期刊共刊载关于电的论文 1343 篇，分属于 17 个专题，可见其范围之广。《格致汇编》1880 年第 9 卷刊出《电学问答》，连续刊载三期。1891 年第二卷刊出《论电》，系译自英国欧礼斐的文章，连载 5 期，直到 1892 年止，比起西方电的发明也仅仅晚了几年而已。在 1915 年的《科学》杂志上刊出的《电学略史》，是我国学者撰写的文章，对电的原理、应用和发展史做了详细的介绍，在民众中间得到了迅速的普及，电的神秘面纱不复存在。电的发明是现代最重要的科技发明之一，对人类的生活产生了深远的影响。我国近代科技期刊对电的介绍和研究前后持续了 80 多年，是我国近代科技期刊中一个延续最久、介绍最为彻底的主题。从这些论文的内容来看，涉及到电的理论和应用等多个层面，包括静电学和静磁学的基本理论、恒温电流的基本规律、

电磁感应现象、电磁理论、直流电机、交流电机、发电厂等内容。为简明起见，现将其各类专题文章总数节录为表5－7。

表5－7　关于“电的发明和应用”专题文章总数统计表

	电线	电报	电灯	电话	电视	电车	电池	无线电	电磁铁	电动机	电镀	电铸	电铃	电眼	电子显微镜	发电机	其他	总计
总计	110	110	94	67	15	43	13	101	8	14	37	4	5	6	4	11	711	1343

如果我们以10年为单位对有关电的各领域的文章进行统计，更便于宏观观察关于电的发明的专题是如何随着时间变化而被我国近代科技期刊传播的。

从表5－8可以看出，我国近代科技期刊刊载的关于电报的知识在19世纪末曾经创造了一个顶峰，直到20世纪初，关于电报知识的传播才有所回落，但近代科技期刊刊载的篇数的变化也表明了这种起伏跌宕的规律。电报是近代一项重大的文明，从表5－8可以看出，我国对电报介绍在1870年就已经出现，但这一时期所刊登的关于电报的论文，基本上还是简介性质的，属于新闻和猎奇一类。表5－9是这一时期科技期刊刊载的关于电报的文章。

表5－8　电报

年代	总计
19世纪70年代	42
19世纪80年代	16
19世纪90年代	15
1900～1909	29
1910～1920	5
1930年后	4

表5－9　19世纪末电报文章统计表

1874.10.31、11.7、11.14、11.21、11.28、12.5、12.12	电报节略（附图）	《万国公报》
1875.5.8	电报汇述	《万国公报》
1875.6	电报论略（附图）	《中西闻见录》
1875.8	齐发电报图说（附图）	《中西闻见录》
1889.8	广论电报之益	《万国公报》
1892.4	论中国兴电报之益（见直报）	《万国公报》
1893.3	轮船电报两事宜如何剔弊方能持久论	《万国公报》

这些论文的内容都极为浅显，图文并茂，具有极强的可读性，吸引了大量的读者。1925年《科学》刊载的论文《无线电报发明史》，对电报的发明和应用的历史作了详尽的梳理，对电报知识的传播起到了总结性的作用。

从表5－10可以看出，1898年，第一篇关于无线电的文章发表以来，我国近代科技期刊就一直关注无线电的发明，从文章数量的分布来看，1900～1909年最多，1920～1929年次之，反映了我国科技期刊在传播无线电知识方面逐步拓展的轨迹。还需指出的，这些文章中不乏一些新闻性的介绍文字，但“无线电”知识的传播深度，从我国近代最重要的科技期刊——《科学》杂志所刊文章的数量上也不难体会到。《科学》杂志刊载的“无线电”方面的文章见表5－11。

表5－10　无线电①

年代	总计
19世纪末	10
1900～1909	35
1910～1919	21
1920～1929	25
1930年后	42
总计	133

表5－11　《科学》中“无线电”文章统计表

年份	1915	1921	1923	1924	1925（含专刊）	1928	1933	1934
理论	2	1	1	4	7	1		
应用	1	2	6	2	3	2		

无线电知识在《科学》杂志上传播的范围和频率，从1915年第一篇关于无线电的文章刊登以来，直到1934年，前后持续20余年。最初的文章是由赵元任译自R. W. King的《无线电》。其后关于无线电的介绍越来越精细，有些文章已经不再局限于对无线电理论的介绍，而是从原理和我国电报发展的角度来阐述我国如何发展无线电。这从知识传播的深度和广度来看，都具有一定的进步。更值得一提的是，1925年第7期的《科学》杂志推出了“无线电专号”，登载了10篇关于无线电知识的论文。这些论文既包括无线电知识的介绍，也对一些具体的理论问题予以探讨，体现了我国科学家对无线电研究的新发展。在这期专号上，编者附有简短的引言②：“中国现状：‘统计全国所有之大小无线电台，为数在三百所左右，亦不可谓不多矣。顾兹三百所左右之电台，无一而非为外货，欲求其能通信裕如者，今且十不得一二焉。何则？盖自无制造之厂，电台电机，有时需修理调整、添配、试验等，亦有所不能故也。以致机件日益不灵，报务日益不振，良可慨哉！”“外人以吾国无无线电制造厂，国人无无线电常识，容易欺异，故意抬高其值。”“而且近几年外人在中国自由设立，中国政府又无权干涉。发展专刊，辑录国内专家宏论，以供专家相互切磋竞争之心，而从事创造，备应来日吾国社会所需而挽回权利，是为本刊之意旨，期将来能收效果于万一也。”由此不难看出，《科学》杂志对我国科技发展的关照和在我国传播最

① 本表格统计时，将《科学》杂志上的文章也统计在内。

② 《科学》（第十卷）第七期无线电专号“编辑引言”。

新科技知识的强烈愿望。这一期的目录如下：

电工能之发射输送

无线电反射

真空管传递上所需之高压直流检集法

无线电短电波之收发

魏根氏消灭天电无线电接收机之装置

无线电界之大障碍

马可尼传

法国巴黎爱非尔铁塔无线电台纪略

双桥大电台两年来试验极其进步

收音机三极真空管病极其治法

从表5－12可以看出，近代科技期刊中关于电线应用知识的刊载，曾经出现了两个高潮时期，一为19世纪70年代，二为20世纪初，这种变化反映了我国近代科技期刊对国外电线技术的积极回应，而刊载高潮的差异则表明，我国近代科技期刊是受我国当时社会变化，尤其是民众需要的影响。

表5－12 电线

年代	总计
19世纪70年代	33
19世纪80年代	30
19世纪90年代	17
1900～1909	28
1930年后	2

电灯的发明是科技史上重大的发现。我国近代科技期刊从1878年首次刊登电灯的知识以来，累计刊载关于电灯的文章94篇（表5－13）。姑且不论这些文章的质量和内容，仅从数量来看，就可以看出，我国近代科技期刊对电灯知识和技术传播的力度究竟有多大了。

表5－13 电灯

年代	总计
19世纪70年代	4
19世纪80年代	18
19世纪90年代	16
1900～1909	30
1910～1919	13
1930年后	13

电车是电的理论的又一项实用技术。我国近代科技期刊刊登43篇关于电的文章，从数量的分布来看，20世纪初是近代科技期刊介绍电车知识和技术的高峰期。随着时间的推移，电车的知识逐渐受到冷落，但电车的知识已经被我国普通民众所接受，这不能不说是近代科技期刊的一大传播功能（表5－14）。

表5－14 电车

年代	总计
19世纪末	8
1900～1909	26
1910～1919	8
20世纪30年代后	1

从表5－15可以看出，我国近代科技期刊刊载了67篇关于电话的文章，而且在1902～1909年就刊载了34篇。这对于电话在我国普及无疑起到极为明显的推动作用。事实也表明，在电话迅速在我国普及的过程中，近代科技期刊的传播和引导之功是不能忽视的。

表5－15 电话

年代	总计
1900～1909	34
1910～1919	22
20世纪30年代后	11

关于电镀的知识也有不少介绍，内容包括电镀、热浸镀、设备、评论、国外电镀介绍等，年份上并无明显的集中趋势。1880年出现的篇目最多，是因为有《电气镀金》一书的连载在《格致汇编》上。此外，还有一组关于电镀的通讯。根据这些情况，可以说《格致汇编》是研究我国早期电镀发展史的重要资料。为了展示电镀知识在我国早期科技期刊中的传播情况，我们将详细列举《格致汇编》中关于电镀知识的篇目，以展现电镀知识在近代科技期刊中传播的全貌。

表5－16 电镀

年代	总计
19世纪末期	20
1900～1909	10
1910～1919	3
20世纪30年代后	4

表5－17 《格致汇编》中关于电镀等表面处理篇目①

卷号	出版时间	篇目	内容
第一年	光绪二年（1876年）	格物杂记：喷砂器	关于喷砂设备和工艺
		造马口铁	介绍英国卜德温厂钢板热浸锡工艺
		格致略论：第一百二十九	论述电镀之“便利”
第二年	光绪三年（1877年）	阅二年九卷格致汇编论（申报馆稿）	有电镀内容评论
		西国造纽法	有金属纽扣的电镀和精饰加工
第三年	光绪六年（1880年）	电气镀金（傅兰雅、周郇译）	专稿，综合论述电镀各种金属和合金
第四年	光绪七年（1881年）	水雷外壳造法（徐仲虎）	有热浸镀锌工艺
第七年	光绪十八年（1892年）	美国博物大会	有美国博物大会机器院、工艺院中的电镀工艺和展品项目

① 周金保：《〈格致汇编〉与中国早期电镀》，载《电镀与精饰》1991年第4期，第45～46页。

第三节　专刊和连载主题

从科技知识传播深度来看，专刊和连载无疑是最重要的传播形式，因为连载和专刊可以拓展和扩充问题的范围，在知识的传播上更具系统性和完整性，更易引起读者的重视，所以传播的效果就更明显。我国近代科技期刊中出现了许多连载的主题，而集中刊载某些专题的专刊也极为常见。

《科学》杂志出版过大量专刊，在近代科技期刊中可谓是独立不群，体现了编者独到的科学眼界。有的专刊前附有编者按语，用简短而浅显的语言阐述专题的时代背景和我国学术界对这些问题的掌握程度，以及这些问题对我国社会发展的实际意义。这些按语成为吸引读者阅读的一个重要提示。如在《科学》第九卷第2期“工程学专号”的编者按语，就带有明显的导读性质，读者借此能够了解当时我国工程科学发展的基本情况：

“科学之应用虽极广，然其最显而易见与直接影响于人群生活者，莫若工程学者。自英蒸汽机发明以来，机械工程学、土木工程学、电机工程学、矿物工程学、化学工程学等，俱相继发达。于是昔日所谓险阻辽远者，今日皆易至如门庭。昔日所谓奇技淫巧者，今日皆常见如泥砂。昔日帝皇力所不能致者，今日齐民皆享用之。社会之思想习惯俱随之而变迁。故今日之世界，吾人不妨谓之工程学所造成也。本社留美同人，现方肆力研究工程者甚多，鉴于工程学之紧缺，特编工程号以饷读者。”

笔者收集了《科学》创刊35年来的专刊目录，其中专刊有25期，几乎每年都出版一期专刊。从表5－18中可以看出，《科学》杂志传播的科学理念之新颖，专题既有理论，也不乏与我国社会紧密结合的科学技术之研究。

表5－18　《科学》杂志专刊主题表

年代期数	专刊名称
1921年第1期	年会论文号
1922年第9期	南通年会专刊
1922年第11期	科学教育专刊
1923年第6期	通俗科学演讲号
1923年第8期	杭州年会专号
1924年第2期	工程专刊
1924年第5期	理化专刊
1924年第7期	生物学专刊

续表

年代期数	专刊名称
1924 年第 9 期	理化专刊
1924 年第 10 期	地质专刊
1925 年第 1 期	经济学专号
1925 年第 7 期	无线电学专号
1925 年第 10 期	赫胥黎纪念专号
1926 年第 1 期	地学专号
1926 年第 6 期	中国科学史料号
1926 年第 8 期	食物化学专号
1927 年第 4 期	泛太平洋学术会议专号
1927 年第 5 期	进化论专刊
1928 年第 6 期	胡明复博士纪念号
1928 年第 12 期	有机化学百年进步号
1932 年第 8 期	气象专号
1932 年第 9 期	国药专号
1932 年第 10 期	爱迪生逝世周年纪念专号
1943 年第 2 期	青霉素专号
1944 年第 3 期	营养专刊

从表 5－18 还可以看出，《科学》杂志编辑的深远的科学视野，他们能够从国外科技发展的最新进展筹划专号，而且这些专号与我国当时的社会问题紧密结合，解决了许多关乎社稷民生的大事，受到了读者的一致欢迎。1943 年的“青霉素专号”是由张孟闻编辑的。张先生精通多种外国文字，在这之前，他已经收集了有关英美科学家从事此项研究的资料，撰写了《青霉素学论》。当这种又叫盘尼西林的抗生素药被国内视为“灵药”而开始引进使用时，《科学》杂志将这一先进的医学成果介绍给中国读者，因此大受欢迎，故《科学》第 28 卷第 2 期“青霉素专号”一出版，立刻销售一空。①

《科学》杂志如此，其他的科技期刊也不例外。中华自然科学社编辑的《科学世界》发行过很多专号，专号作为传播科技知识的一种重要方式被广泛地接受。第 17 卷第 10 期“雷达专号”的卷首语中，编者写道：“科学世界原以传播近代科学知识为其职志，自然科学之范围及分类如此广大而精微，故

① 宋原放主编：《中国出版史料（现代部分）》（第一卷）（上册），山东教育出版社 2001 年版，第 426 页。

社中同仁不以广泛断续之知识介绍为已足，又从而约集各门类科学专家，编辑专号，向社会人士作有系统的陈述及教育性的启发。”并认为“继其他专号之后以问世，其意良美。本期‘雷达专号’编辑之始，各作者同仁之间即相约：一面对雷达技术及理论做系统的介绍；一面又不敢忘却教育启发的宏旨，故讨论时不以习惯数学公式推演为已足，以是各作者多能自陈新颖之见解，注重物理概念，裨益读者，良非浅显。”① 可以看出，专刊已经成为一种向读者介绍科技知识的方式，得到学术界的认同，而且编者最为看重的是专刊的教育意义。《科学世界》所刊载的“专号”还有：第16卷第8、9期“原子核专号”，第17卷第4、5期“航空专号”，第17卷第6期“日环食特辑”。这些专刊都极大地促进了国人对科技知识的了解和应用，对于开启民智、传播科技知识具有难以估量的作用。

专刊之外，还有一种集中传播科技知识的方式，就是“连载”，与专刊不同的是，连载是科技期刊对同一主题的持续刊载。在我国近代科技期刊中，连载的主题就更多了。据笔者统计，《科学》公开发行的35年中，杂志连载的主题达40多个，有的主题连载持续一年之久，反映了编者对该问题的持续关注。如无线电、飞机、蒸汽机、照相等方面的专题，都是通过连载的形式刊登的。

《格致汇编》也通过连载的方式介绍了许多国外最新的科技知识。如连载于第1至12卷的“格致略论”，共301节，概要地介绍了西方各门科学的基础知识，类似于现在的自然常识读本。这一连载的内容极为丰富，“首论万物之空广，说明人生在于世，占地甚小，山外有山，星月之外有无数星月，人类所占之地，仅为万物之一微分。次述地球之概况、面积、半径，地球与太阳的关系，地球在太阳系中的位置。再述恒星等级的区分，太阳系大行星的概况，地球的自转公转，日食月食，万有引力，地面生物，各中自然现象（雪、冰、云、雨、光、电、风、雾）的科学道理，最后介绍植物学、动物学知识，介绍人体的生理结构。”② 其中“动物学”中所介绍的动物分类知识，在我国尚属首次介绍。

“格致理论”连载于1876年的第7、8卷和1877年的第4卷，介绍了一年四季更迭、地球自转公转、地球的引力，以及此三者与大地万物生死荣枯的关系。而“格致新法”则连载于1877年的第2、3、7、9卷，主要介绍了英国近代实验科学鼻祖培根的科学理论产生的时代背景、主要内容与时代价值，重点介绍了其代表作《格致新法》（即《新工具》）。

---

① 中华自然科学社编辑《科学世界》（第17卷）第10、11期“雷达专号”卷首语。

② 转引自熊月之：《西学东渐与晚清社会》，上海人民出版社1994年版，第421页。

此外，《格致汇编》还从英美出版的浅易科技读物中选择了不少文章连载，如《电气镀金略法》、《化学器具说》、《西国养蜂法》、《论脉》、《论呼吸气》等，这些新科技知识，颇受读者的欢迎。《格致汇编》中还刊载过一篇讲演记录“人与微生物争战论”，说疾病大半由“极细微之生物所成”，这是较早对细菌和微生物的介绍。

《电气镀金略法》最初以《电气镀金》书名，在1880出版的《格致汇编》第三年上分期连载，共九次刊登完毕，内容和刊登情况见表5－19。

表5－19　《电气镀金》的刊登情况①

篇号	篇名	刊登卷号格致汇编第3年
	电气镀金序	第一卷
第一篇	总论电气镀金	第一卷
第二篇	论镀铜	第二卷
第三篇	论镀银	第二、三卷
第四篇	论镀黄金	第三、四卷
第五篇	论镀黄铜等铜	第四卷
第六篇	论镀铂等金属	第五卷
第七篇	论镀锌	第五卷
附　录	四十六款	第五、六、七卷
续附录	四十六款	第七、八、九卷

关于刊登该文的缘起，序言说：“至阅《格致汇编》诸君，屡寄华函来，问电气镀金各法，惟难以数语尽泄底蕴，近与周君于制造局内翻译英国大名家华特所著《简便电气镀金》书，拟成后梓行问世，兹欲先将其书于《汇编》中每月刊印数页，以公同好。”可见当时已有众多的电镀爱好者，应他们的要求，《格致汇编》才以较大的篇幅刊登此文，并且很快出了单行本，“加以皮面，另订成本，分存发售”，“每本仅取纸价一百五十文”。随后由江南制造局重新镌刻出版。经将两种不同版本进行校对，除插图略有增益外，其文字内容基本一致。②

《亚泉杂志》也连载过一些重要的论文，如《化学定性分析》一篇，就由第四期起一直到最末第十期才陆续登完。

① 转引自周金保：《〈格致汇编〉与中国早期电镀》，载《电镀与精饰》1991年第4期，第45～46页。

② 同上。

第六章

近代科技期刊与科技知识的传播

我国近代科技期刊传播了大量的科技知识，在近代社会变迁中承担着重要的角色，这已经成为人所共知的事实，并且得到一些历史学者的肯定。如熊月之在《西学东渐与晚清社会》一书中，详细地剖析了近代报刊在传播西方学术、启发民众心智、促使社会变迁方面的作用。这里，我们主要分析近代科技期刊在科技知识传播过程中所发挥的作用。作为一种传播媒介，科技期刊对科技知识的传播具有不可替代的作用，对于我国民众科学观念的启蒙具有深远的影响。但鉴于目前对科技知识传播方面的史料的挖掘还略显薄弱，本章主要选择一些重要的科技期刊，从办刊的宗旨、发行量、发行区域以及对民众科技知识启蒙方面做一些简要的剖析，希望从一些具体的实例，来探讨近代科技期刊在科技知识传播过程中的作用。

第一节　办刊宗旨

在我国近代科技期刊的发展过程中，传播科技知识、实现观念启蒙是所有科技期刊创办者的意图，各类刊物的发刊词更能体现出这种特殊的目的来。略观这些科技期刊的创办宗旨，对于把握近代科技期刊与科技知识普及之间的关系不无裨益。

《六合丛谈》　伟烈亚力创办《六合丛谈》的目的之一就是借以传播科学技术知识，在创刊号中写到："今予著《六合丛谈》一书，亦欲通中外之情，载远近之事，尽古今之变……务使苍穹之大，若在指掌，瀛海之遥，如同衽席，是以琐言皆登诸记载，异事不壅于流传也。是书中所言，天算舆图，以及民间事实，纤悉备载。"他认为中国书籍所记载的大多是过去的知识，而西方人则精益求精，推陈出新，"竭心思以探奥窍，略旧说而创妙法"，在知识上有许多创新，值得向中国人介绍。①

《格致汇编》 1875年11月，傅兰雅在创办《格致汇编》之前曾经印发了一个英文的私人启事，宣布他将编辑出版一种科学月刊，其目的在于“一方面要促进探究的精神，一方面要在清帝国传播通俗实用的科学知识，它将为介绍已出版的科学译著服务，刊载科学课程的短篇解说和科学演讲，并作为本邦受教育人士问询、获取感兴趣的科学信息的中介……”②

《亚泉杂志》 杜亚泉为杂志第1期撰写的序中，批评中国“政重于艺”的传统思想，认为：“政治与艺术之关系，自其内部言之，则政治之发达，全根于理想，而理想之真迹，非艺术不能发现，自其外部观之，则艺术者固握政治之枢纽矣。”“二十世纪者工艺时代，吾恐吾国之人，喧喧然争进于一国之中，而忽存于众国之实也。苟使职业兴而社会富，此外，皆不足忧，文明福泽，乃富强后自然之趋势，天下无不为之事……亚泉馆辑《亚泉杂志》揭载格致算化工农诸科学其目的盖如此。”③

《科学》 以“提倡科学，鼓吹实业，审定名词，传播知识”为宗旨，主办者在创刊号上指出，创办这个杂志的目的就是提高民众的科学文化水平，阐发科学精义及其效用，对一切“空谈政治”则概不涉及，并强调该杂志在求真致用两方面当同时并重，他们希望通过努力，摆脱国内科学研究一片荒芜的状况。④

《科学世界》 其办刊宗旨是：“发明科学基础实业，使吾民之知识技能日益增进”。⑤

《科学画报》 在创刊的发刊词中写道：“近几年来提倡科学的声浪，在国内已有相当的澎湃。单就刊物而论，除本社出版最早之《科学》外，有《科学月报》、《自然界》、《自然科学》、《学艺》、《科学世界》、《科学的中国》等是定期刊物外，不亚数十种，我们认它们为中国科学进步的标志，忧空谷足音，已得到了鹤鸣的唱和，这是何等可喜。”接着又说：“不过中国真正科学化，我们要极端注意的，就是本国的民众和儿童。民众是国家的根本。儿童是将来的主人。我们可以说中国现在的儿童和民众，与科学是毫无关系。

---

① 王扬宗：《〈六合丛谈〉中的近代科学知识及其在清末的影响》，载《中国科技史料》1999年第3期，第213页。

② 王扬宗：《〈格致汇编〉与西方近代科技知识在清末的传播》，载《中国科技史料》1996年第1期，第37页。

③ 许纪霖、田建业著：《杜亚泉文存》，上海教育出版社2003年版，第229页《亚泉杂志》序。

④ 黄新宪：《论近代留学生对中国科学事业的贡献》，载《齐齐哈尔师范学院学报》1990年第2期，第79页。

⑤ 谢振声：《上海科学仪器馆与〈科学世界〉》，载《中国科技史料》1989年（第10卷）第2期。

但实际上最需要科学去解决他们社会和事业上困难的，没有过于中国民众。”在分析当时科技期刊忽视普通民众和儿童后，对《科学画报》的办刊目标进一步明确化：“中国科学社此次发刊科学画报的宗旨，最主要的就是要把普通科学知识和新闻输送到民间去，我们希望用简单的文字和明白有意义的图画或照片，把世界最新科学发明、事实、现象的应用、理论的发明以及于谐谈游戏都介绍给他们，逐渐地把科学变为他们生活的一部分，使他们看科学为容易接近可以眼前应用的资料，而并非神秘不可思议的幻术。”① 于此不难看出其普及科技知识的目的，用语之恳切实同类科技期刊中所仅见。

《自然界》 创刊后头两年的稿件全由主编周建人和杜其垚二人写成或翻译，为了普及自然科学知识，两人不畏艰辛，迎难而上，从近 20 种日、美、英等国科学杂志上，搜罗了关于中国各方面的科学资料和各国科学技术的新进展，力求使人民大众觉得科学并不是一件高深而神秘的事。其普及科学的宗旨不可谓不明显。

其他的近代科技期刊大都秉承类似的创刊目的。尽管随着专业性期刊的发展，普及科技知识的目的在一定程度上退居次要了，但一些综合性的科技期刊，仍然是以向国人介绍国内外科技研究成果为主要目的的，这使我国近代科技期刊在传播科技知识过程中发挥了尤为独特的作用，产生了巨大的社会效应。

第二节　近代科技期刊的发行量和传播区域

如果说办刊宗旨只是编刊者的一厢情愿，并不能真实反映科技期刊在传播科技知识过程中所发挥的作用的话，刊物的发行量和传播区域便在一定程度上真实地显示出一种科技期刊在传播科技知识过程中的作用。我们将集中分析一些科技期刊的发行量和传播区域，以此来考察我国近代科技期刊在传播科技知识过程中的作用。

1.《格致汇编》

《格致汇编》创刊前，江南制造局翻译馆等机构所译的西方近代科技书籍，大多深奥难懂，通晓和领悟者甚少。《格致汇编》创刊后，因所译的科学文章，简明通俗，深受初学者欢迎。② 因此，得到了中外报纸的赞美和支持，创刊号出版不久，就已引起社会各界的关注，1876 年 1 月 10 日的《申报》对

① 《科学画报》发刊词，民国二十二年八月一日。

② 杨根编：《徐寿和中国近代化学史》，科学技术文献出版社 1986 年版，第 151 页。

《格致汇编》做了很高的评价，介绍十分详细，全文转录如下：

格致之学中西儒士皆以之为治平之本，但名虽同而实则异也。盖中国仅言其理，而西国兼究其法也。自通商以来，西法渐传入中国。至于今，将有日胜一日之机矣。前岁英国驻沪之领事麦君议创设格致书院于沪上，欲将西国之书与物与器，凡有关于格致之学者，盖行取置书院之中。俾中国士民有心于西国格致之学者皆得观览而讲习焉。无锡徐君雪村将其事达各宪。上自李伯相［鸿章］与李雨亭［宗羲］制府，以及各官皆嘉之。首捐其资，倡行其事。下则在沪之绅商亦乐此有益之举，均量力捐资，以助其成。目下书院已庆落成，惟陈设器物之铁屋尚未造就，故各西人许送之器物，因无位置之区，亦尚未送到。有志于格致诸学之士民，竟未能遂先睹为快之愿也。英国傅君兰雅，向在广方言馆翻译各书，固英国博雅之士也。因器物虽未送到，而英国格致诸书均在行箧，先行翻译，以供众览。名曰《格致汇编》，每月一卷，以为《中西闻见录》之继。自光绪二年正月起，今其首编已出。中列天文、日星、地球、算器、图说、汽锤略论、制韧性玻璃法、印布机器、有益之树、轮锯图说、西国造糖法、格致杂说；并列日本效学西国之艺、算学奇题，互相问答，洋行告白各种。共为一卷，其价甚廉，其书甚美，每本仅取纸工资五十文。盖傅君非欲取利，实欲传法也。其中所言，皆论有益于人世之事，中西讲求格致之人所可取法者也。天文算学二事，非平日深明此事之人不能通晓。至于汽锤轮锯乃制造家所当用者，玻璃印布皆世所常用之物，其制作之法，自宜广求。糖为人人所食之物，造法不善，其味不美，尚属末事，恐有伤人之时也。无火之灯，亦系妙法。向日葵一种，中国视为寻常无足重轻之物，亦未考究其有如此用处。金鸡、尤加立葛姆二树，中国向无此木，其能愈疟疾，如此神效。且尤加立葛姆一木，如此有用，又如此易长，均系中国所当取回而栽种者也。今阅此编，所列其有益人事已如此，倘此事不发，数年之后，西国格致诸学流传于中国者不知几何。再俟格致书院之铁屋造成，将西国送来之书与器与物齐全，彼此互相证对，数十年之后，西法可以尽入中国矣。傅君此举，岂不美哉！日后中国士民言西国格致诸学者，当无不推美于麦、傅两君矣。夫西国才智聪明之人，无诗文字赋以束缚其心思，故能专心致志于格致诸学。且果著成一书，制成一物，造成一器，又可以博上赏而邀厚利，是能精通格致者，即能名利兼收，所以人皆乐为之也。今此举尚属创行于下，未能他省均能效之，虽然，果能有益人事，将来定必不胫而走，不翼而飞，传遍天下矣。又况更有此《汇编》哉！①

《格致汇编》的印数之多，发行之广，是其同时代的江南制造局译书所难

① 转引自王尔敏：《上海格致书院志略》，香港中文大学出版社 1980 年版，第 32～34 页。

望其项背的。尽管目前的文献记载中很难找到其销售量的确切数目，但创刊号初印3000份，至当年9、10月已售罄，乃于1876年底重印。至1889年，有些卷次已重印两次。光绪十六年（1890年）复刊后，印数增至4000份。光绪十七年（1891年），前数年各卷因售缺而再度重印。1892年停刊后，又先后于1893、1896、1897年几度重印过①。

据1890年的一项统计，《格致汇编》除对国外的新加坡和日本的神户、横滨发行外，国内主要销售于沿海沿江和通商埠头，如北京、上海、天津、南京、安庆、杭州、宁波、温州、厦门、福州、保定、长沙、湘潭、益阳、汉口、兴国、宜昌、沙市、武昌、九江、南昌、镇江、苏州、扬州、桂林、广州、汕头、太原、济南、烟台、登州、青州、重庆、武穴、邵伯、牛庄、淡水（台北）、香港等近40处；到了年底，已达70处之多②。

不仅传播区域广泛，而且对读者的影响也空前热烈。在《格致汇编》前后发行的七年间，其中读者通信共达322件，所问的问题相当广泛，质询者的信件主要来自一些重要城市，由此推断，《格致汇编》已经引起不少读者的浓厚兴趣。从提问问题的内容来看，约半数是关于西方科学技术知识及应用方面的问题；另半数则属于出于好奇心而提出的一些奇异问题。《格致汇编》通过"互相问答"方式解析疑难，不仅加强了与读者的密切联系，同时也启发了智慧和加深了读者的理解。③

《格致汇编》每期都设有"论说"和"格物杂说"两个主要栏目，翻译和编写西方近代的科学知识，从读者撰文评论之热烈、反应之及时、赞美之频繁，以及在广大读者中反映之强烈来看，足见当时我国社会各界对于西方新知识的爱好和追求，同时表明《格致汇编》创办的成功④。

《格致汇编》不仅介绍一些重大的科学发现和发明，而且也关注一些日常生活中的科学问题，这使其传播区域不断扩大，在民众中的影响力不断增强，读者既有知识分子，也有普通的民众。如啤酒传入我国后，人们不知道啤酒用何物何法制成，以其味颇苦，称其为"苦酒"。有人专门写信到格致汇编社询问啤酒的特性和酿造原理，言"西人常饮苦酒，言大能补身，余曾饮数次，觉其有益，但不知用何料何法为之？"⑤

当时许多知名的知识分子都是《格致汇编》的读者，正是从《格致汇

---

① 王扬宗：《〈格致汇编〉与西方近代科技知识在清末的传播》，载《中国科技史料》1996年第1期。

② 杨根编：《徐寿和中国近代化学史》，科学技术文献出版社1986年版，第151页。

③ 同上，第151～152页。

④ 同上，第152页。

⑤ 熊月之主编：《上海通史》（第六卷——晚清文化），上海人民出版社1999年版，第7页。

编》中了解到西方科技的发展，培养了他们的科学观念，又通过他们的著作传播科技知识，构成科技知识传播的一个重要的链条。这个链条之首便是《格致汇编》和当时的一些科技期刊。根据史料记载，1892 年夏天，梁启超在南京返乡途中经过上海，“购江南制造局所译之书，及各星轺日记，与英人傅兰雅所辑之《格致汇编》等书。”① 梁启超在其《西学书目表》（1896）评论《格致汇编》为“极要”。蔡元培纪念馆至今还保存着当年蔡氏阅读过的《格致汇编》刊发的单行本译著。徐维则《东西学书录》评论说：“《格致汇编》所言格致新理择要摘译，洪纤俱载，汇集成编，多有出于所译各书之外者……载答问语数百次，若分类别刊一编，其启发后学不少也。”这部解题式的书目著录了近代出版的各种新学译书，编者将《格致汇编》中的重要译著一一著录，并作解题，计有 66 种之多，几占该书收录的与《格致汇编》同时代科技译著的五分之一。② 甚至在 1892 年《格致汇编》停刊之后，《格致汇编》依然是知识分子喜爱的读物，孙宝瑄的《忘庐山日记》中，1897、1898 年就有多次认真研读《格致汇编》的记载③。这些史实表明，《格致汇编》不仅拥有广泛的读者群，而且得到了广泛的阅读，在传播科技知识过程中发挥了巨大的作用。

2. 《科学》杂志

《科学》初创之时，编辑部在美国的绮色佳，1917 年迁往坎布里奇，后迁到上海，代售点遍布全国各地。1915 年第五期的封面上印有“代派处一览表”，发行区域几乎覆盖了全国各重要城市（表 6 – 1）。

表 6 – 1 代派处一览表④

重庆	北京	温州
汉口	天津	徐州
长沙	保定	常州
南昌	奉天	福州
安庆	吉林	石家庄
芜湖	龙江	汉口
南京	长春	太原

① 秦绍德著：《上海近代报刊史论》，复旦大学出版社 1993 年版，第 31 ~ 32 页。

② 王扬宗：《〈格致汇编〉与西方近代科技知识在清末的传播》，载《中国科技史料》（第 17 卷）第一期（1996 年），第 45 页。

③ 同上。

④ 《科学》1915 年第 5 期“代派处一览表”。

续表

杭州	兰州	西安
贵阳	济南	成都
香港	开封	云南
上海	武昌	广州
石家庄	苏州	

《科学》创办之初，主要内容分为：①通论；②物质科学及其应用；③自然科学及其应用；④历史传记；⑤杂论（包括小评论、科学家、教育家及科学趣闻）。后来又逐渐辟有介绍国内外教育、科学实践情况的专栏，介绍世界科学发展和成就的新闻栏目，评介国外科技书籍的新栏目，还设有问答栏和科学小说等。

《科学》杂志进行科学启蒙的同时，还介绍了一些国内外重要的科研成果，在启蒙的基础上向前迈进了一步。20 世纪初，世界科学发生了一系列深刻的变革，重大发现相继问世。在物理学领域，相对理论、量子理论是最重要的成果。《科学》杂志专门对这些理论做了介绍和分析，发表任鸿隽的《爱因斯坦之重力新说》、杨铨翻译的《爱因斯坦相对说》，此外，还详细介绍了1922 年诺贝尔物理奖获得者玻尔有关原子的学说。在化学和生物学领域，一些前沿性的科学成果也被及时介绍过来，开阔了国人的眼界，在科技知识传播史上具有独特的贡献。

《科学》杂志的编辑非常注意科学名词和科学术语的定名与规范使用，“直到现在，在我们通用的名词里头，还有不少是从《科学》杂志开始的”①。

“《科学》的销路，自来就很有限，大概始终不超过3000 份，但国内所有中等以上的学校、图书馆、学术机关、职业团体，订阅《科学》相当普遍，而且《科学》也曾被用来与外国的学术机关交换刊物。”②

《科学》杂志出版后在读者中间引起了强烈的反响，形成了稳固的读者群体。由于编者与读者之间良好的沟通，《科学》杂志成为一份当时深受人们喜爱的科技刊物。出版五周年之际，罗家伦便在 1919 年发表的《今日中国之杂志界》一文中指出，“论科学的，有《科学》、《学艺》、《观象丛报》等种，而以《科学》为最有价值。而以前两年的《科学》为更为精采……我很想科学发达，所以我有三点盼望于科学社的：一，多科学方法论，而少有过于专门的东西，因为过于专门的东西，国内中等知识以下的人还是看不懂，高等以上的人，大概都可以直接看西文……二，专用白话……三，或是专以现在

---

① 茅以升：《科学社为什么能把〈科学〉办得这么好》，载《科学》1986 年第 1 期。

② 何志平等主编：《中国科学技术团体》，上海科学普及出版社 1990 年版，第 100 页。

的科学作纯粹专门以上的参考用书，而另外发行一种科学讲义录，说科学上最新的，而比较起来还算浅易一点的道理，以为中等以上知识的人的参考书。我想这种出品，传布科学的效力要更大……”① 这项建议被《科学》杂志的编者所重视，为了科学普及、贴近大众生活，中国科学社成立了一种新的普及性的刊物——《科学画报》。

1950年，任鸿隽在《〈科学〉三十五年的回顾》② 中这样写道：

“《科学》至1950年为止，出了三十二卷，以每卷十二期，每期六万字计算，应有二千余万字。每期除了科学消息、科学通讯等不计外，以长短论文八篇计算，应有论文三千余篇。假定平均每人作论文三篇，则作者一千余人通过《科学》而以所作与当世相见。这一点不能不算是小小贡献。至于这些文章对于学术上社会上发生的影响，姑且不在话下。”

3. 其他科技期刊的发行量和传播区域

《亚泉杂志》主要以介绍化学知识为主，关于化学的篇目几乎占到一半。杂志出版后，国人对《亚泉杂志》评价很高，开明书局总经理称之为“吾国之有科学期刊，此其嚆矢也。”但因专业性较强，发行量很少，《亚泉杂志》第七册一则告白上说，“本刊自去年发行杂志以来，现有按期阅者一百一十余号。”

《求是报》主要以介绍西方的科学技术为主旨，主要栏目有“制造类编”和“格致类编”。“制造类编”主要翻译工程技术文章，如第1期的《炉承新制》，第12期的《拟造浦东铁路图说》，第4、5、6、8期连载的《建造铁路工程书》，第12期的《工程选料书》，这些文章是当时国内的工业建设急切需要的，译者希望做“刍荛之献，以供采择”；而“格致类编”栏目的译文都是关于物理的，如第1、2期连载英国人研究声学的天文学文章《格土星》，这些文章都附有印制精良的图片，生动简明地介绍了西方19世纪物理学常识。③

《求是报》创办于1897年9月，尽管这份杂志存在时间仅有9个月，但其影响却波及全国，在知识阶层中赢得了较好声誉。在第一期出版时，只在全国十几个城市设有代售处，但从第2期开始，设有代售处的城市已增至44个，覆盖了包括香港和澳门在内的全国东、中部大多数省份。除京津、沪、南京、武昌、杭州、福州、苏州、重庆等大城市外，《求是报》还在硖石、清江浦、瑞安、台州等小城镇设有售报处。这样的传播区域使《求是报》拥有

---

① 张静庐：《中国近现代出版史料·现代甲编》，上海书店出版社2003年版，第84页。

② 何志平等主编：《中国科学技术团体》，上海科学普及出版社1990年版，第99页。

③ 李华川著：《晚清一个外交官的文化历程》，北京大学出版社2004年版，第110页。

大量的读者，上至总督大员，下至普通民众，都有不少《求是报》的读者①。

《地学杂志》从1910年2月第一期出版后，连续发行28年，直到抗战前才被迫停刊。前后出版180多期，发表文章1600余篇。如先后发表的《论地质之构成与地表之变动》、《钱塘江沿岸之地质》、《中国大地体之构造与历史》、《渤海之过去与未来》、《世界气候之变迁》等，传播了近现代地理学思想②。

著名地质学家邹代钧编撰的《中俄界记》在《地学杂志》分期连载，编者在评价这篇论文时指出：此文“搜罗宏富，指点确凿，实讲中俄分界之宝鉴也。”③ 地理学家张相文曾到山东、河北、河南、内蒙古等地旅行考察，所写的《齐鲁旅行记》、《冀北游览记》、《豫游小识》、《塞北纪行》等都发表在地学杂志刊物上。④

《科学世界》创刊后，共出版过17期，该刊为32开本，每期近百页，设有“图画”、“论说”、“原理”、“实习”、“拔萃”、“传记”、“教科”、“学事汇报”、“小说”9个栏目，内容基本上都是自然科学。在1932年第一期“发刊词”中，“我们是科学的信徒，我们很能体会得‘科学与国际’的伟大精神。我们承认惟有世界上研究科学的人携手向大自然进攻，才能解决宇宙和生命的问题，才能造成人类的幸福。但同时我们承认各时代中，我们一切努力和工作，当然偏重于我们现在隶属的社会利益。我们绝不挂招牌，绝不唱高调。发行本刊的使命，在供给中小学理科教师的参考资料，和增进国人的科学常识，使其明白科学的应用。”⑤

《科学世界》的实际发行量是多少，没有确切的史料可以佐证，但在《科学世界》第四卷第三期的一则广告上，称“《科学世界》的征求基本定户20000号”，而且为了增加发行量，杂志还采取一些优惠政策，可以想象得出期刊实际的发行量可能远远超过两万份。《科学世界》的发行处遍及全国各重要城市，如南京、长沙、汉口、昆明、南昌、天津、保定、西安、青岛、开封、重庆、成都、运城、太原、广州、上海、广西等⑥。

《科学画报》于1933年由中国科学社创办，该杂志图片新颖、印刷精美，出版后深受社会欢迎，销量达到了2万份以上。《科学画报》的内容主要包括综合科技知识和国外创造发明的报道，资料很多取自美国的《大众》和《大

① 李华川著：《晚清一个外交官的文化历程》，北京大学出版社2004年版，第108～109页。

② 翟忠义：《中国地理学家》，山东教育出版社1989年版，第425页。

③ 同上，第421页。

④ 杜石然等编著：《中国科学技术史稿》（下册），科学出版社1982年版，第269页。

⑤ 中华自然科学社编行《科学世界》发刊词，1932年。

⑥ 《科学世界》，中华自然科学社编行，（第四卷）第二期，民国二十四年。

众机械》等通俗科技报刊。在创刊一周年时，主编季梁对杂志的发行量和民众的反映有详细而生动的阐述：

"本报之目的在绍介科学给本国的大众和青年，自然要想它流通很广，不过在创刊伊始的时候，也不敢存太奢希望。乃一年以内本报每期的销数居然能和社会文艺一类的刊物同样的风行，而最初的数期并且再版了几次，被人认为'枯涩'的科学，向来不受国人的注意，而本报却受了读者热烈的欢迎。有些学校教师并认为良好的理科课外读本，劝学生各人去买译本。这事实给了同人不少的兴奋和鼓励。从另一方面来看，国内外对于科学研究的人，都肯把他们可贵的科学思想和智识，用深入浅出的文字，在本报不断地发表，绍介给读者，增加本报不少价值。由于作者和读者两方面的情形来看，我们都觉得科学在中国已经得到各方面相当的重视。那么本报普及科学的宏愿，也算是达到了一部分，这也是何等欣慰的事实。"①

第三节　近代科技期刊对知识分子和民众的影响

科技知识传播的渠道是多种多样的，学校教育无疑是科技知识传播的重要渠道。20世纪以来，随着新式学校的建立，特别是大学的建立，学校教育在传播科技知识中的作用明显增强了。但学校教育传播的范围毕竟是很有限的，因为能够上学的人数在总人口中所占的比例是很小的，所以，随着文化的普及，科技期刊在向民众传播科技知识方面具有独特的优势。从科技期刊的发行量和传播区域来分析科技期刊，尽管可以较为客观地显示科技期刊的影响范围，但仅仅局限于此，显然不足以反映科技期刊在科技知识传播过程中的实际效果。科技期刊的发行量和传播区域只是科技知识传播的必要条件，也就是说，即便一个期刊的发行和传播区域非常广泛，但这个期刊的影响力可能也是很小的，因为这些期刊可能并没有被人们接受，因此从"受众"的角度来分析科技期刊便成为研究我国近代科技期刊与科技知识传播之间关系的一种不可或缺的方式。② 由于相关的史料极为有限，笔者只能根据散见于个人传记和日记的一些片段来阐述这一问题。正如熊月之所言："学者论及西学传播的社会影响，往往就是在知识分子精英阶层中的影响，对于在一般民众

---

① 《科学画报》（第二卷）第一期《本报一年来之回顾》，1938年8月。

② "受众"这一词语主要来自宋林飞《社会传播学》，是指接受媒介的人群。大众传播媒介的普及程度究竟如何，用两个主要的标准可以衡量，一是媒介接触率；二是媒介接触时间（宋林飞：《社会传播学》，上海人民出版社1994年版，第156页）。鉴于我国近代科技期刊难以从这两个角度来分析其普及程度，这里主要是从知识分子和民众对科技期刊的接纳程度来分析。

中的影响注意不够。”①

在我国近代科技期刊大规模发展之时，我国民众和知识分子的科学素养究竟如何？我们将略举如下例子来反映我国知识分子对西方科技的了解情况，这对于分析科技期刊在传播科技知识过程中的作用无疑是必要的。

1905 年，胡适最初读《天演论》的时候，他并不了解赫胥黎对科学史的贡献，也不真正了解进化论。他们所能熟知的仍然是“物竞天择，优胜劣汰”，“适者生存，不适者淘汰”一类的口号和公式。②

徐志摩在《猛虎集》的序文中曾写到：“在 24 岁以前，我对于诗的兴味远不如我对于相对论或民约论的兴味。”1920 年徐志摩前往伦敦，当时他正在研读一本爱因斯坦写的《相对主义浅说》，他看不懂。当时与他同往伦敦的有一位学工程的中国留学生，数学和物理都很精明。徐志摩便向他请教：“你看爱因斯坦的学理怎么样？”

“我不管。”此人说。

“这事体关系很大，你们学科学的不能不管。”

“你要听他的可糟了，”此人气哼哼地说，“时间也不绝对了，地心引力也变样了，那还成世界吗？”③

他的好友张奚若曾回忆志摩说：“他对于科学有时也很感兴趣。当我 1921 年和他在伦敦重聚时，料我无论如何也猜不着他作的什么题目……原来他作了一篇爱因斯坦的相对论！”这篇题为《爱因斯坦相对论》的文章，发表在 1921 年 4 月 15 日出版的《改造》（梁启超主编）第 3 卷第 8 期上。据说梁启超先生对爱因斯坦哲学的理解就是通过志摩的这一篇文章。④ 后来徐志摩曾对梁思成说：“任公先生（梁启超）的相对论的知识还是从我徐君志摩的大作上得来的呢，因为他说他看过许多关于爱因斯坦的哲学都未曾看懂，看到志摩的那篇才懂了。”⑤

上述事实，表明在 20 世纪初，我国知识群体对西方科学理论表现了极大的关注，但了解并不是很深入，甚至有一些人还表现出抵触心理。知识群体尚且如此，普通民众的科学素养和对科学的态度就更不难想象了。在这样的环境下，创办科技杂志，传播科技知识，是增强国力的一种重要而必不可少的手段。因而在新文化运动之后，科技期刊便蓬勃发展起来，对于民众科技知识的传播起到了积极的作用，我国一些著名的科学家因科技期刊的启蒙作

---

① 熊月之：《西学东渐与晚清社会》，上海人民出版社 1994 年版，第 6 页。

② 易竹贤著：《胡适传》，湖北人民出版社 2005 年版，第 35 页。

③ 韩石山著：《徐志摩传》，北京十月文艺出版社 2004 年版，第 49 页。

④ 周黎明：《徐志摩》，湖北人民出版社 2002 年版，第 12 页。

⑤ 韩石山著：《徐志摩传》，北京十月文艺出版社 2004 年版，第 50 页。

用才逐渐走上从事科学研究之路。

1. 对知识分子的影响

科技期刊为我国知识群体展现自己的新发现和新发明提供了机会，激发了我国知识分子从事自然科学研究的激情，培育了我国本土的科技学术队伍；这些本土科研人员的成长，又加速了科技知识在民众中间的普及。

《格致汇编》出版后，我国知识分子争相阅读，王尔敏对这种状况进行了描述：

“中华知识分子对于《格致汇编》反应之强烈与普遍，其另一正确而清晰之明证，在于中国读者寄达该刊编者之通信。《格致汇编》前后发行七年，计六十册。而其中读者通信共达三百二十二件。所询问题相当广泛，大半不出科学知议范围。质询者函件，来自各省重要城市，盖随《格致汇编》发行之所及之地，即能引起读者的兴趣，并提出质疑问难。大约半数注意西方科学技术的知识与应用者，达一百二十九件（占通信者百分之四十），半数则由好奇动机而提出一些奇异问题，以求解答者，达一百八十件（占百分之五十八）。虽然，解析疑难、启发智慧，实为所有通信者之重要收获。”①

我国近代科技期刊发展史上，《格致汇编》之后，对于我国知识分子影响较大的杂志是《科学》，从许多人物传记、自传中充满感情色彩的描绘中，不难发现《科学》杂志对当时知识群体的影响。下面略举一些例证：

1915 年 3 月 2 日，叶企荪在清华学校图书馆见到从美国寄来的《科学》创刊号，立刻被吸引，3 月 27 日在日记中感叹道“吾国人不好科学而不知 20 世纪之文明皆科学家之赐也！”这个刊物对他的影响很大。②

1927 年初，赵亚曾写成《南京栖霞山石灰岩之地质时代》，请翁文灏审阅。翁文灏阅后立即推荐给了《科学》杂志，并作短文热情介绍③。

华罗庚在十几岁时就爱读《科学》杂志。20 岁时，他在自学中发现苏家驹的论文《五次代数方程求解》中有一个 12 阶的行列式错误，就写了处女作《苏家驹之代数的五次方程解法不能成立之理由》，发表在 1930 年的《科学》第 15 卷第 2 期上。由此，他被清华大学数学系主任熊庆来邀请至数学系。在这一期杂志出版之后，《科学》杂志社还给华罗庚邮寄了一本。华罗庚见到后欣喜若狂，眼泪不由自主地从他深陷的眼窝里流出来，他为自己初步的成功高兴，并感激《科学》杂志编辑部能够不抱偏见，不迷信大教授、不藐视小

---

① 王尔敏：《上海格致书院志略》，香港中文大学出版社 1980 年版，第 34 ~ 35 页。

② 虞美昊、黄延复著：《中国科技的基石——叶企孙和科学大师们》，复旦大学出版社 2000 年版，第 38 页。

③ 戴光中著：《书生本色——翁文灏传》，杭州出版社 2004 年版。

人物，肯把他这个小地方的小人物的论文发表出来和有名的大教授进行争鸣①。

朱炳海曾回忆到：“我在大学毕业前，从美国天气月刊上看到威列特博士一篇论雾的长篇论文。我试着翻译，译了一半，进研究所后，送给竺（竺可桢）先生看，他鼓励我将文章译完。对译文他看得非常认真，逐字逐句核对原文，并对译文进行润饰修改。全文共五万多字，他将该文介绍给《科学》发表，分3期登完，以后又由气象研究所归并，用《雾与航空》的书名出版。他如此重视一个大学刚毕业的青年，使我受到很大的鼓舞，这是我一辈子忘不了的。”②

王应睐在燕京大学研究院当研究生时，他研究的问题包括，酶对蛋白质的作用，如氯仿、甲苯防腐剂对蛋白质被消化的影响，豆浆同牛奶消化率比较等。经过多年研究，1934年，《中国生理学》杂志发表了他的第一篇论文《豆浆与牛奶的消化能力在体内与离体条件下的比较》③。

1920年夏天，胡先骕在浙江采集标本，1921年春，胡先骕带队去江西、赣州、宁都、建昌、广信、南昌等地考察，采集到的标本经他整理后，于1921~1924年相继写出《浙江植物名录》、《江西植物名录》（附福建崇安县植物）、《浙江菌类采集杂记》、《江西浙江植物标本鉴定名表》和《增订浙江植物名录》等，陆续发表在《科学》杂志上④。

此外，其他一些科技期刊如《地质学报》、《自然界》、《数理杂志》等也引起了知识分子普遍的关注，对于我国科技人才的培养起到了一定的促进作用。

夏元瑮仅用几个月的时间，译完了爱因斯坦的名著《相对论浅释》（今译为《狭义与广义相对论浅说》），并于1921年4月发表于《改造杂志》。这是我国第一本有关相对论的译书⑤。

1928、1929年，丁文江两次到西南地区考察，他将考察的成果撰写成论文，加以总结。他撰写的《川广铁路路线初勘报告》发表在《地质学报》乙种第四号上。他还用统计方法从事古生物学研究，写成了《丁氏石燕及谢氏

---

① 新蕾出版社编辑：《科学家的童年》（三），新蕾出版社1983年版，第16页。

② 张彬著：《倡言求是培育英才——浙江大学校长竺可桢》，山东教育出版社2004年版，第216页。

③ 王樵裕等编辑：《中国当代科学家传》（第一辑），知识出版社1983年版，第7页。

④ 胡宗刚著：《不该遗忘的胡先骕》，长江文艺出版社2005年版，第49页。

⑤ 《科学家传记大辞典》编辑组编辑：《中国现代科学家传记》（第二集），科学出版社1991年版，第131页。

石燕的宽高率之统计研究》，发表在《地质学会会志》第 11 卷上[①]。

1925 年鲁迅先生给友人的信中曾感叹道："单为在校的青年计，可看的书报实在太缺乏了，我觉得至少还该有一种通俗的科学杂志，要浅显而且有趣的。可惜中国现在的科学家不大做文章，有做的，也过于高深，于是就很枯燥。"[②] 因此次年《自然界》问世后，鲁迅先生出于对科学事业的热忱，就在 1930 年翻译了《药用植物》一书，分两次发表在《自然界》上。

傅种孙从学生时代起就积极参加学术活动。《数理杂志》上几乎每期都有他的论文或译文。1918 年创刊号发表他的论文"大衍（求一术）"，是用近代数学研究中国古算的创举，影响深远。中国算术史专家李俨说他自己最初就是由"大衍（求一术）"这篇文章引起研究中国古算史的兴趣的[③]。

李四光曾对黄山进行考察，并把所得资料用英文写成《安徽黄山之第四纪冰川现象》，发表在 1936 年 9 月出版的《中国地质学会志》上。这篇论文虽不到 3000 字，却引起了中外学者们的极大关注。当时，有一位在中国教书的知名冰川学家费斯曼教授，读了李四光的文章，大为吃惊。两次跑到黄山去看冰川遗迹。回来后，他高兴地连声说："看到了，看到了！"并立即给德国的《土壤冰川杂志》写了文章。李四光对中国第四纪冰川的贡献，第一次得到国外科学家的公开承认[④]。

陈遵妫[⑤]观测了 1933 年的狮子座流星群及 1934 年的武仙座新星，有关的论文如《民国二十五年六月十九日日全食》等，都刊登在当时中国唯一的天文刊物《宇宙》杂志上[⑥]。

著名科学家贾兰坡中学毕业后"几乎每天都去北京图书馆读书。他对地学、生物学等自然科学书刊格外感兴趣，当时出版的《禹贡》、《旅行家》等都是他所喜爱的地学刊物。"[⑦]

1933 年，刘慎谔筹建了我国第一个植物园，并栽植了大量树木。在这一时期，他结合各地考察所获的大量第一手资料和植物标本，悉心研究植物因气候、地势、土壤和人为活动影响的分布规律以及植物分区特征，在 1934 年的《国立北平研究院植物研究所丛刊》，发表了《中国北部西部植物地理概

---

① 翟忠义：《中国地理学家》，山东教育出版社 1989 年版，第 437 页。

② 鲁迅：《通讯》，载《华盖集》，人民文学出版社 1980 年版，第 16 页。

③ 《科学家传记大辞典》编辑组编辑：《中国现代科学家传记》（第二集），科学出版社 1991 年版，第 22 页。

④ 陈群等：《李四光传》，人民出版社 1984 年版，第 102 页。

⑤ 陈遵妫，1901～1991 年，天文学家。

⑥ 《科学家传记大辞典》编辑组编辑：《中国现代科学家传记》（第二集），科学出版社 1991 年版，第 307 页。

⑦ 同上，第 334 页。

论》和《河北渤海湾沿岸植物分布之研究》两篇重要的论文，在1936年的《生物学》杂志上发表《中国南部及西南部植物地理概要》等论文，这些论文最早向民众传播了关于我国植物和地理方面的科学知识①。

1935年，中国第一个全国性的昆虫学会“昆虫趣味会”正式成立，一个月后，第一个群众性的昆虫学杂志《趣味的昆虫》创刊号出版了。刊物的第一期是科普性的，在一篇名为《昆虫与植病》的文章中写道：“南通出现了一种半通俗性质的昆虫学杂志。”杂志主编周尧在回忆录中写道：“我们看到这介绍后很生气，决心提高杂志的质量，使它成为提高性和带有研究性的杂志，印刷和稿件的质量都有一些改进。我在那杂志上发表过一些很肤浅的文章，我以后再看到它们时，感到很惭愧，主要是科学态度不够严肃，有错误。”②

上述这些史料表明，我国近代的知识分子与科技期刊之间有良好的互动关系，一些科技期刊成为知识群体阅读和接受的重要对象。正是因为科技期刊的引导，一些知识分子养成了正确的科学态度，获得了从事科学研究的自信，树立了毕生研究科学的决心，其影响不可谓不大。

2. 对民众科技知识和科技观念的影响

由于科技期刊的大量增加，我国科技期刊的类型越来越多样化，既有刊登科学研究成果的学术性较强的刊物，如一些专业学术群体创办的学术刊物，也有一些向大众普及科技知识的综合性科技期刊。很多期刊都设有普及性的栏目，以向普通民众传播科技知识为主要目的，这就使我国近代科技期刊在传播科技知识方面具有独特的意义。

以进化论的传播为例，从19世纪70年代开始，达尔文的进化论就已经被零散地译介给中国人。根据笔者对我国近代科技期刊中关于进化论文章的统计，从1870年到1915年间，我国科技期刊中《格致汇编》和《科学》刊载的关于进化论的论文有25篇，这些论文为民众了解进化论知识，树立正确进化论思想起到了一定的作用。

从《格致汇编》杂志中的“互相问答”专栏所提供的信息，不难窥探出近代科技期刊在民众中间的影响。这一专栏主要是对读者询问的答复，偶尔也刊登读者来稿。创刊的头两年，分别刊出96件和123件。第三年刊出了50件，第三年末至第四年第五卷曾停出半年，后应读者的要求恢复，又刊出25件。1890年至1892年三年中仅刊登29件。尽管如此，编者对读者的答复还

① 《科学家传记大辞典》编辑组编辑：《中国现代科学家传记》（第二集），科学出版社1991年版，第484页。

② 九三学社中央研究室编：《中国科学家回忆录》（第一辑），光明日报出版社1988年版，第64~65页。

是很认真的。有些问题，如关于电镀、农机具、潜水器具、养蜂法、照相法、纺织机械、石印术等，后来还写成论文在《格致汇编》上发表过，使读者能够了解到其详细的情况。据熊月之的统计，《格致汇编》的“互相问答”栏目提问者注明籍贯的有260人次，具体的分布情况如表6－2：

表6－2 《格致汇编 互相问答》提问者分布情况①

地区	上海	浙江	江苏	广东	福建	山东	湖北	香港	辽宁	安徽	直隶	江西	北京	其他	总计
人数	52	45	34	30	28	21	12	6	3	2	2	2	1	6	260

《科学》杂志从第14卷第7期起，辟有“科学答询”专栏，解答读者的疑问。这个栏目登载了读者提问的很多疑难问题，编者与读者之间的交流甚为频繁，而且《科学》杂志为读者解答问题时，以极为虔诚的态度，想读者所想，引导读者了解科学。有些问题如果杂志编辑不能够彻底解释的话，他们会向读者推荐相关的阅读材料，或者会在以后继续关注该问题，显示了严谨求实的学风。而从民众提问问题的范围和语言来看，也不难看出《科学》杂志与民众之间的良性的互动，杂志对民众的影响之大。

这些问题的范围涵盖面极为广泛，涉及天文、生物、化学、物理、地理和工程等各门学科，问题的提问灵活多样，反映出读者对《科学》杂志的信任和杂志在民众的影响力。在1915年的《科学》杂志第四期上，登有一则读者提问的问题，反映科技知识与工业发展的关系：

“鄙人在滇省设有针织厂及丝染工厂一处，今拟添设电石工厂及煤气并其副产物造靛厂……，请贵社详细示以此项工程之学说。”②

不仅如此，《科学》杂志还针对当时卫生知识的缺乏，推出许多面向普通大众的栏目，如1917年第三卷第七期的启示：

“谋富强者注意：富国之本首在实业，强国之本首在卫生。衣食不足廉耻偕亡，身之不健国家何有科学？有鉴及此，于第三卷第四期增卫生谈，广收饮食起居之常识，胪陈嗜好习尚之利害。于第三卷第三期起增实业文专论中国以往实业之得失，搜罗他国经商制造之新知识，一为养生之宝筏，二为工商之智囊，读者幸勿交臂失之。”

为了达到与民众互动的目的，传播科技知识，宏扬科学精神，许多科技期刊都开设有问题解答专栏，解答民众的科学困惑。《科学画报》在出版一年之后，认为：

“至于替读者解答咨询疑问，也是本报极愿尽的义务，不过因为本刊篇幅

① 熊月之著：《西学东渐与晚清社会》，上海人民出版社1994年版，第431页。

② 中国科学社编：《科学》（第15卷）第4期，问题16。

有限和问题性质复杂的关系，每每不能一一详解，这也是一种现况，希望将来可以有补救的办法。"①

这也可以看出，杂志对民众问题的重视，杂志被民众所接纳的程度便不难领会了。

此外，《科学》对民众的影响表现在其对科学精神和科学世界观的传播上。美国学者郭颖颐认为，《科学》是以发表一系列有关科学的专业文章为宗旨的，但"直到20年代末，它每一期的首篇文章都为采取科学世界观辩护。这些文章后来被汇集成一本论科学的通俗读物《科学》总论，由该学会于1919年出版。题目都是有代表性的：'科学的精神'、'科学的方法'、'科学与宗教'、'科学与道德'、'科学的人生观'等等，把科学引入生活的各个领域。"②

在贴近普通大众方面，一些科技期刊也殚精竭虑，《科学世界》第一卷第一期的本刊启示中，这样写道：

"本刊以普及科学运动为宗旨，故对于自然界各种观念，除专文着重介绍外，其余不及论述的问题，及日常发生之新奇事实，当然极多。本刊同人不揣冒昧，敢向国人征求关于自然科学上各种疑难问题，及动植物，岩石矿物标本之定名等事项，同人等必能尽力解答。""本刊同人大部分均在国内各学术研究机关服务，及在国外从事研究工作，故同人等对于近代科学上各项问题，均愿设法直接或间接求其解答以符雅望。读者无论对于数学、天文、物理、化学、生物、地质、地理、气象、心理及农、工、医学等疑问，请直接通函。"

可以看出，近代科技期刊在向民众传播科技知识过程中具有重要的作用，正是依赖这些科技期刊，国外一些新兴的科技知识才被我国民众所接受。

---

① 中国科学社编：《科学画报》（第二卷）第一期《本报一年来之回顾》，1938年8月。

② ［美］郭颖颐著，雷颐译：《中国现代思想中的唯科学主义（1900～1950）》，江苏人民出版社1995年版，第11页。

结　语

通过上述有限的考察，我们感到，我国近代科技期刊的主题分布与世界科技的整体发展水平、我国知识群体对本土国计民生的理解和认识以及我国近代社会的变迁存在密切的关系，科技知识的传播深受这些因素的影响，这使我国近代科技期刊在传播科技知识方面体现了一些独有的特征。

（1）从科技期刊的主题分布来看，我国近代科技期刊较为及时地传播了西方重要的科技成果，而且一些期刊从我国的实际需要出发，适当地刊载一些对我国民众有实际用途的科技知识，体现了我国近代科技期刊在传播科技知识方面的独特作用。科技知识是没有国界的，但在一个特定的时间内，究竟传播哪些科技知识，却是受一个时代的社会的实际需要制约的。电的发明和应用便是一个较为明显的例子。由于电的发明彻底改变了人们的生活方式，与电有关的一系列研究，在西方科技发明史上占据着主要的地位；因而关于电的发明和应用的研究在我国近代科技期刊的主题统计中，成为一个持续且普遍重视的主题。从最初对国外电的应用的消息的报道，到对我国推广和使用电的实际研究，直至对电的各类理论的研究，我国近代科技期刊在传播电的知识和技术方面，体现了我国特殊的社会需求，也符合人们对新生事物的接受规律。其他科技知识的传播也体现了同样的特征。这表明在科技知识普及过程中，科技期刊作为一种传播载体，并不是没有价值因素地介入的，社会的实际需要在我国近代科技期刊的发展中始终是一个重要的致因。

（2）从近代科技期刊对民众的影响来看，我国早期的科技期刊在普及科技知识、传播科学精神方面具有不可抹杀的作用，尽管这种作用的大小是难以客观估量的。这不仅是因为科技期刊传播的范围广阔、具有极强的时效性，产生了巨大的社会教育效应，而且因为许多科技期刊是以普及科技知识为目的，开辟有专门的科学教育专栏。学校中的科学教育尽管具有极强的针对性，但学校教育的时间毕竟是短暂的。在我们收集的许多科学家的人物传记中，许多科学家之所以能够在科学研究的大道上坚持不懈，与科技期刊潜移默化的引导作用是密不可分的，而对于科学精神的培育就更有着难以估量的效果。从科技期刊与民众之间互动的分析中，不难看出科技期刊在传播科技知识、引导民众科学观念方面所发挥的作用。正是在这种互动过程中，民众与科技知识之间的距离在缩短，科技的神秘面纱才逐渐被揭开，从而进入到普通民众中间。

（3）我国近代科技期刊、正规的学校科学教育、书籍和科普场馆，是完成科技知识传播的重要的基本要件。这四大要件由于自身的独特性，在传播科技知识过程中所发挥的功能是不同的，从科技知识普及的角度来看，它们虽然各有分工，但却是相互渗透的，就我国近代科技知识的传播而言，它们都发挥了重要的作用。就我国近代科技期刊所传播的内容及影响来说，我们的研究虽然提供了我国近代科技期刊传播的科技知识的大致范围，也对近代科技期刊的社会影响做了一些简要的剖析，但这些分析是远远不够的。近代科技期刊所传播的科技知识，究竟在多大程度上被我们民众和知识分子所接受和内化，近代科技期刊对我国近代科技知识的发展究竟有多大作用，这些问题对于我国近代科技期刊的研究是重要的，但却是一个较为棘手的问题。因而，对于我国近代科技期刊在普及科技知识和传播科学理念方面的研究，仍然是一个值得进一步深入探讨的问题。

近代科技期刊的主题分析表明了科技期刊在引导一个时期民众科学观念方面所发挥的巨大作用。科技知识的传播是一方面，而科学精神的塑造则是另一更为深层的方面。据蔡德诚先生对科学精神内涵的研究，“科学精神的内涵包括六个方面：客观的依据、理性的怀疑、多元的思考、平权的讨论、实践的检验和宽容的激励。”① 按此要求来衡量我国近代科技期刊，应该看到，我国近代科技期刊在传播科技知识方面的筚路蓝缕之功，但科学精神的塑造却是任何一种知识的传播所难以取代的。作为重要的传播科技知识的载体，我国近代许多科技期刊由于社会的动荡，经历了中断、复刊和再中断等曲折的过程，这使我国近代科技期刊在科学精神的培育方面，自有许多有待改进之处。尽管我们也从近代科技期刊的许多编辑对科学精神培育的大声呼吁中，可以看出近代科技期刊编者们所竭力主张的传播理念，但近代科技期刊中，除少数的期刊外，对技术与知识的重视，超越了对科学理念和科学精神的重视，这是一个科学普及过程中值得警醒的问题。对于我国目前的科学教育而言，传播技术、倡导科学的思维方式固然重要，但在传播技术和知识的过程中，发掘这些知识背后隐含着的科学精神，也许更显迫切。

---

① 韦钰、［加］P. Rowell 著：《探究式科学教育教学指导》，教育科学出版社 2005 年版，第10页。

附 录

附录一①：中国近代科技期刊总览表（1910～1949）

刊物名称	出版机构	时间
地学杂志（季刊）	北平中国地学会	1910.1～1937.3
观象丛报（月刊）	北京中国天文学会	1915.7～1921.9
科学	上海中国科学社	1915.1～1950.12
南通军山气象台年报	南京中央研究院气象研究所	1917～1925
数理杂志（季刊）	北京高等师范学校	1918.1～1925.12
生物学杂志（季刊）	武昌师范大学生物学会	1918.6～1925.？
中国工程学会会报	上海该会	1919.11
数理化杂志（半年刊）	北京高等师范学校数理化研究会	1919～23
数理杂志（季刊）	北京大学数理学会	1919.1～1921.3
理化杂志（半年刊）	北京师范大学理化学会	1919.5～1927.7
地质汇报（不定期刊物）	北平地质调查所图书馆	1919.7～1948.？
地质专报（不定期）	南京中央地质调查所	甲1920～1947 乙1919～1937；丙1921～1945
数理化	南京东南大学数理化研究会	1920.5～1924.6
（国立）北京大学地质学会会刊（不定期刊物）	该会	1920～1931
科学世界（月刊）	上海南洋公学出版社	1920.4～6
科学世界（月刊）	上海科学仪器馆科学世界社	1903.2～1904.11、1921.7～1922.7
科学常识杂志	北京科学常识杂志社	19？～1922.11
中国科学社论文专刊（不定期）	上海该社	1922～1926
中国地质学会会志（季刊）	北京该会	1922～1951
气象月刊	北京中央观象台	1922.1～9
观象汇刊（月刊）	北京中国天文学会	1923
科学周报	上海民国日报馆	1924.4～8
中国天文学会会报（年刊）	南京该会	1924.？～1932.？

① 本附录根据《（1833～1949）全国中文期刊联合目录》（增订本）整理而成。

续表

刊物名称	出版机构	时间
青岛市观象台月报	该台	1924～1936
国学月报	北京述学社	1924.5～1929.7
气象学报（季刊）	上海中国气象学会	1925～1949
工程（双月刊）	上海中国工程师学会	1925.3～1948.4
理化（半年刊）	国立武昌师范大学理化学会	1925.4
工程学报	上海南洋大学工程学会	1925.6
（国立）北京大学化学会年刊	该校	1926
自然界（月刊）	上海自然界杂志社	1926.1～1932.1
（国立）中山大学气象观测所报告	广州该所	1927～1929
两广地质调查所年报	广州该所	1927～1934
地质年报	广州两广地质调查所	1928
南京气象月报	南京国立中央大学地学系气象测候所	19？～1928.7
国技周报	上海中华国技学会	1928
科学丛刊（年刊）	上海沪江大学科学社	1928～1934
青岛节候表（年刊）	青岛市观象台	1928～1937
气象月刊	南京国立中央研究院气象研究所	1928.？～1937.1
自然科学（季刊）	广州中山大学	1928.3～1937.6
气象季刊	南京中央研究院气象研究所	1928.1～12
理科学会会刊	天津南开大学该会	1928.？～1929.5
气象年报	南京国立中央研究院气象研究所	1928～1933
理工学报	上海复旦大学理工学会	1928.6
（国立）中央研究院天文研究所年度报告	南京该所	1928～1934
地理杂志	南方中国方志学会	1928.7～1936.7
（国立）中央研究院地质研究所集刊	南京该所	1928.11～1930.12
中华自然科学社年刊	南京该社	1929
工程	上海交通大学	1929.1
气象月报	南京中央大学地学系气象测候所	1929.1
理科季刊	开封中山大学	1929.12～1930.6
（国立）中央研究院气象研究所集刊（年刊）	南京该所	1929～1935
湖南地质志	长沙湖南省地质调查所	19？～1930

续表

刊物名称	出版机构	时间
科学月刊	上海科学文化社	1929. 1 ~ 1931. 9
河南大学理学院季刊	开封该院	1929. 1 ~ 1931. 2
(国立) 中央研究院天文研究所集刊 (不定期)	南京该所	1929. 6
地球 (月刊)	北平女子师范学院地球社	1929. 10 ~ 1930. 1
自然科学季刊	国立北京大学自然科学季刊委员会	1929. 10 ~ 1935. 9
自然科学研究所汇报	上海该所	1929 ~ 1938
(国立) 中央研究院工程研究所专刊	南京该所	1930
(国立) 中山大学地理学系报告集刊	该系	1930 ~ 1931
工程译报 (季刊)	上海工务局	1930. 1 ~ 1932. 2
(国立) 中央研究院气象研究所高层气流观测记录	南京该所	1930 ~ 1934
理科学报 (半年刊)	天津南开大学理科学会	1930. 2 ~ 1935. 2
科学世界	上海沪江大学	1930. 4 ~ 5
地学汇刊	北平国立清华大学地学会	1930. 5
气象年报	吉林省立大学理学院	1930
中国天文学会变量观测委员会年报	广州中山大学天文台	1930 ~ 1931
气象月刊	吉林省立大学理工学院试验室	1930. 8 ~ 1931. 6
数学季刊	北平师范大学数学会出版股	1930. 6 ~ 1934. 7
北平研究院动物学研究所中文报告汇报	该院出版部	1930. 7 ~ 1949. ?
土木工程 (半年刊)	杭州浙江大学土木工程学会	1930. 3 ~ 1935. 3
气象年报	昆明一得测候所	1930 ~ 1935
气象月刊	重庆四川中国西部科学院农林研究所测候部	19? ~ 1937
(国立) 武汉大学理科季刊	武昌该校	1930. 9 ~ 1948. 3
(国立) 中山大学天文台 (双月刊)	该校	1930. 2 ~ 1937. 2
自然科学季刊	沈阳东北大学自然科学会	1930. 12
地震报告 (半年刊)	青岛市观象台	1931 ~ 1932
(国立) 山东大学化学系试验室报告 (不定期刊)	青岛该校	1931 ~ 1936
中华自然科学社社闻	重庆该社	1931. 8 ~ 1944. 8

续表

刊物名称	出版机构	时间
气象月报	青岛市观象台	19？ ~ 1931.6、1946.11~1949.10
气象月报	济南山东省建设厅气象测候所	1931.6 ~ 1936.？、1947~1949
（国立）中央研究院地质研究所丛刊	南京该所	1931.8~1948.11
地震专报	北京鹫峰地震研究所	19？~1932.12
（国立）中央研究院天文研究所专刊	南京该所	1932~1933
气象季刊	北平清华大学气象台	1932.1~1936.12
地学季刊	上海中华地学会	1932.7~1936.3
工程季刊	广州广东土木工程师会	1932.10~1936.12
气象季刊	保定河北省立农学院气象观测所	1932.3~1937.3
（国立）中央大学科学研究录（不定期）	该校理学院	甲：1930.4~1936.6、乙：1930.4~1936.5
抵抗（周刊）	上海抵抗周刊社	1932.1
北平研究院动物学研究所丛刊	该院出版部	1932.1~1937.2
工程周刊	上海中国工程师学会	1932.1~1937.5
自然	开封河南省立第一师范学校自然科学研究会	1932.5
清华大学土木工程学会会刊（不定期刊物）	该会	1932.6~1949.？
中国物理学会年会报告	北平该会	1932~1936
沪大科学（半年刊）	上海沪江大学科学社	1932.7~1936.11
河南省地质调查所汇刊（年刊）	开封该所	1932.7~1937.1
科学周刊	上海	1932.8~11
气象月刊	成都国立四川大学理学院物理试验室	1932.8~1942.7
科学世界（月刊）	南京中华自然科学社	1932.11~1950.12
气象季刊	无锡江苏省立教育学院气象观测所	1932.12~1937.1
气象月刊	长沙湖南棉业试验场气象组	1932~1938
河南开封一等测候所气象年报	开封该所	1933
土木工程（周刊）	南京国立中央大学土木工程学会	1933
气象年报	长沙湖南省棉业试验场气象组	1933~1935
厦门大学算学学会会刊	该会	1933~1936
气象月刊	武昌珞珈山武汉大学测候所	1933.？~1936.9

续表

刊物名称	出版机构	时间
科学丛刊	广州中山大学出版委员会	1933. 1
科学丛刊（半年刊）	青岛山东大学出版委员会	1933. 1 ~7
（国立）山东大学科学丛刊（半年刊）	青岛该校	1933. 1 ~7
工程学报（月刊）	广州国民大学工学院土木工程研究会	1933. 1 ~1936. 12
中国西部科学院地质研究所丛刊（不定期）	重庆该所	1933. ？ ~1934. 5
地政月刊	南京中国地政学会	1933. 1 ~1937. 3
地理学季刊	广州中山大学地理学系	1933. 3 ~1934. 3
中国化学会会志（季刊）	北平该会	1933. 4 ~1949. 5
科学知识（半月刊）	上海中外出版公司	1933. 6 ~1934. 1
理工杂志（半年刊）	上海震旦大学理工学院	1933. 6 ~1937. 6
武昌气象月报	武昌国立武汉大学测验所	1933. 7 ~1936. 9
河南博物馆自然科学汇报	开封该馆	1933. 7 ~1934. 1
科学画报	上海科学技术普及协会	1933. 8 ~1949
河南省地质调查所地质报告书（不定期刊物）	开封该所	1933. 11 ~1936. ？
土木（月刊）	南京中央大学土木工程研究会	1933. 11 ~1935. 4
复旦大学土木工程学会会刊	上海该会	1933 ~1936. 8
大众科学季刊	成都华西大学煌华学会	1933. 11 ~1936. 8
（国立）中央研究院地质研究所专刊	南京该所	甲：1933 ~1936、 乙：1934 ~1947
地震季报	南京国立中央研究院气象研究所	1933 ~1937
南开大学应用化学研究所报告书（年刊）	天津该所	1933 ~1937
通俗自然科学（月刊）	通俗自然科学社	1933 ~1934
工程月报	衡阳粤汉路株韶段工程局	1933 ~1936
气象年报	济南山东省建设厅气象测候所	1933 ~1938
科学的中国（半月刊）	汉口中国科学化运动协会	1933 ~？
科学丛刊	上海沪江大学科学社	1934
气象月报	太原山西省林业试验场	1934
气象季刊	无锡太湖流域水利委员会	1934

续表

刊物名称	出版机构	时间
湖南地质调查所专报（年刊）	该所	甲种：1934.9～1938.8、乙种：1936
中国西部科学院生物研究所丛刊（月刊）	重庆该所	1934.1～2
理科期刊（半年刊）	上海光华大学科学会	1934.1～1935.6
地质专报	开封河南省地质调查所	1934～1935
中国化学工程杂志（季刊）	上海中国化学工程学会	1934～1936
化学（双月刊）	北京中国化学会	1934.1～？
北平研究院化学研究所丛刊	该院出版部	1934.1～1937.4
地理月刊	国立北平师范大学地理学会	1934.2～7
科学教育	南京金陵大学理学院	1934.3～1937.6
大众科学	上海中国大众科学社	1934.4
地学集训（季刊）	北平国立清华大学地学会	1934.4～1948.12
地磁月报	青岛市观象台	1934.？～1935.6
厦门大学自然科学丛刊	该校	1934.？～1935.11
之江土木工程学会会刊（不定期刊物）	杭州之江文理学院该会	1934.5～1935.12
气象月刊	重庆大学测候所	1934.7～1937.6
中国西部科学院理化研究所丛刊（不定期刊物）	重庆该所	1934.7～1939.？
地理学报（双月刊）	北京中国地理学会	1934.9～1949
科学时报（月刊）	北京世界科学社	1934.10～1948.10
生物世界（月刊）	广州国立中山大学生物学会	1934.11～1937.7
地政新闻索引（月刊）	南京中央政治学校地政学院研究室	1934.11～1937.2
中国植物学杂志（季刊）	北平中国植物学会	1934.3～1952.6
（国立）武汉大学土木工程学会会刊（不定期刊物）	武昌该会	1934.12～1937.5
气象学报第十周年纪念号		1935
气象月报	国立北平研究院出版部	1935～1936
气象年刊	镇江江苏省建设厅省会测候所	1935～1936
（国立）中央研究院物理研究所集刊（不定期刊物）	该所	1935～1936
气象月报	江苏省立淮阴农业学校测候所	19？～1936

续表

刊物名称	出版机构	时间
(国立)中央研究院化学研究所研究报告(不定期)	南京该所	1935~1937
地政论文撮要(月刊)	南京中央政治学校地政学院研究室	1935.1~1937.3
机械工程(半年刊)	贵州遵义浙江大学机械工程学会	1935.6~1944.4
科学教育(双月刊)	广州中华科学教育改进社	1935.7
河南气象月报	河南省政府建设厅开封气象测候所	1935.7~1937.?
气象月刊	广州市气象台	1935.7~1937.8
中国西部科学院特刊	重庆该院	1935.4
气象月刊	镇江江苏建设厅省会测候所	1935.4~1937.3
北平研究院生理学研究所中文报告汇报	该院出版部	1935.4~1937.3
气象月刊	西安西京筹备委员会翠华山测候所	1935.8~1937.4
上海无线电(月刊)	上海无线电研究社	1935.11~12
科学介绍	上海交通大学科学社	1935.12
工程季刊	杭州国立浙江大学	1935.12~1945.?
海产生物学集刊	厦门大学理学院海产生物研究场	1936
气象月报	西安陕西省水利局西安测候所	1936
福建省气象年刊	福建省立福州测候所	1936
厦门大学海产生物研究场场刊	该场	1936~1937
中国昆虫界(月刊)	江苏南通昆虫趣味会	1936.1~2
自然(周刊)	上海自然科学研究所	1936.1~11
气象月刊	南宁广西省政府气象所	1936.1~1936.6
气象月报	云南省立昆明科学馆气象测候所	1936.1~1946.?
地质评论(双月刊)	北平中国地质学会	1936.2~1951.?
工程月刊	广州国民大学工学院土木工程研究会	1936.3~9
生物科学杂志(季刊)	南京谦衷生物科学材料社	1936.3~1937.2
小科学(半月刊)	天津小科学半月刊编辑部	1936.4
地学周刊	北平地学周刊社	1936.4~1937.5
生物学杂志(季刊)	北平中国生物科学学会	1936.4~1937.4
地理教育(月刊)	南京中央大学地理系中国地理教育研究会	1936.4~1937.7
福建气象月刊	永安福建气象局	1936.5~1942.12

续表

刊物名称	出版机构	时间
理科年刊	梧州广西大学理学院同学会	1936.6
理工	日本东京理工协会	1936.6～1937.1
宇宙奇观	上海雪鸿书社	1936.7
理科论丛（季刊）	日本仙台市中华留日帝国大学理科同学会	1936.7～11
中国数学会年报（半年刊）	上海该会	1936.8～1937.2
数学杂志（季刊）	上海中国数学会	1936.8～1939.11
化学通讯（不定期刊物）	南京国立中央大学	1936.8～1949.12
机械工程（季刊）	北平中国机械工程学会	1936.10～1937.1
天文台（月刊）	上海天文台部	1936.11～1949.2
大地（月刊）	广州国立中山大学地质学会	1937.1～1940.2
地理教学（季刊）	国立北平师范大学地理系	1937.1～1947.12
地政季刊	南京中国地政学会	1937.3
大众机械（月刊）	广州大众机械杂志社	1937.2～4
工程季刊	北平国立清华大学	1937.3～1941.
教育与科学（不定期刊物）	昆明云南教育与科学编委会	1937.3～1949.12
少年科学杂志（半月刊）	上海少年科学杂志社编	193？～1937.5
厦门大学气象台月刊	该台	19？～1937.4
地政学院通讯（月刊）	重庆中央政治学校地政学院	1937.？～1938.10
化学杂志（季刊）	青岛国立山东大学化学社	1937.3
杭工电机	杭州电机工程学会	1937.4
科学文库	上海中国科学社	1937.5
科学天地（月刊）	上海科学出版社	1937.5
金陵大学理学院通讯（不定期刊物）	南京该院	1937.5～1939.4
气象年报	成都四川省政府建设厅	1937～1941
科学大众（月刊）	北京科学大众月刊社	1937.6～8、1946.10～现在
地理集刊（不定期刊物）	广东坪石国立中山大学地理学系	1937.6～1943.6
大众科学月刊	重庆大众科学社	1937.9
湖南地政月报	长沙湖南省地政局	1937.9～11
战时画报	上海新中华图书公司	1937.9～11
地质专报	福州福建省政府建设厅	1938

续表

刊物名称	出版机构	时间
（国立）中央研究院地质研究所简报	重庆该所	1938
大众科学月刊	上海华商美星明记卷烟公司	1938.1
上海无线电（周刊）	上海无线电周刊社	1938.4~7
气象论丛	福建省气象局	1938~1941
广东地政（季刊）	广东省地政局	1938.3 ~ 9，1947.4 复刊，期数另起
中大电声（季刊）	重庆中央大学电工学会	1938.5~1939.6
地质丛刊（不定期刊物）	重庆四川省地质调查所	1938.7~1945
地政通讯（月刊）	福建省地政局	1938.10~1943.10
地理与旅行	中山大学地理学会	1939
地政季刊	广东省地政局	1939.？~1940.3
江西省地质调查所工作报告（不定期刊物）	南昌该所	1939~1946
工程月刊	重庆中国工程师学会工程月刊社	1939.1~2
科学园地（月刊）	上海青年科学社	1939.1~8
地质汇刊（不定期刊物）	萍乡江西省地质调查所	1939.1~1948.10
科学月刊	北平科学月刊社	1939.2~1931.9
（国立）中央大学土木水利工程学友会会刊	重庆该会	1939.4
生物学报	成都四川大学理化院生物学会	1939.5
甘肃科学教育馆学报	兰州该馆	1939.5~1940.5
土木（不定期刊）	杭州国立浙江大学	1939.5~1949.3
科学趣味	上海科学趣味社	1939.6~1942.6
科学知识月刊	泰和江西省立科学馆	1939.6~1942.10
青年科学	重庆中国青年科学社	1939.7~1940.？
化学通讯（半年刊）	杭州国立浙江大学化学学会	1939.10~1940.10
气象月报	福州福建省气象局	1939.？~1940.12
工程（季刊）	上海工程专科学校	1939.12~1940.12
气象报告（年刊）	南京水利委员会一等气象测候所	1940~1942
福建省气象简报（月刊）	永安福建省气象局	1940.1~1942.？
气象旬报	成都四川省气象测候所	1940.1~1945.12
地政通讯（周刊）	广东省地政局	1940.5~1944.9
科学仪器与科学教学（月刊）	成都四川省科学仪器制造所	1940.6~9

续表

刊物名称	出版机构	时间
艺林	厦门艺林社	1941
复旦土木工程	上海复旦土木工程学会	1941. 1
科学杂志	上海科学杂志编委会	1941. 1 ~ 1942. 4
四川气象月报	成都四川省气象测候所	1941. 1 ~ 1942. 12、1948. 3 ~ 4
人与地（月刊）	重庆地政研究所人与地月刊社	1941. 1 ~ 1943. 120
地学	四川三台国立东北大学地理学会	1941. 4
地球物理专刊（不定期刊物）	南京中央地质调查所	1941. 2 ~ 1945. 2
地理	南京中国地理研究所	1941. 4 ~ 1949. 12
化学通讯	长沙国立湖南大学化学会	1941. 5
英大土木	金华浙江省立英士大学工程学会	1941. ？ ~7
化学通讯（不定期刊物）	厦门国立大学化学会	1941. 6 ~ 1946. 6
天气（不定期刊）	永安福建省气象局	1941. 6 ~ 1944. 4
气象通讯（月刊）	永安福建省气象局	19？ ~1943. 9
科学教育季刊	成都四川省立教育科学馆	1941. 7 ~ 1942. 10
数理月刊	上海数理月刊社	1941. 10
通俗科学（双周刊）	兰州甘肃科学教育馆	1941. 11 ~ 1947. 7
科学丛谈（月刊）	北京科学丛谈编辑部	1941. 12 ~ 1942. 6
地质矿产报告（不定期刊物）	永安福建建设厅地质土壤调查所	1941. 12 ~ 1950. 3
地理教学	国立西北联合大学地理学系	1942. 1
地理消息（不定期刊物）	成都金陵女子文理学院地理学系	1942. 1
青年科学	江苏青年科学研究社	1942
通俗科学（月刊）	曲江广东省立科学馆	1942. 1 ~ 3
科学知识（月刊）	桂林科学知识社	1942. 3 ~ 1944. 1
中大化工（不定期刊）	重庆国立中央大学化学系化学工程分会	1942. 8 ~ 1944. ？
之江土木友声	杭州之江大学	1942. ？ ~？
土木（不定期刊）	贵州平越国立交通大学唐山土木工程学会	1942. 10 ~ 1944. 2
（国立）中央大学研究院理科研究所地理学部专刊（双月刊）	重庆该所	1942 ~ 1945
地理专刊	四川地理研究所	1942. 10 ~ 1946. 12

续表

刊物名称	出版机构	时间
地质矿产报告	广州两广地质调查所广东省政府合作调查	1943
甘肃科学教育馆专刊	兰州该馆	1943.4～5、1946.12～1947.3
青年与科学（月刊）	重庆青年书店	1943.7～1945.6
工程	中国工程师学会永安分会	1943
厦大理工论丛	厦门大学 1943	
工程（季刊）	重庆工程学报社	1943.1～1945.10
（国立）中央大学理科研究所地理学部丛刊（季刊）	重庆该校地理系	1943.2～1945.7
工程（季刊）	昆明泰山实业公司	1943.3～1945.3
地政通讯（月刊）	衡阳湖南省地政局地政通讯社	1943.3～1944.2
工程通讯	中国工程师学会辰豁分会	1943.6～1944.5
中国工程师学会十二届年会筹备通讯（月刊）	该会兰州分会	1943.6～8
地政通讯（月刊）	南京地政部地政研究委员会	1943.7～1948.11
交大土木	重庆交通大学土木工程学会	1943～1946
地学专刊（不定期刊物）	北平清华大学	1943～1947
地质集刊（不定期刊物）	广州两广地质调查所	1943～1949
科学与技术（月刊）	重庆国防科学技术策进会	1943.11～1944.11
国防无线电（月刊）	重庆国防无线电部	1943.6～1944.4
工程讨论	中国工程师学会大渡口分会	1944.1
科学文汇（月刊）	重庆中华自然科学社	1944.1～3
气象通讯（月刊）	重庆中央气象局	1944.1～1946.1
（国立）中央研究院植物研究所年报	上海该所	1944～49
科学季刊	重庆国立中央大学科学季刊编委会	1944.4
地质矿产简报	迪化新疆地质调查所	1944.6～1946.5
气象丛刊	重庆中央气象局	1944.6～1947.4
（国立）中央研究院动物研究所丛刊（不定期）	南京该所	19？～1945
工程报导（月刊）	上海行公编译学社	1945.7～1948.9
工程学报（半年刊）	北京国立清华大学	1945～1950
化学通讯（半年刊）	四川三台国立东北大学化学会	1945

续表

刊物名称	出版机构	时间
（国立）云南大学化学会刊	昆明该会	1945. 1
地政学报	重庆中央地政研究所	1945. 4
土木通讯	南京中央大学土木工程系系会	1945. ？~1947. 7
科学通讯（月刊）	成都四川省立科学馆	1945. 6~1946. 2
科学周报	北平科学周报社	1945. 10
四川气象通讯（月刊）	成都四川省气象测候所	1945. 11~1946. 2
中国科学	北平中国科学杂志社	1945. 11~1946. 1
气象月报	杭州浙江省建设厅测候所	1945. 11~1948. 7
理工杂志（月刊）	北平理工杂志社	1945. 11~1946. 6
济南气象报告（月刊）	济南山东省立气象测候所	1946
地图周刊	南京中央日报社	1946~1947
科学（月刊）	兰州国立甘肃科学教育馆	1946. 4~1947. 6
科学月刊	成都四川省立科学馆	1946. 9~1949. 4
科学与生活（月刊）	重庆科学与生活社	1946. 1~12
科学时代（月刊）	上海中国科学工作者协会	1946. 1~1950. 12
小科学周报	哈尔滨科学同志会小科学周报编辑部	1946. 2
中国昆虫学杂志－昆虫通讯	陕西武功天则昆虫研究所	1946~1947
中国昆虫学杂志（双月刊）	陕西武功天则昆虫研究所	1946. 2~1947. 12
东北科学	长春东北科学技术学会	1946. 2~1947. 8
华北气象通讯	北平中央气象局华北气象台	1946. 5~6
科学世纪	成都科学世纪杂志社	1946. 5~1947. ？
科学大众	上海科学社	1946. 6
大众（月刊）	大众科学社	1946. 6~1947. 1
大众科学	南昌龙门科学社	1946. 7
工程月报	中国工程师学会广州分会	1946. 9~1947. 6
工程公报	中国工程师学会长江分会	1946. 9~1947. 6
四川气象简报（月刊）	成都四川省气象测候所	1946~1949
气象通讯（月刊）	台北台湾省气象局	1946. 9~1949. 3
工程（月刊）	中国工程师学会武汉分会	1946. 10~1947. 10
青岛市观象台学会汇刊	该台	1947~1948
台湾大学理学院研究报告——第一种		1947. 4~10

续表

刊物名称	出版机构	时间
台湾大学理学院研究报告——第二种		1947.10
交大工程	上海交通大学工学院	1947.4
数学教育（季刊）	广州中国数学会	1947.3～6
土木	武昌武汉大学土木工程学会	194？～1947.6
土木通讯	桂林广西大学	194？～1947.8
现代科学	成都四川省立科学馆	19？～1947.11
华北气象月刊	中央气象局北平气象台	1947.1～1948.6
四川大学理科研究所所刊	成都该所	1947.2
气象汇报（月刊）	南京中央气象局	1947.2～1948.6
（国立）中央研究院植物学汇报（季刊）	该所	1947.3～9
中国海洋（月刊）	中国海洋月刊社	1947.3～1948.8
中国各地短波无线电应用率之预测（季刊）	重庆中央电波研究所	1947.4～1949.10
自然界（月刊）	济南齐鲁大学理学院	1947.6
今日科学（月刊）	天津今日科学社	1947.8～1948.4
（国立）中央大学土木工程研究所专刊	该所	1947.10
东北气象月报	沈阳交通部东北区气象机构接受委员办事处	1947～1948
中华昆虫学会通讯（双月刊）	南京该会	1947.10～1948.10
气象测报	南京行政院新闻局	1947.11
中国工程周报	南京中国工程周报社	1947.12～1948.10
四川气象年报简编	成都四川省气象测候所	1948
英大机电	金华国立英士大学机电工程学会	1948.1
山东气象月报	济南山东气象观测所	1948.1～3
东北微生物学杂志（季刊）	国立沈阳医学院细菌学研究所	1948.1～7
气象月刊	镇江江苏省气象所	1948.1～10
化学通讯（半年刊）	桂林国立广西大学工程学会	1948.2
地理之友（季刊）	上海中华地理教育研究会	1948.3～6
工程季刊	中国工程师学会湛江分会	1948.3～6
科学世纪（月刊）	广州国立中山大学研究会	1948.5～7

续表

刊物名称	出版机构	时间
中大化讯	南京国立中央大学化学系系会	1948.6
地质通讯（年刊）	陕西城固西北大学地质学会	1948~1949
地球物理学报（半年刊）	北京中国地球物理学会	1948~1955
复旦数理通讯（年刊）	上海复旦大学数理通讯委员会	1948.6~1949.5
今日科学月讯	成都今日新闻社编辑部	1948.6~1949.9
中国古生物学会讯（不定期刊物）	南京该会	1948~1956
机械世界（月刊）	中国机械工程学会上海分会	1948.10~1949.1
大众天文（月刊）	南京中国天文学会	1949.1~1950.11
化学通讯	福州福建协和大学化学会	1949
土木工学	工业杂志社	
土木技术	土木技术社	
南大土木	南昌大学土木水利系	?
地学丛刊	广州广东省文理学院	19?
地政通讯（月刊）	南京地政部地政研究委员会	1943.7~1948.11
交大土木	重庆交通大学土木工程学会	1943~1946
地学专刊（不定期刊物）	北平清华大学	1943~1947
地质集刊（不定期刊物）	广州两广地质调查所	1943~49
科学与技术（月刊）	重庆国防科学技术策进会	1943.11~1944.11
国防无线电（月刊）	重庆国防无线电部	1943.6~1944.4
工程讨论	中国工程师学会大渡口分会	1944.1
科学文汇（月刊）	重庆中华自然科学社	1944.1~3
气象通讯（月刊）	重庆中央气象局	1944.1~1946.1
（国立）中央研究院植物研究所年报	上海该所	1944~1949
科学季刊	重庆国立中央大学科学季刊编委会	1944.4
地质矿产简报	迪化新疆地质调查所	1944.6~1946.5
气象丛刊	重庆中央气象局	1944.6~1947.4
（国立）中央研究院动物研究所丛刊（不定期）	南京该所	19? ~1945
工程报导（月刊）	上海行公编译学社	1945.7~1948.9
工程学报（半年刊）	北京国立清华大学	1945~1950
化学通讯（半年刊）	四川三台国立东北大学化学会	1945
（国立）云南大学化学会刊	昆明该会	1945.1

续表

刊物名称	出版机构	时间
地政学报	重庆中央地政研究所	1945.4
土木通讯	南京中央大学土木工程系系会	1945.？~1947.7
科学通讯（月刊）	成都四川省立科学馆	1945.6~1946.2
科学周报	北平科学周报社	1945.10
四川气象通讯（月刊）	成都四川省气象测候所	1945.11~1946.2
中国科学	北平中国科学杂志社	1945.11~1946.1
气象月报	杭州浙江省建设厅测候所	1945.11~1948.7
理工杂志（月刊）	北平理工杂志社	1945.11~1946.6
济南气象报告（月刊）	济南山东省立气象测候所	1946
地图周刊	南京中央日报社	1946~1947
科学（月刊）	兰州国立甘肃科学教育馆	1946.4~1947.6
科学月刊	成都四川省立科学馆	1946.9~1949.4
科学与生活（月刊）	重庆科学与生活社	1946.1~12
科学时代（月刊）	上海中国科学工作者协会	1946.1~1950.12
小科学周报	哈尔滨科学同志会小科学周报编辑部	1946.2
中国昆虫学杂志—昆虫通讯	陕西武功天则昆虫研究所	1946~1947
中国昆虫学杂志（双月刊）	陕西武功天则昆虫研究所	1946.2~1947.12
东北科学	长春东北科学技术学会	1946.2~1947.8
华北气象通讯	北平中央气象局华北气象台	1946.5~6
科学世纪	成都科学世纪杂志社	1946.5~1947.？
科学大众	上海科学社	1946.6
大众（月刊）	大众科学社	1946.6~1947.1
大众科学	南昌龙门科学社	1946.7
工程月报	中国工程师学会广州分会	1946.9~1947.6
工程公报	中国工程师学会长江分会	1946.9~1947.6
四川气象简报（月刊）	成都四川省气象测候所	1946~1949
气象通讯（月刊）	台北台湾省气象局	1946.9~1949.3
工程（月刊）	中国工程师学会武汉分会	1946.10~1947.10
青岛市观象台学会汇刊	该台	1947~1948
台湾大学理学院研究报告——第一种		1947.4~10

续表

刊物名称	出版机构	时间
台湾大学理学院研究报告——第二种		1947.10
交大工程	上海交通大学工学院	1947.4
数学教育（季刊）	广州中国数学会	1947.3～6
土木	武昌武汉大学土木工程学会	194？～1947.6
土木通讯	桂林广西大学	194？～1947.8
现代科学	成都四川省立科学馆	19？～1947.11
华北气象月刊	中央气象局北平气象台	1947.1～1948.6
四川大学理科研究所所刊	成都该所	1947.2
气象汇报（月刊）	南京中央气象局	1947.2～1948.6
（国立）中央研究院植物学汇报（季刊）	该所	1947.3～9
中国海洋（月刊）	中国海洋月刊社	1947.3～1948.8
中国各地短波无线电应用率之预测（季刊）	重庆中央电波研究所	1947.4～1949.10
自然界（月刊）	济南齐鲁大学理学院	1947.6
今日科学（月刊）	天津今日科学社	1947.8～1948.4
（国立）中央大学土木工程研究所专刊	该所	1947.10
东北气象月报	沈阳交通部东北区气象机构接受委员办事处	1947～1948
中华昆虫学会通讯（双月刊）	南京该会	1947.10～1948.10
气象测报	南京行政院新闻局	1947.11
中国工程周报	南京中国工程周报社	1947.12～1948.10
四川气象年报简编	成都四川省气象测候所	1948
英大机电	金华国立英士大学机电工程学会	1948.1
山东气象月报	济南山东气象观测所	1948.1～3
东北微生物学杂志（季刊）	国立沈阳医学院细菌学研究所	1948.1～7
气象月刊	镇江江苏省气象所	1948.1～10
化学通讯（半年刊）	桂林国立广西大学工程学会	1948.2
地理之友（季刊）	上海中华地理教育研究会	1948.3～6
工程季刊	中国工程师学会湛江分会	1948.3～6
科学世纪（月刊）	广州国立中山大学研究会	1948.5～7

续表

刊物名称	出版机构	时间
中大化讯	南京国立中央大学化学系系会	1948.6
地质通讯（年刊）	陕西城固西北大学地质学会	1948～1949
地球物理学报（半年刊）	北京中国地球物理学会	1948～1955
复旦数理通讯（年刊）	上海复旦大学数理通讯委员会	1948.6～1949.5
今日科学月讯	成都今日新闻社编辑部	1948.6～1949.9
中国古生物学会讯（不定期刊物）	南京该会	1948～1956
机械世界（月刊）	中国机械工程学会上海分会	1948.10～1949.1
大众天文（月刊）	南京中国天文学会	1949.1～1950.11
化学通讯	福州福建协和大学化学会	1949
土木工学	工业杂志社	
土木技术	土木技术社	
南大土木	南昌大学土木水利系	?
地学丛刊	广州广东省文理学院	19?

附录二：电的发明和应用文章统计表①

文章题目	所属栏目	刊物名称	时间
光热电气新学考（选 28 号中西闻见录）		[上海] 万国公报	1875. 2. 13
光热电气新学考（续第 7 年 323 卷完）		[上海] 万国公报	1875. 3. 13
电气考（附福来格临小影）		[上海] 万国公报	1889. 5
益智会第四集：论电		[上海] 万国公报	1890. 4
电学始末考	格致	湘学新报·湘学报	1897. 9. 26，10. 6
法：会集电气		[上海] 万国公报	1881. 12. 31
泰西总：电学汇志		[上海] 万国公报	1893. 8
泰西总：电气论		[上海] 万国公报	1894. 1
格致有益于国：法拉特先生电学志略		[上海] 万国公报	1891. 1
说电气	指谜录	宁波白话报	1903. 12. 3
电是什么？		科学画报	第 2 卷第 24 期
电气时代之新语	译谭随笔	[上海] 万国公报	1902. 11
杂丛：电学发达	各国近事	[上海] 万国公报	1902. 3
德：电炮新法		[上海] 万国公报	1902. 8
法：电学成丝		[上海] 万国公报	1902. 8
装电新法	欧美译闻	[上海] 万国公报	1903. 3
装电新法	格致发明类征	[上海] 万国公报	1905. 1
装电新法	艺事通记	政艺通报	1903. 4. 27
装电新法	丛谈	东方杂志	1905. 4. 29
水利电机	欧美译闻	[上海] 万国公报	1903. 5
避电制衣	欧美杂志	[上海] 万国公报	1903. 9
电学奇闻		尚贤堂月报·新学月报	1897. 6
电学指用		尚贤堂月报·新学月报	1897. 8，1897. 10，1897. 11，1897. 12
传电新器（译伦敦格致报）	格致	经世报	1898. 11
地中传电（七月杭报）	外事新闻	萃报	1897. 9. 5

① 本表根据《中国近代期刊篇目汇录》、中国科学社编《科学画报》、中华自然科学社编行《科学世界》、科学出版社《科学天地》、中华科学文化社主编《科学月刊》整理而成。

续表

文章题目	所属栏目	刊物名称	时间
湖南：制就电灯（七月汉报）	中国要务	萃报	1897.9.5
湖南：电灯价廉（八月新闻报）	中国要务	萃报	1897.9.26
水力通电（十月华报）	外事新闻	萃报	1897.11.28
五洲电线数（十一月广州报）	外国要务	萃报	1897.12.19
意大利:通电新法(十一月中外新报)	外国要务	萃报	1897.12.19
德国：造电车路（十一月新闻报）	外国要务	萃报	1897.12.26
水力通电	西报译编	求是报	1897.10.30
新滩通电	本省近闻	渝报	1897.11
全球电线表（译太阳报）	东西文译篇	岭学报	1898.5
无线电音	海外近事	蜀学报	1898.7（第6册）
德国蓄电池工业（译西三月十五日德国电报）	艺学	东亚报	1898.6.29
北美合众国电气铁路日盛（译西六月五日太阳报）	艺学	东亚报	1898.7.29
哥罗仿护电气制造法（译西七月三日太阳报）	艺学	东亚报	1898.8.8
电光验煤（译英国工商报）	译编	工商学报	1898.9（第1册）
无线电信	万国近事	清议报	1899.4.20
电信不通	中国近事	清议报	1901.4.9
西伯利亚无线电信之架设	外国近事	清议报	1901.12.1
最速电信	外国近事	清议报	1901.12.1
印度议减电报费(译字林西报西五月)	译西报	湖北商务报	1899.7.8
灯罩禀请专利（四月博闻报）	各省商情	湖北商务报	1899.7.18
电光印字新法（五月海上日报）	各国商情	湖北商务报	1899.8.6
电气用广（译字林西报西七月）	译西报	湖北商务报	1899.11.13
电气之益（译华英捷报西十月）	译西报	湖北商务报	1902.4.8
设台通电	杂志	集成报	1901.9（第17期）
斐斯斐阿斯喷火之电光	科学丛谈	教育世界	1907.11（第162号）
电机运洛	格物门	南洋七日报	1901.11.3
新法设电	格物门	南洋七日报	1902.1.5
增设电杆	格物门	南洋七日报	1902.4.13
电学新理合记	艺事通记	政艺通报	1902.9.16

续表

文章题目	所属栏目	刊物名称	时间
电用入神	艺事通记	政艺通报	1902. 11. 14
世界新电学杂记	艺事通记	政艺通报	1903. 2. 12，2. 27，3. 13，3. 29
无线新报图说	艺学图表	政艺通报	1903. 4. 12
记太平洋无线电报	艺事通记	政艺通报	1903. 5. 11
各国无线电报事业	艺事通记	政艺通报	1903. 7. 9
沙漠采风之风柜电器	艺事通记	政艺通报	1903. 8. 7
记试验太平洋海底电线情形	艺事通记	政艺通报	1903. 8. 23，9. 6
助脑电机	艺事通记	政艺通报	1903. 9. 21，10. 5
纸鸢引电	艺事通记	政艺通报	1903. 10. 5
电气德律风	艺事通记	政艺通报	1903. 11. 19
无线德律风出现	艺事通记	政艺通报	1904. 4. 16
无线德律风	艺事通记	政艺通报	1904. 1. 2
电传笔迹	艺事通记	政艺通报	1903. 11. 19
电气制钢	艺事通记	政艺通报	1903. 11. 19
不畏雷电之衣	艺事通记	政艺通报	1903. 11. 19
制强电机	艺事通记	政艺通报	1903. 11. 19
新创电机	报告	商工旬报·农工商报·广东劝业报	1908. 4. 30
烛骨节之透光电机	艺事通记	政艺通报	1904. 7. 13
吸香之电机	艺事通记	政艺通报	1904. 5. 29
电学新发明之利器	艺事通记	政艺通报	1905. 10. 28
加薯精大电光	艺事通记	政艺通报	1903. 12. 19
薯精代电	艺事通记	政艺通报	1904. 1. 2
纸制电柱	艺事通记	政艺通报	1904. 3. 1
电雷	艺事通记	政艺通报	1904. 3. 31
万国铁道电报调查总表	艺学图表	政艺通报	1904. 4. 16
万国铁道电报调查分表	艺学图表	政艺通报	1904. 4. 16，4. 30，5. 15，5. 29，6. 14，6. 28，7. 13，7. 27，8. 11
贮流质之电射灯	艺事通记	政艺通报	1904. 8. 11
捕鱼岛之电气	艺事通记	政艺通报	1904. 8. 11

续表

文章题目	所属栏目	刊物名称	时间
无线电报破坏水雷之法	艺事通记	政艺通报	1904. 8. 11
电鱼	艺事通记	政艺通报	1904. 9. 24
利用电气邮船	艺事通记	政艺通报	1904. 9. 24
电艇制成	格物门	南洋七日报	1901. 12. 8
电火制成之草煤砖	艺学文编	政艺通报	1904. 10. 23
借海水而成之无线电	艺事通记	政艺通报	1905. 1. 20
电线运物	艺事通记	政艺通报	1905. 4. 5
最大电器	艺事通记	政艺通报	1905. 4. 5
电光医具	艺事通记	政艺通报	1905. 4. 5
空中传电	艺事通记	政艺通报	1905. 5. 18
气球传电	艺事通记	政艺通报	1905. 8. 15
印字电机	艺事通记	政艺通报	1905. 8. 30
电化玻璃	艺事通记	政艺通报	1905. 12. 11
传字电机	艺事通记	政艺通报	1905. 12. 26
风筝接电之新法	艺事通记	政艺通报	1906. 1. 9
无线电塔	艺事通记	政艺通报	1906. 4. 8
电气取绳器械	艺事通记	政艺通报	1906. 5. 8
无线电装置避雷器	艺事通记	政艺通报	1906. 6. 22
电气邮便	艺事通记	政艺通报	1906. 7. 6
电气利用	艺事通记	政艺通报	1906. 12. 30
电音器之新发明	艺事通记	政艺通报	1907. 1. 28
电气感觉术	艺事通记	政艺通报	1907. 3. 28
创用自然电气	艺事通记	政艺通报	1907. 4. 13
电线传影一	艺事通记	政艺通报	1907. 4. 13
电线传影二	艺事通记	政艺通报	1907. 4. 13
电音器之新发明	艺事通记	政艺通报	1907. 10. 7
电气水雷	艺事通记	政艺通报	1907. 11. 20
巴黎无线电信新闻	杂丛——谈奇	湖北学生界·汉声	1903. 1. 29
瀑布生电	谈苑	中国白话报	1904. 10. 8
无线电报的原理	谈苑	中国白话报	1904. 10. 8
借海水做无线电	谈苑	中国白话报	1904. 10. 8

续表

文章题目	所属栏目	刊物名称	时间
电车将竣		丛谈商务报	1903. 12. 29
电传笔迹	丛谈	商务报	1904. 1. 17
隧道内燃灭自由电气灯	丛谈	商务报	1904. 1. 17
俄人避电之新法（天津新报）	丛谈	商务报	1904. 3. 7
论日本电气事业(译日本经济新报)	译述	商务报	1904. 3. 27
电灯花钟（选晋报）	丛谈	商务报	1904. 3. 27
电气器械制造业之发达	译述	商务报	1904. 4. 6
电种花生法	丛谈	商务报	1904. 4. 16
无线密电新法	丛谈	商务报	1904. 4. 16
加大电光	丛谈	商务报	1904. 4. 16
纸制电柱	丛谈	商务报	1904. 4. 26
吸香之电机（选晋报）	丛谈	商务报	1904. 5. 15
电镜传形	丛谈	商务报	1904. 5. 15
夏日试电法（选北洋官报）	实业	商务报	1904. 5. 25
海底电路（选晋报）	丛谈	商务报	1904. 5. 25
烛骨节之透光电机（选晋报）	丛钞	商务报	1904. 7. 4
沙漠采金之风柜电器(选政艺通报)	丛钞	商务报	1904. 7. 23
电学新奇（选北洋商报）	丛钞	商务报	1904. 7. 23
借用电力（选北洋商报）	丛钞	商务报	1904. 8. 31
电火制成之草煤砖（选晋报）	丛钞	商务报	1904. 9. 20
捷于电信之邮便（选大公报）	丛钞	商务报	1904. 11. 7
研究电学以广利源说	论说	商务报	1905. 3. 16，3. 26
考电鱼法	实业	商务报	1905. 7. 13
电鱼	丛谈	东方杂志	1905. 10. 23
电学	实业	商务报	1905. 8. 1
薯精代电	丛谈	东方杂志	1904. 3. 11
尸变由于传电	丛谈	东方杂志	1904. 12. 1
电丝价重	丛谈	东方杂志	1905. 4. 29
电击进步	丛谈	东方杂志	1905. 6. 27
无线电钟	丛谈	东方杂志	1905. 6. 27
电气击木之异	丛谈	东方杂志	1905. 10. 23
电化器用之制膏法	丛谈	东方杂志	1905. 10. 23

续表

文章题目	所属栏目	刊物名称	时间
避电新法	丛谈	东方杂志	1905. 12. 21
水下雷电	丛谈	东方杂志	1905. 12. 21
铁路用电之日盛	丛谈	东方杂志	1906. 1. 19
电制述奇	丛谈	东方杂志	1906. 8. 14
空气干燥最易显电	丛谈	东方杂志	1906. 9. 13
电气脚垫	丛谈	东方杂志	1906. 9. 13
电力之奇	丛谈	东方杂志	1906. 5. 7
电气之返老还童	新知识	东方杂志	1909. 2. 15
由伦敦射至巴黎之电气炮	新知识	东方杂志	1909. 10. 8
电气种植	杂俎	东方杂志	1910. 1. 6
各国都市电车之办法	新知识	东方杂志	1910. 9. 28
电学新理	杂俎	东方杂志	1910. 10. 27
电观机	杂俎	东方杂志	1910. 10. 27
电气屠杀法	杂俎	东方杂志	1910. 11. 26
应客之电灯箱	科学杂俎	东方杂志	1914. 2. 1
海底电线与陆上电线之中继机	科学杂俎	东方杂志	1914. 2. 1
瑞士之发电机	科学杂俎	东方杂志	1915. 10. 10
蒸汽机关车改用电气之利益		东方杂志	1918. 11. 15
镇江办电气灯公司	记事	江苏白话报	1904. 9. 19
俄国立无线电杆	记事	江苏白话报	1904. 9. 19
上海松江新通电线	记事	江苏白话报	1904. 9. 19
论电学大发明之历史	格致学说	北洋学报	1906 年（第 15 期）
论电学与琥珀之关系	格致学说	北洋学报	1906 年（第 15 期），1906（第 28 期）
电气铁路之发达	路矿调查	北洋学报	1906 年（第 17 期）
电机传字之发明	科学丛录	北洋学报	1906 年（第 39 期）
电杀	杂丛	竞业旬报	1908. 7. 9
光与电气	理学界	新译界	1907. 1. 14
水力电气利用之新发明	理学界	新译界	1907. 5. 25
电气化学工业	理化	学报	1907. 2. 13
动电气学述要	物理	学报	1907. 3. 13，4. 13，5. 12
电气大炮之发明	谈丛	学报	1907. 5. 12

续表

文章题目	所属栏目	刊物名称	时间
玻璃制之电柱	谈丛	学报	1907.2.26
电传照相法	杂丛	豫报	1907.11.1
电传照相法	外国新闻	商工旬报·农工商报·广东劝业报	1907.9.8
电传照相法	外国新闻	商工旬报·农工商报·广东劝业报	1908.1.14
电传照相法	艺事通记	政艺通报	1907.2.27
新制土料无线电机出世	报告	商工旬报·农工商报·广东劝业报	1908.5.10
新式电光硫璃灯	报告	商工旬报·农工商报·广东劝业报	1908.6.9
电船巧制	报告	商工旬报·农工商报·广东劝业报	1908.10.25
新发明之造电木机	报告	商工旬报·农工商报·广东劝业报	1909.4.30
华人能制造无线电机	报告	商工旬报·农工商报·广东劝业报	1910.12.2
磁电学	格致	震旦学报	1907.10.7
自动车与无线电信	译丛	关陇	1908.2.2
稊米之电气言	学艺	夏声	1908.3.27,4.25,5.24
电火制成之草煤砖	新法杂录	实业界	1908.6.30
电学之原理	工业	实业界	1908.9.26
摩擦电	工业	实业界	1908.10.6
无线电横行大西洋	新艺术	万国商业月报	1908.9
取电最新之法	新艺术	万国商业月报	1908.10
水果有电	科学琐谈	万国商业月报	1908.10
格致电话奇报	科学琐谈	万国商业月报	1909.1
电气钟	新机器	万国商业月报	1909.8
电气制糖机	物质文明识小录	进步杂志	1915.12
电气机关车	物质文明识小录	进步杂志	1916.10
遍普全室之电风扇	物质文明识小录	进步杂志	1916.2

续表

文章题目	所属栏目	刊物名称	时间
电气洗衣机	物质文明识小录	进步杂志	1916.9
电学新器	外国实业录	湖南实业杂志	1912.7
新式电力扫地机	学识	中国商业研究会月报·中国商业月报	1920.1
电力扫地机	译丛	进步杂志	1912.11
电气取乳机	译丛	进步杂志	1912.11
最迅速之电报新机	杂译	进步杂志	1913.8
电器美颜器	学识	中国商业研究会月报·中国商业月报	1920.1
新发明之电气铗	学识	中国商业研究会月报·中国商业月报	1920.5.15
囊中之无线电机	新智海	云南教育杂志	1917.3
新式之电磁钟	新智海	云南教育杂志	1917.3
俄人新发明电犁	国外农事记闻	浙江省农会报	1921.12
电气旅馆	译丛	进步杂志	1912.1
电气农艺之成绩	译丛	进步杂志	1912.4
电布	译丛	进步杂志	1912.6
电气有补助教育之功用	译丛	进步杂志	1912.9
距离特长之无线电话机	杂丛	进步杂志	1913.2
地底邮递电车（附图）	杂丛	进步杂志	1913.3
无线电报之统一时间	科学万能记	进步杂志	1914.3
电力滚轮可以代步	杂译	进步杂志	1913.10
旧电杆更新之法	科学万能记	进步杂志	1914.1
无线电之海底传声机	科学万能记	进步杂志	1914.5
探测地底水管之电机（附图）	科学万能记	进步杂志	1914.7
煤中之电气	科学万能记	进步杂志	1914.8
飞艇上之无线电受信器	科学万能记	进步杂志	1914.9
留声打字机与留声电话机	科学万能记	进步杂志	1914.11
电气分析内之纯净养气	科学万能记	进步杂志	1914.11
用马之生电机	物质文明识小录	进步杂志	1915.3

续表

文章题目	所属栏目	刊物名称	时间
以电气转动之揩画橡皮	物质文明识小录	进步杂志	1915.3
修理海底电线之新术	物质文明识小录	进步杂志	1915.4
电传笔记法	杂丛	湖南实业杂志	1913.1
美国森林巡卒随身取携之电话机（附图）	物质文明识小录	进步杂志	1916.10
电光探体（附图）	物质文明识小录	进步杂志	1916.11
法国无线电德律风奇闻	新智海	云南教育杂志	1914.7.15
火车中无线电报	新智海	云南教育杂志	1914.7.15
电气炮之发明	新智海	云南教育杂志	1914.7.15
难船预防之电镜	新智海	云南教育杂志	1914.11.15
电气增进智力	外国实业录	湖南实业杂志	1912.7
无线电信之新设	外国实业录	湖南实业杂志	1912.7
电气冶锌	参考资料	湖南实业杂志	1912.9
德国无线电信之扩张	中外实业记事	湖南实业杂志	1912.9
助脑治疾之电机	杂丛	湖南实业杂志	1913.1
烟草菌之电气感应变化	杂丛	湖南实业杂志	1913.1
电流猎兽机	杂丛	直隶实业杂志	1914.1.1
吸收空中电气新发明	杂丛	直隶实业杂志	1914.5.1
绝电瓶测验机	杂丛	直隶实业杂志	1915.6.1
欧美之无线电话	杂丛	直隶实业杂志	1915.12.1
袖中无线电	译林	直隶实业杂志	1914.5.1
电树	杂丛	生计	1913.2.1
避电衣之新发明	杂丛	生计	1913.2.1
纸鸢引电之试验	杂丛	生计	1913.2.1
美国电话事业	杂丛	生计	1913.3.1
加大电光	杂丛	贵州实业杂志	1913.3.1
电气旅馆	杂丛	今闻类钞	1913.3
电气分析说略	工业部	实业丛报	1913.6.1
电气化学工业之将来	工业部	实业丛报	1913.7.1

续表

文章题目	所属栏目	刊物名称	时间
护身电机	工业部	实业丛报	1913. 7. 15
印字电音	工业部	实业丛报	1913. 7. 15
电线传影	智囊	神州丛报	1913. 8. 1
电气鱼（附图）	学艺	学生杂志	1916. 2. 20，3. 20
电气陆路工程	学艺	学生杂志	1916. 3. 20
电流导线之阻力	学艺	学生杂志	1916. 3. 20
无线电信原理之考求	学艺	学生杂志	1916. 8. 20
演说无线电报	记载	学生杂志	1916. 11. 20
电灯图字五光十色说（附图）	学艺	学生杂志	1917. 8. 5
说电（附图）	学艺	学生杂志	1917. 9. 5，10. 5， 1918. 3. 5，10. 5
家庭用电具略说	学艺门	［商务］妇女杂志	1916. 7. 5
电话交换室内部之状况		大中华杂志	1915. 10. 20
无线电信电话最近之进步		大中华杂志	1915. 10. 20，11. 20
新发明军用无线电具（译美国工业杂志）		中华学生报	1915. 6. 25
电鱼谭		中华学生报	1915. 11. 25，12. 25
电衣之新发明		中华学生报	1916. 6. 25
电机钓鱼	杂丛	中华国货月报	1915. 10. 10
发现飞船之电耳	学术	清华学报	1916. 2
农产电植法	科学	清华学报	1918. 5
美国电气工业之回顾	科学	清华学报	1919. 1
电气化学工业晚近之趋势	著译	实业汇报	1916. 7. 1
近世无线电报大意（十月二十一日本会演说速记稿）	演说	环球	1916. 11. 15
电机治疗之新发明	演讲	环球	1917. 9. 25
农作物电气培养法	农业	广东农林月报	1917. 5. 1
电学阐微	学说	寸心杂志	1917. 7. 1
电气化学	科学研究	楚宝	1917. 5. 30
水溶液之电气冶金	科学研究	楚宝	1917. 5. 30
你家中的电表是怎么动作的？	理科教材	科学画报	1936. 10. 1（第 4 卷第 5 期）
囊中之无线电机（附图）	科学译屑	青年进步	1917. 3

续表

文章题目	所属栏目	刊物名称	时间
新式之电磁钟	科学译屑	青年进步	1917. 3
简单的电钟	小工艺	科学画报	1943. 8. 1(第10卷第1期)
简单的电钟	小工艺	科学画报	1943. 10. 1(第10卷第3期)
电气投票机	科学谈薮	青年进步	1918. 5
德国之电犁	科学谈薮	青年进步	1918. 7
水之电气化学作用	译丛	学艺	1917. 4
侦察敌机的无线电塔	科学新闻	科学画报	1941. 10. 10 (第8卷第4期)
无线电传照相		科学画报	1942. 2. 10
电子管	理科教材	科学画报	1942. 2. 10(第8卷第8期)
人体发电机		科学画报	1943. 1. 1(第9卷第6期)
高周率电波造新物质		科学画报	1943. 3. 1(第9卷第8期)
电管与辉光管	理科教材	科学画报	1943. 5. 1(第9卷第10期)
呼吸中的带电质点		科学画报	1943. 6. 1
电流的磁作用	理科教材	科学画报	1943. 7. 1 (第9卷第12期)
电锁	小工艺	科学画报	1943. 8. 1(第10卷第1期)
水力发电		科学画报	1943. 10. 1(第10卷第3期)
电路和欧姆定律	理科教材	科学画报	1943. 10. 1(第10卷第3期)
立体电影		科学画报	1944. 1. 1(第10卷第6期)
试试你的电影知识	理科教材	科学画报	1937. 10. 1(第5卷第5期)
业余实习电器制作法	理科教材	科学画报	1934. 8. 1(第2卷第1期)
海滨高架电车每小时达一百里	科学新闻	科学画报	1934. 12. 16(第2卷第10期)
定时电键	小工艺	科学画报	1934. 12. 16(第2卷第10期)
怎样利用拿爱加拉大瀑布来发电		科学画报	1935. 1. 16 (第2卷第12期)
电子显微镜		科学画报	1935. 2. 16 (第2卷第14期)
无定向电流计	理科教材	科学画报	1935. 2. 16 (第2卷第14期)
正切电流计	理科教材	科学画报	1935. 3. 1 (第2卷第15期)

续表

文章题目	所属栏目	刊物名称	时间
电阻线卷和变阻器	理科教材	科学画报	1935.3.16（第2卷第16期）
电先生怎样在汽车里发火	理科教材	科学画报	1935.4.16（第2卷第18期）
几个简单的电学实验	理科教材	科学画报	1935.4.16（第2卷第18期）
光电管		科学画报	1935.6.1（第2卷第21期）
什么是光电管		科学画报	1948.9（第14卷第11期）
试试你的电学知识		科学画报	1935.6.1（第2卷第21期）
业余电器制作法——收话机		科学画报	1935.6.1（第2卷第21期）
光电制版新法		科学画报	1935.6.16（第2卷第22期）
水力和电力的比较		科学画报	1935.8.1（第三卷第一期儿童节纪念号）
海底电缆		科学画报	1935.12.1（第3卷第9期）
自动电图说		科学画报	1935.12.6（第3卷第10期）
业余电器制作法	理科教材	科学画报	1935.5.1（第2卷第19期）
业余电器制作法	理科教材	科学画报	1935.4.1（第2卷第17期）
业余电器制作法	理科教材	科学画报	1935.4.16（第2卷第18期）
业余电器制作法		科学画报	第2卷第22期
业余电器制作法	理科教材	科学画报	1936.1.1（第3卷第11期）
业余电器制作法	理科教材	科学画报	1936.1.16（第3卷第12期）
业余电器制作法	理科教材	科学画报	1936.2.1（第3卷第13期）

续表

文章题目	所属栏目	刊物名称	时间
业余电器制作	理科教材	科学画报	1935.12.16（第3卷第10期）
业余电器制作	理科教材	科学画报	1936.2.16（第3卷第14期）
业余电器制作	理科教材	科学画报	1936.3.1（第3卷第15期）
业余电器制作	理科教材	科学画报	1936.3.16（第3卷第16期）
电学第一讲——电是什么？		科学画报	1936.3.1（第3卷第15期）
电路和欧姆定律		科学画报	1943.10（第10卷第3期）
交流（一），（二），（三），（四）		科学画报	1943.12～1944.3，1944.6（第10卷第5、6、第10卷7～8期合刊，11期）
电学第二讲——电怎样流动		科学画报	1936.3.16（第3卷第16期）
电学小玩意儿	理科教材	科学画报	1936.3.16（第3卷第16期）
电学第四讲——电的供给		科学画报	1936.4.16（第3卷第18期）
电学第六讲——振动电路		科学画报	1936.5.16（第3卷第20期）
静电起电机	理科教材	科学画报	1936.8.16（第4卷第2期）
光波、电波、放射线之发明和应用	理科教材	科学画报	1936.10.16（第4卷第6期）
电脑		科学画报	1936.12.1（第4卷第9期）
鸡鸭电杀机	科学新闻	科学画报	1937.1.1（第4卷第11期）
电话电视	科学新闻	科学画报	1937.1.1（第4卷第11期）
电书		科学画报	1937.6.1（第4卷第21期）

续表

文章题目	所属栏目	刊物名称	时间
电鳗的研究		科学画报	1937.6.1（第4卷第21期）
电鱼		科学画报	1937.6.1（第4卷第21期）
用强电磁助精细手术	科学新闻	科学画报	1937.6.1（第4卷第21期）
电力磨轮锉快机器锯	科学新闻	科学画报	1937.6.16（第4卷第22期）
简单的电动命令器——安全的墨水瓶架	科学新闻——小工艺	科学画报	1937.6.16（第4卷第22期）
底下电缆的制造法		科学画报	1937.7.16（第4卷第24期）
磁铁发动机	理科教材	科学画报	1937.8.1（第5卷第1期）
电气牙刷	学识	中国商业研究会月报·中国商业月报	1920.1
电力牙刷	科学新闻	科学画报	1937.8.16（第5卷第2期）
柠檬电	科学新闻	科学画报	1937.9.16（第5卷第4期）
电镙驱赶害虫	科学新闻	科学画报	1937.9.16（第5卷第4期）
电的散弹仓		科学画报	1937.11.1（第5卷第7期）
神妙电棒预示蛋的性别——一个飞船新记录	科学新闻	科学画报	1937.11.1（第5卷第7期）
电刷测验水管上瓷釉——人面南瓜	科学新闻	科学画报	1937.11.1（第5卷第7期）
庞大的转动电塔	科学新闻	科学画报	1937.12.16（第5卷第10期）
敏捷的电动橡皮擦	科学新闻——小工艺	科学画报	1938（第5卷第15期）
电风琴使电报术发展	科学新闻	科学画报	1938（第5卷第16期）
电指印	科学新闻	科学画报	1938（第5卷第16期）
记语音的电书记	科学新闻	科学画报	1938（第5卷第17期）
从无线电波产出的月光	科学新闻	科学画报	1938（第5卷第19期）

续表

文章题目	所属栏目	刊物名称	时间
世界第一张无线电报纸	科学新闻	科学画报	1938（第5卷第19期）
无线电灶的先锋	科学新闻	科学画报	1938（第5卷第19期）
几个有趣的电学实验	理科教材	科学画报	1938（第5卷第20期）
电传照相	理科教材	科学画报	1938（第5卷第21期、22期合刊）
电视广播成功		科学画报	1940（第7卷第1期）
风力发电厂		科学画报	1940（第7卷第2期）
25，000，000烛光		科学画报	1940（第7卷第3期）
世界广播电台的统计		科学画报	1940（第7卷第3期）
世界最强的电视发送机		科学画报	1940（第7卷第3期）
红外线炙灯		科学画报	1940（第7卷第3期）
全世界电之生产		科学画报	1940（第7卷第3期）
光电实验		科学画报	1940（第7卷第5期）
无线广播和收音的秘密		科学画报	1940（第7卷第5期）
二百磅重的巨大电力表		科学画报	1940（第7卷第5期）
留声机利用光电池发音		科学画报	1940（第7卷第5期）
两万年前之古灯		科学画报	1940（第7卷第5期）
业余电视用的新式目管		科学画报	1940（第7卷第5期）
光电“面积计”		科学画报	1940（第7卷第5期）
用X射线查察电杆木的腐朽		科学画报	1940（第7卷第6期）
用电视电话晤谈		科学画报	1940（第7卷第6期）
游戏电话公司		科学画报	1940（第7卷第6期）
在七星期内陈化火腿的电箱		科学画报	1949（第7卷第8期）
静电铺绒		科学画报	1941（第7卷第9期）
电耳听出地下的秘密		科学画报	1941（第7卷第9期）
联络世界的语声		科学画报	1941（第7卷第10期）
神秘警铃		科学画报	1941（第7卷第11期）
室内的人造天光		科学画报	1941（第7卷第11期）
山顶新式调频电台		科学画报	1941（第7卷第12期）
餐桌下装风扇		科学画报	1939（第6卷第1期）
小型电热水箱		科学画报	1939（第6卷第1期）
地下水力发电厂		科学画报	1941（第7卷第7期）

续表

文章题目	所属栏目	刊物名称	时间
扩展中的昆明水力发电厂		科学画报	1939（第6卷第2期）
百万伏特电火焰		科学画报	1939（第6卷第2期）
遥制摇床		科学画报	1939（第6卷第2期）
可摄盗贼警报机		科学画报	1939（第6卷第4期）
光达24里的灯塔		科学画报	1939（第6卷第5期）
小型电力蒸汽发生器		科学画报	1939（第6卷第5期）
免电话线拥挤的新电缆		科学画报	1939（第6卷第6期）
雷震		科学画报	1939（第6卷第8期）
杀蝇网		科学画报	1939（第6卷第10期）
桌上电灶		科学画报	1939（第6卷第10期）
采集陨石的磁耙		科学画报	1939（第6卷第11期）
电缆里加600根线而不加粗		科学画报	1939（第6卷第11期）
用电缆使地板温暖		科学画报	1939（第6卷第12期）
简单的火警装置		科学画报	1939（第6卷第12期）
电炮		科学画报	1943.10（第10卷第3期）
水力发电		科学画报	1943.10（第10卷第3期）
电工仪器		科学画报	1943.11（第10卷第4期）
红线灯		科学画报	1944.3（第10卷第7－8期）
控制人类生命的电		科学画报	1944.4（第10卷第9期）
变压与整流		科学画报	1944.4（第10卷第9期）
共振		科学画报	1944.5（第10卷第10期）
近代战之视神经（光电子）		科学画报	1944.6（第10卷第11期）
电解的铁		科学画报	1944.6（第10卷第11期）
利用潮水发电之大工程		科学画报	1944.7（第10卷第12期）

续表

文章题目	所属栏目	刊物名称	时间
电波探知机（上）（下）		科学画报	1945（第11卷第7、8期）
电子罗盘		科学画报	1947.9（第13卷9期）
灭菌灯，能够讲话的信		科学画报	1947.10（第13卷10期）
怎样修理海底电缆		科学画报	1947.10（第13卷10期）
飞机向地面通话		科学画报	1947.10（第13卷10期）
电华打字机		科学画报	1947.12（第13卷12期）
电子学在工业上的应用		科学画报	1947.12（第13卷12期）
电视电话		科学画报	1947.12（第13卷12期）
不用唱片的留声机		科学画报	1945（第12卷第2期）
X射线的新表演		科学画报	1945（第12卷第2期）
巨型回转加速器		科学画报	1946（第12卷第3期）
贝他射线人工发射器		科学画报	1946（第12卷第3期）
用牙膏管测培打射线		科学画报	1946（第12卷第4期）
巨型计算机		科学画报	1946（第12卷第3期）
变时引炸器		科学画报	1946（第12卷第4期）
能够思想的机器——美国科学家的预言		科学画报	1946（第12卷第5期）
记陈德良先生实验钢丝灌言		科学画报	1946（第12卷第6期）
可以看的说话		科学画报	1946（第12卷第6期）
附有微音器的真空管		科学画报	1946（第12卷第6期）
微真空管		科学画报	1946（第14卷第5期）
谈谈钢丝灌音		科学画报	1946（第12卷第7期）
声电诊心镜		科学画报	1946（第12卷第8期）
世界最大的电枢		科学画报	1946（第12卷第9期）
打破原子近闻		科学画报	1946（第12卷第9期）
经济的收音机		科学画报	1946（第12卷第12期）

续表

文章题目	所属栏目	刊物名称	时间
电达的心脏		科学画报	1948.1（第14卷第1期）
原子发电在研究中		科学画报	1948.1（第14卷第1期）
原子核连锁反应成功五周年		科学画报	1948.1（第14卷第1期）
播影传声的微波		科学画报	1948.2（第14卷第2期）
日月潭水力发电厂		科学画报	1948.3（第14卷第3期）
水力发电与火力发电		科学画报	1948.3（第14卷第3期）
雷达镜		科学画报	1948.4（第14卷第4期）
电子与原子价		中华科学文化社主编《科学月刊》	1931（第3卷第2期）
电气与医疗		中华科学文化社主编《科学月刊》	1931（第3卷第5期）
电流在导线上之热效应		四川省立科学馆主编《科学月刊》	1948.9（第25期）
雷电	科学著述	中华自然科学社编行《科学世界》	1933.1.1（第2卷第1期）
电与水		中华自然科学社编行《科学世界》	1933.3.1（第2卷第3期）
避雷须知		中华自然科学社编行《科学世界》	1933（第2卷第7期）
电学单位		中华自然科学社编行《科学世界》	1933（第2卷第8期）
电子控制万钟齐时发明浅说		中华自然科学社编行《科学世界》	1947.3（第16卷第2期）
电与化学		中华自然科学社编行《科学世界》	1936（第5卷第2、3期）
电磁波的分析		中华自然科学社编行《科学世界》	1935（第4卷第1期，2期，3期）
阴极线管		科学出版社《科学天地》	1946（第1卷第1期）
灯塔式真空管		科学出版社《科学天地》	1946（第1卷第1期）

续表

文章题目	所属栏目	刊物名称	时间
ICAS 与 CCS 规定值		科学出版社《科学天地》	1946（第1卷第1期）
麦克风已经发明了70年		科学出版社《科学天地》	1946（第1卷第1期）
电子显微镜		科学出版社《科学天地》	1946（第1卷第1期）
日本：各新报信——新制电线杯		［上海］万国公报	1874.10.24
美：电气抚琴		［上海］万国公报	1874.12.26
法：法国水电（选循环日报）		［上海］万国公报	1875.6.5
波斯：电音简略		［上海］万国公报	1881.1.22
英：制造电气箱与水雷同厂		［上海］万国公报	1876.2.26
清：福州新设电气学堂		［上海］万国公报	1876.6.24
英：欲生电光新法		［上海］万国公报	1877.10.6
罗经电学攸关	政事	［上海］万国公报	1879.7.5
美：传电迅速		［上海］万国公报	1882.5.20
德：电火毁屋		［上海］万国公报	1882.7.22
清：雷击电竿		［上海］万国公报	1883.5.19
清：胪唱电音		［上海］万国公报	1889.6，1890.6
美：电功利用		［上海］万国公报	1889.6
美：电气铁路		［上海］万国公报	1889.10
美：电行铁路		［上海］万国公报	1891.2
瑞士：电气行路		［上海］万国公报	1882.11.4
电气火车（录三月十一日知新报）	艺事稗乘	利济堂学报	1897.4.20
电气火车	格致	知新报	1897.4.12
美：拟筑西电		［上海］万国公报	1889.12
英：推崇电学		［上海］万国公报	1890.2
美：避电险法		［上海］万国公报	1890.2
美：用电日多		［上海］万国公报	1890.3
英：生电新法		［上海］万国公报	1890.8
比利时：电气新法		［上海］万国公报	1878.12.14
美：电气水龙		［上海］万国公报	1890.8
美：专办电局		［上海］万国公报	1890.10
法：电放陆炮		［上海］万国公报	1890.12
德：电信减价		［上海］万国公报	1891.8
英：电机炼金		［上海］万国公报	1891.9

续表

文章题目	所属栏目	刊物名称	时间
德：瀑运电机		［上海］万国公报	1891.11
美：赛院电房		［上海］万国公报	1891.12
美：铁路改电		［上海］万国公报	1892.1
意：瀑激电机		［上海］万国公报	1892.1
英：电学精进		［上海］万国公报	1893.4
美：电气排字		［上海］万国公报	1894.2
美：电气写字		［上海］万国公报	1894.2
英：西通电路		［上海］万国公报	1894.3
英：高堂通电		［上海］万国公报	1894.4
英：电路经行		［上海］万国公报	1894.9
印度：展接电线		［上海］万国公报	1895.4
改用电机		［上海］万国公报	1898.12
泰西：电气世界		［上海］万国公报	1900.4
电击致火	格致发明类征	［上海］万国公报	1904.11
无线电钟	格致发明类征	［上海］万国公报	1904.11
电气击木之异	智能丛话	［上海］万国公报	1905.5
气球传电	智能丛话	［上海］万国公报	1905.5
电淘沙器	智能丛话	［上海］万国公报	1905.6
水力电机之发达	智能丛话	［上海］万国公报	1905.7
新电标之适用	智能丛话	［上海］万国公报	1905.7
传字电机	智能丛话	［上海］万国公报	1905.7
磨电机之盛	智能丛话	［上海］万国公报	1905.8
船旁之电耳	智能丛话	［上海］万国公报	1905.8
铜纱衣之避电	智能丛话	［上海］万国公报	1905.8
铁路用电之日盛	智能丛话	［上海］万国公报	1905.9
无线电塔	智能丛话	［上海］万国公报	1906.4
电气公司之获利	智能丛话	［上海］万国公报	1906.8
建造灯塔	智能丛话	［上海］万国公报	1906.8
电力之奇	智能丛话	［上海］万国公报	1906.10
创用自然电气	智能丛话	［上海］万国公报	1907.2

续表

文章题目	所属栏目	刊物名称	时间
电气感觉术	智能丛话	［上海］万国公报	1907.3
电放焰火	智能丛话	［上海］万国公报	1907.5
电气之遍行	智能丛话	［上海］万国公报	1905.8
改用电车	各国杂志	［上海］万国公报	1903
电机制纸（约三月知新报）	艺事稗乘	利济堂学报	1897.5.21
电制轮舟（节二月伦敦工艺格致报）	艺事稗乘	利济堂学报	1897.5.21
水力制电（约四月知新报）	艺事稗乘	利济堂学报	1897.6.5
湘省电价（录新闻报）	商务丛谈	利济堂学报	1897.6.21
电火验生（录博闻报）	见闻近录	利济堂学报	1897.8.7
湘电迅缓（录集成报）	见闻近录	利济堂学报	1897.8.7
德：海底电缆	各国近事	知新报	1897.3.18
电机制纸	工事	知新报	1897.4.27
电制轮舟	格致	知新报	1897.4.27
美：电机信箱	各国近事	知新报	1897.5.22
船中电机（附图）	格致	知新报	1897.6.10
电气流行	工事	知新报	1897.7.20
海电原起	格致	知新报	1897.7.29
空中传电	格致	知新报	1897.11.5
龙生电火	格致	知新报	1897.11.24
课学电机	工事	知新报	1897.12.4
电光远透	格致	知新报	1897.12.4
电化制炼净铜	格致	知新报	1898.5.11
电气成体（译纽约格致报）	格致	知新报	1898.6.9，6.19，6.29
较论电火炮弹之速率		格致知新报	1898.7.19
电音新制	工事	知新报	1898.8.8
德国电气铁道社会数	欧洲近事	知新报	1898.9.6
电气植物	格致	知新报	1898.11.24
推广电力	工事	知新报	1898.12.23
电学进境	格致	知新报	1899.1.22
气球电音	格致	知新报	1899.12.13
电火验生（录博闻报）		集成报	1897.5.6
日本留心海电（录循环报）		集成报	1897.6.14

续表

文章题目	所属栏目	刊物名称	时间
德国运河电灯（录苏报）		集成报	1897. 6. 14
球电摧敌法（循环报）	军政	集成报	1897. 7. 14
电浪新法（译横滨日日报）（时务报）		集成报	1897. 7. 14
设电续闻（汉报）	杂事	集成报	1897. 7. 14
议设电车（循环报）	制造	集成报	1897. 8. 2
油栈触电（译中法新汇报）	本馆番译	集成报	1897. 9. 11
试演电医（申报）	医学	集成报	1897. 10. 10
电机新法（中西报）	制造	集成报	1897. 10. 30
电报杂用	中外见闻杂录（录香港新报）	瀛寰琐记	1872. 12
美：电报遥歌		［上海］万国公报	1874. 9. 26
美：海底电报将成		［上海］万国公报	1874. 9. 19
巴西：电报造成		［上海］万国公报	1874. 10. 17
日本：库页电报工峻		［上海］万国公报	1874. 10. 24
电报节略序		［上海］万国公报	1874. 10. 31
电报节略		［上海］万国公报	1874. 10. 31，11. 7，11. 14，11. 21，11. 28，12. 5，12. 12
俄：万国电报公司会议		［上海］万国公报	1874. 11. 7
俄：万国电报公会		［上海］万国公报	1874. 11. 14
清：福州电报仍旧办理		［上海］万国公报	1874. 12. 26
日本：各新报信——延美国人管理电报已至东洋		［上海］万国公报	1874. 10. 24
日本：长崎信息——电报不取资费		［上海］万国公报	1874. 12. 19
美：欲造太平洋电报		［上海］万国公报	1875. 1. 2
清：电报中断		［上海］万国公报	1875. 5. 1
英：电报行速		［上海］万国公报	1875. 5. 8
法：电报新法（选 32 号中西闻见录）		［上海］万国公报	1875. 5. 29
清：福州至厦门电报已有成议		［上海］万国公报	1875. 6. 19
英：电报神速		［上海］万国公报	1875. 8. 28
美：铁路电报速而更速		［上海］万国公报	1875. 9. 18

续表

文章题目	所属栏目	刊物名称	时间
清：派员特办电报		［上海］万国公报	1876.1.1
英：总辖民间电报		［上海］万国公报	1876.5.20
各国电报信息		［上海］万国公报	1876.6.17
英：水陆电报到处接连		［上海］万国公报	1876.7.8
美：与英来往电报公数		［上海］万国公报	1876.7.15
俄：远近亦有电报相通		［上海］万国公报	1876.9.30
英：电报神速报跑马信		［上海］万国公报	1877.9.29
英：电报清单		［上海］万国公报	1877.5.12
美：由金山造电报至日本国		［上海］万国公报	1878.1.26
德：与比利时议定电报价值		［上海］万国公报	1878.3.16
俄：筹银添设电报		［上海］万国公报	1878.12.14
清：制造电报		［上海］万国公报	1879.1.11
美：电报风信验否		［上海］万国公报	1879.1.11
俄：电报有益		［上海］万国公报	1879.4.5
俄：电报过界		［上海］万国公报	1879.12.27
美：庆贺电报已行25载		［上海］万国公报	1879.5.17
日斯巴尼亚：议设电报		［上海］万国公报	1879.3.8
清：电报已成		［上海］万国公报	1881.10.1
丹麦：讲究电报		［上海］万国公报	1881.11.26
万国电报通例序		［上海］万国公报	1881.12.3
万国电报通例后序		［上海］万国公报	1881.12.10
万国电报通例后序		［上海］万国公报	1881.12.17
万国电报通例后序		［上海］万国公报	1881.12.24
英：电报效德		［上海］万国公报	1882.1.7
电报章程（选录新报）		［上海］万国公报	1882.1.21，1882.1.28
清：电报已成		［上海］万国公报	1882.2.11
清：电报改章		［上海］万国公报	1882.4.15
清：电报神速		［上海］万国公报	1882.8.12
美：电报直达		［上海］万国公报	1883.1.6
暹罗：创造电报		［上海］万国公报	1883.7.28
广论电报之益		［上海］万国公报	1889.8
英：电报获利		［上海］万国公报	1889.11

续表

文章题目	所属栏目	刊物名称	时间
英：电报获利		［上海］万国公报	1891.3
论中国兴电报之益（见直报）		［上海］万国公报	1892.4
轮船电报两事宜如何剔弊方能持久论		［上海］万国公报	1893.3
丹麦：电报利厚		［上海］万国公报	1894.7
英：电报总账		［上海］万国公报	1896.6
电报新机（星报）	制造	集成报	1897.9.11
电报新法（译上海字林报西九月十七日）	英报辑译	实学报	1897.9.26，10.6
电报邮政之便		尚贤堂月报·新学月报	1897.7
无线电报续闻		尚贤堂月报·新学月报	1898.2
电报新奇（录官书局报）		集成报	1897.5.6
无线电报（汇录五月官书局汇报）	各国商情	湖北商务报	1899.8.6
清国电报本末（译西五月十二号时事新报）		清议报	1899.6.8
详论电报各法	格致	知新报	1899.9.15，9.25
无线电报	格物门	南洋七日报	1901.12.8
德：无线电报		［上海］万国公报	1902.1
无线电报	地球各国记事	选报	1902.5.18
记电报留声		［上海］万国公报	1902.12
电报留声	艺事通记——地球最新工艺录	政艺通报	1903.2.27
拟设电报	欧美译闻	［上海］万国公报	1903.4
无线电报	各国杂志	［上海］万国公报	1903.8
无线电报	丛谈	商务报	1903.12.29
电报留声法	实业	商务报	1904.1.8
电报新报	格致发明类征	［上海］万国公报	1904.7
电报之速率	格致发明类征	［上海］万国公报	1904.8
无线电报原理之发明	艺学文编	政艺通报	1904.11.21，12.7
电报速率	丛谈	东方杂志	1905.1.30
电报日新	艺事通记	政艺通报	1905.12.26

续表

文章题目	所属栏目	刊物名称	时间
无线电报之新式	智能丛话	［上海］万国公报	1905.3
电报进步	各国杂志	［上海］万国公报	1905.3
无线电报之原理	丛谈	东方杂志	1905.6.27
电报传字	智能丛话	［上海］万国公报	1906.5
无线电报之利用	智能丛话	［上海］万国公报	1906.11
电报传字	艺事通记	政艺通报	1906.5.8
无线电报说略	艺学文编	政艺通报	1906.6.22，7.6
惊人之电报配布夫	谈丛	学报	1907.5.12
无线电报之益	智能丛话	［上海］万国公报	1907.3
电报传字	智能丛话	［上海］万国公报	1907.6
无线电报之发明	智能丛话	［上海］万国公报	1907.11
论无线电报之作用（录神州日报）	新知识	东方杂志	1909.12.7
无线电报之功用	实业纪闻	万国商业月报	1909.5
论无线电报	杂丛	东方杂志	1910.1.6
船上发行日日电报	杂丛	东方杂志	1910.10.27
无线电报	学术	清华学报	1915.12
电报发明家莫尔斯		青年进步	1918.2
电报发明家莫尔斯（青年进步）		东方杂志	1918.6.15
电报机		科学画报	1935（第2卷第24期）
发明电报的故事		科学画报	1935.5.16（第2卷第20期）
电学第五讲——电报和电话		科学画报	1936.5.1（第3卷第19期）
英：电气行车		［上海］万国公报	1889.4
俄：创行电车		［上海］万国公报	1891.5
英：电气行车		［上海］万国公报	1892.12
暹罗：电车广行		［上海］万国公报	1893.12
法：电气行车		［上海］万国公报	1894.8
英：新创电车		［上海］万国公报	1895.4
美：电气行车		［上海］万国公报	1896.5
电车溢利	工事	知新报	1897.3.13
泰西：飞驶电车		［上海］万国公报	1900.2

续表

文章题目	所属栏目	刊物名称	时间
拟驶电车	杂志	集成报	1901.9（第16期）
电车增速	格物门	南洋七日报	1901.12.29
电车速率	地球各国记事	选报	1902.5.18
电车专利	中外新闻	杭州白话报	1902.1.4
法：电车通行		[上海] 万国公报	1902.1
德：电车速率		[上海] 万国公报	1902.2
电气车之速率	杂录——珍闻译片	江苏	1903.10.20
电车推广（选商会日报）	丛钞	商务报	1904.10.29
新电车	杂丛	扬子江	1904.7.13
电车速率	丛谈	东方杂志	1904.10.4
电车速率	丛谈	商务报	1904.5.6
电车速率	艺事通记	政艺通报	1904.1.31
电车推广	格致发明类征	[上海] 万国公报	1904.10
电车推行	欧美杂志	[上海] 万国公报	1904.4
记新式电车	格致发明类征	[上海] 万国公报	1904.6
电车路之加长	智能丛话	[上海] 万国公报	1905.3
电车调查	丛谈	东方杂志	1905.6.27
电车推广	丛谈	东方杂志	1905.6.27
电车路广	丛谈	东方杂志	1906.8.14
行驶电车之新法	艺事通记	政艺通报	1906.6.22
电车之憾事	智能丛话	[上海] 万国公报	1906.11
新式电车	智能丛话	[上海] 万国公报	1907.6
新式电车	艺事通记	政艺通报	1907.6.25
洒水电车	艺事通记	政艺通报	1907.3.14
电车速率	智能丛话	[上海] 万国公报	1907.3
无轨电车	译丛	进步杂志	1912.4
涉水电车	译丛	进步杂志	1912.8
世界至速之电车	杂丛	贵州实业杂志	1913.3.1
无轨电车	杂丛	今闻类钞	1913.3

续表

文章题目	所属栏目	刊物名称	时间
电车公司进行（苏）	实业新闻	实业丛报	1913. 7. 1
无轨电车	科学万能记	进步杂志	1914. 7
电车之发达及其真价（附说构造之一般）	科学研究	楚宝	1917. 10. 18
电车发明史		东方杂志	1917. 12. 15
电之用途——电车	理科教材	科学画报	第 3 卷第 23 期
高周率电车		科学出版社《科学天地》	1946. 6（第 1 卷第 1 期）
纪生电池	智能丛话	［上海］万国公报	1905. 4
价值七分之电池（附图）	丛译	进步杂志	1911. 12
电池之种类及构造	参考资料	湖南实业杂志	1912. 9
二次电池（蓄电池）	科学研究	楚宝	1917. 9. 18，10. 18
蓄电池之要件浅说	学艺	学生杂志	1918. 12. 5
用电池截玻璃	小工艺	科学画报	1934. 12. 16（第 2 卷第 10 期）
自制简单光电池	理科教材	科学画报	1935. 10. 16（第 3 卷第 6 期）
蓄电池		科学画报	1939（第 6 卷第 6 期）
神秘的光电池		科学画报	1944（第 11 卷第 4 期）
铅酸蓄电池之管理述略		国立山东大学科学丛刊	第 1 卷第 2 期
保不漏电的电池		科学画报	1941. 11. 10（第 8 卷第 5 期）
电池组代替器		科学世界	第 5 卷第 10、11 期、第 12 期
英国最大电磁铁	科学新闻	科学画报	第 3 卷第 21 期
电磁铁在工业上之用途		科学画报	1938（第 5 卷第 12 期）
电磁铁的设计与制造	理科教材	科学画报	1938（第 5 卷第 12 期）
电磁铁和它的运用	理科教材	科学画报	1937. 10. 1（第 5 卷第 5 期）
强力之电磁石	科学万能记	进步杂志	1914. 11
起重磁铁制作法		科学画报	1939（第 6 卷第 2 期）
起重磁铁的用途		科学画报	1939（第 6 卷第 2 期）
磁铁和电磁铁的性质		上海南洋公学出版《科学世界》	1920. 4（第 1 卷第 2 号）
美：用电决犯		［上海］万国公报	1890. 3

续表

文章题目	所属栏目	刊物名称	时间
美：以电惩犯		［上海］万国公报	1892.8
法：电气种田		［上海］万国公报	1902.7
借电喂鸡	智能丛话	［上海］万国公报	1905.8
借电喂鸡	丛谈	东方杂志	1906.1.19
英：电益植物		［上海］万国公报	1892.10
电火断钢	欧美译闻	［上海］万国公报	1903.3
电气课耕	欧美杂志	［上海］万国公报	1903.10
电气锯木	欧美杂志	［上海］万国公报	1904.3
电扇御寒	格致发明类征	［上海］万国公报	1904.8
电扇御寒	丛钞	商务报	1904.10.9
电气扇可以御寒	谈苑	中国白话报	1904.10.8
养鱼中用电热来御寒	科学新闻	科学画报	1934.11.16（第2卷第8期）
电光暖物	格致发明类征	［上海］万国公报	1904.11
电光暖物	艺事通记	政艺通报	1905.1.6
电暖被	科学新闻	科学画报	1937.3.1（第4卷第15期）
电气驱蚊	艺事通记	政艺通报	1905.1.6
电气杀虫	艺事通记	政艺通报	1905.9.19
电气驱蚊	格致发明类征	［上海］万国公报	1904.11
电气驱蚊（选晋报）	丛钞	商务报	1905.1.26
电气驱蚊	丛谈	东方杂志	1905.6.27
电光医病	智能丛话	［上海］万国公报	1905.9
电光医病	艺事通记	政艺通报	1906.6.6
电光之有益种植	智能丛话	［上海］万国公报	1906.11
电光治病	智能丛话	［上海］万国公报	1906.11
电气肥田	智能丛话	［上海］万国公报	1907.6
电气肥田	艺事通记	政艺通报	1907.8.23
电与植物之关系	科学丛谈	教育世界	1907.10（第158号）

续表

文章题目	所属栏目	刊物名称	时间
电力助植物生长说（附图）（节译世界报）	新知识	东方杂志	1910. 4. 4
植物与电之关系	艺事通记	政艺通报	1907. 11. 20
电气耕作法	艺事通记	政艺通报	1906. 1. 9
电气犁田	农事	知新报	1897. 3. 13
电气制雷（附图）	工事	知新报	1897. 8. 28
电力耕田	农事	知新报	1897. 11. 5
电气利农（录三月初八日官书局汇报）	农学琐言	利济堂学报	1897. 4. 20
电光之有益种植	艺事通记	政艺通报	1906. 11. 1
电光之能治病	艺事通记	政艺通报	1906. 11. 1
以电网鱼	艺事通记	政艺通报	1906. 1. 9
用电捕鱼	谭苑	竞业旬报	1906. 10. 28
葡萄之电气培养法	新知识	东方杂志	1909. 9. 9
电治耳聋（译录美国科学报）		东方杂志	1914. 2. 1
德国电气耕作	参考资料	商务官报	1909. 2. 15
电气驱虫之利用	科学丛录	北洋学报	1906（第39期）
电气肥料法	谈丛	学报	1907. 5. 12
用电肥田法	新法碎件	实业界	1908. 8. 28
电气音乐匣（附图）	杂丛	进步杂志	913. 5
御寒之电气被	杂丛	进步杂志	1913. 5
电气耕田之价廉	科学万能记	进步杂志	1915. 2
电气农作法	科学万能记	进步杂志	1914. 11
电气治肥（附图）	物质文明识小录	进步杂志	1916. 6
电气肥料法	新智海	云南教育杂志	1914. 7. 15
电气农作法	杂丛	湖南实业杂志	1913. 1
电气利用之将来		进步杂志	1916. 7
电气饲育雏鸡之成功	新智海	云南教育杂志	1914. 1. 15
电气能助雏鸡之发育（采电气杂志）	杂从	直隶实业杂志	1914. 5. 1
作物栽培上电气之应用	参考资料	湖南实业杂志	1913. 2
电力杀虫新法	杂丛	直隶实业杂志	1914. 4. 1

续表

文章题目	所属栏目	刊物名称	时间
电气探矿法	译林	直隶实业杂志	1913. 6. 1
电气探矿法	杂丛	贵州实业杂志	1913. 3. 1
英：电气行船		［上海］万国公报	1882. 12. 9
英：电气驾船		［上海］万国公报	1875. 9. 11
土耳其：电行车船		［上海］万国公报	1889. 5
法：用电新法		［上海］万国公报	1889. 8
美：电气利用		［上海］万国公报	1889. 12
西：水底电船		［上海］万国公报	1890. 9
巴西：电行铁路		［上海］万国公报	1891. 12
电制坚钢	艺事稗乘	利济堂学报	1897. 3. 5
保护帆船之新电机	智能丛话	［上海］万国公报	1906. 9
电气制物	格致	知新报	1898. 11. 24
电气裨益衰老	格致	知新报	1899. 9. 15
英：电行脚船		［上海］万国公报	1891. 5
英：电代火力		［上海］万国公报	1893. 9
电传音乐	智能丛话	［上海］万国公报	1905. 7
电传音乐	智能丛话	［上海］万国公报	1906. 8
电传音乐	艺事通记	政艺通报	1905. 10. 13
电传音乐	丛谈	东方杂志	1906. 1. 19
电气辐木	智能丛话	［上海］万国公报	1905. 9
电治马病	农事	知新报	1898. 4. 11
电力曳船	工事	知新报	1898. 5. 1
电气杀蛹（译新农报）	东报	农学报	1899. 12
电制轮舟（星报）	制造	集成报	1897. 7. 14
电医新法（循环报）	杂事	集成报	1897. 7. 14
电照新法（苏海汇报）	医学	集成报	1897. 9. 21
电制宝石		尚贤堂月报·新学月报	1897. 8
电制宝石	海外近事	蜀学报	1898. 5. 5（第1册）
猫电治病（译伦敦格致报）	格致	经世报	1898. 11
电验蚕丝（伦敦法文报之格致余谈）	格致	经世报	1897. 9
电马奇制（十一月华报）	外国近闻	渝报	1897. 12

续表

文章题目	所属栏目	刊物名称	时间
以电代马	海外近事	蜀学报	1898.8（第10册）
电力代马	海外近事	蜀学报	1898.8（第11册）
电气制钢	丛谈	商务报	1903.12.29
电气探矿法	实业	商务报	1904.1.17
电之有益卫生（选大公报）	丛钞	商务报	1904.8.31
用电气以做家事	谈薮	女子世界	1904.1.17
电气锯木	丛谈	东方杂志	1904.5.10
电锯木	智能丛话	［上海］万国公报	1907.4
英：电气使用		［上海］万国公报	1893.1
瑞典：电传光力		［上海］万国公报	1893.3
电光暖物	丛谈	东方杂志	1905.6.27
电气之利用	智能丛话	［上海］万国公报	1905.10
电气探雾法	艺事通记	政艺通报	1903.11.19
电气种蔗之新发明	报告	商工旬报·农工商报·广东劝业报	1909.8.5
用电控制树的生长	科学新闻	科学画报	1935.9.1（第3卷第3期）
用电栅阻鱼	科学新闻	科学画报	1936.1.1（第3卷第11期）
用电眼测汽车速度	科学新闻	科学画报	1936.1.1（第3卷第11期）
电的用途——传电	理科教材	科学画报	1936.5.1（第3卷第19期）
电之用途——电热	理科教材	科学画报	1936.6.1（第3卷第21期）
电之用途——家用电器	理科教材	科学画报	1936.6.16（第3卷第22期）
电之用途——（七）无线电（八）电力生冷	理科教材	科学画报	1936.7.1（第3卷第23期）
电之用途	理科教材	科学画报	1936.4.1（第3卷第17期）
电灯花钟	艺事通记	政艺通报	1904.3.1
长明灯	艺事通记	政艺通报	1903.11.19
新发明之探险电灯	杂译	进步杂志	1913.10

续表

文章题目	所属栏目	刊物名称	时间
海底电灯之出现	杂丛	湖南实业杂志	1913
美：铁楼电灯		［上海］万国公报	1890. 7
电灯招股（录中外日报）	国内新闻	知新报	1899. 3. 1
铁路上之电灯	智能丛话	［上海］万国公报	1905. 11
海底电灯新式	工事	知新报	1899. 1. 12
电灯费廉	工事	知新报	1897. 4. 7
杭州电灯公司招股章程	商务	集成报	1897. 8. 12
制电灯法（译美国保罗士杂志）（知新报）		集成报	1897. 8. 22
新制电灯（四月苏报）	各省商情	湖北商务报	1899. 7. 18
新灯奇制（选政艺通报）	丛谈	商务报	1904. 5. 15
弧光电灯	工业	实业界	1908. 9. 7
英：电气为灯		［上海］万国公报	1878. 12. 21
英：煤气电气灯比赛		［上海］万国公报	1879. 1. 4
英：制电气为灯准行		［上海］万国公报	1879. 6. 7
美：创设电灯		［上海］万国公报	1879. 8. 30
美：试点电火		［上海］万国公报	1881. 1. 15
美：电灯通行		［上海］万国公报	1881. 6. 18
清：法界电灯		［上海］万国公报	1882. 3. 25
英：集电气灯		［上海］万国公报	1882. 4. 29
法：电气灯会		［上海］万国公报	1882. 4. 29
美：电气灯说		［上海］万国公报	1882. 5. 13
清：测验电灯		［上海］万国公报	1882. 8. 26
清：电灯费重		［上海］万国公报	1882. 9. 23
美：家用电灯		［上海］万国公报	1882. 11. 4
法：设立电灯		［上海］万国公报	1882. 12. 2
德：概用电灯		［上海］万国公报	1882. 12. 2
德：试电气灯		［上海］万国公报	1882. 12. 30
清：电灯试燃		［上海］万国公报	1883. 4. 28
清：添设电灯		［上海］万国公报	1883. 5. 12
清：路灯被窃		［上海］万国公报	1883. 5. 19
清：电灯大观		［上海］万国公报	1883. 6. 9

续表

文章题目	所属栏目	刊物名称	时间
英：悉易电灯		[上海] 万国公报	1889. 8
俄：电灯新制		[上海] 万国公报	1889. 8
英：添设电灯		[上海] 万国公报	1891. 8
美：电灯奇制		[上海] 万国公报	1895. 4
奥撕马加：改用电灯		[上海] 万国公报	1890. 5
电灯中烧料	智能丛话	[上海] 万国公报	1907. 5
金丝电灯	智能丛话	[上海] 万国公报	1907. 5
天下最大之电光灯	智能丛话	[上海] 万国公报	1907. 12
制电灯法（译美国保格士杂志）	工事	知新报	1897. 7. 20
记日光灯	各国新法碎录	[上海] 万国公报	1902. 12
新灯奇制	欧美译闻	[上海] 万国公报	1903. 4
异式电灯	欧美译闻	[上海] 万国公报	1903. 4
电灯推广	本埠新闻	宁波白话报	1903. 12. 3
异式电灯	艺事通记	政艺通报	1903. 5. 27
撮光电灯	艺事通记	政艺通报	1904. 1. 2
撮光镜之电灯	丛谈	东方杂志	1904. 3. 11
汽车隧道之电灯	艺事通记	政艺通报	1904. 7. 13
水银电灯	艺事通记	政艺通报	1905. 8. 15
最明之灯	智能丛话	[上海] 万国公报	1905. 7
电灯之用铂丝	智能丛话	[上海] 万国公报	1905. 9
坟上之电灯	杂丛	东方杂志	1910. 10. 27
长距离电话之进步	译丛	进步杂志	1912. 5
铅笔管内之电灯	杂译	进步杂志	1913. 8
推广电灯	实业新闻	实业丛报	1913. 5. 15
无线电灯之新发明	科学杂丛	东方杂志	1914. 2. 1
召警之电灯	物质文明识小录	进步杂志	1915. 5
最便利之电灯	物质文明识小录	进步杂志	1915. 8
炮车上之新电光灯	物质文明识小录	进步杂志	1916. 2
电灯坏眼	格致	知新报	1897. 3. 8

续表

文章题目	所属栏目	刊物名称	时间
电灯将兴	中国工商情形	工商学报	1898.10（第5册）
探海电灯（中外新报）	各国近事	集成报	1898.5.5
电气灯新制（译西七月十三日日本报）	艺学	东亚报	1898.8.8
电灯专利（四月申报）	各省商情	湖北商务报	1899.7.18
电灯公司	译西报	湖北商务报	1900.4.10
电气灯将来之大敌	艺事通记	政艺通报	1903.5.27
天下最大之电光灯	智丛	新朔望报	1908.2.16
世界最大之电灯	杂纂	夏声	1908.3.27
海底电灯之发明	杂纂	夏声	1908.4.25
电灯之原理	工业	实业界	1908.9.7
电灯用蓄电池之必要	工业	实业界	1908.9.26
电灯传语	新艺术	万国商业月报	1908.10
最新矿内所用之电灯	新机器	万国商业月报	1909.7
电灯不准专利	报告	商工旬报·农工商报·广东劝业报	1909.12.2
捕盗贼电灯	新机器	万国商业月报	1909.8
无线电灯	科学万能记	进步杂志	1914.10
电灯	学艺门——家庭科学	［商务］妇女杂志	1917.8.5
电灯		云南教育杂志	1919.7
雏形电灯装置	科学新闻——小工艺	科学画报	1937.12.16（第5卷第10期）
二千五百万烛光的探照灯		科学画报	1939（第6卷第11期）
保险的闪光灯泡		科学画报	1939（第6卷第8期）
电灯球	学识	中国商业研究会月报·中国商业月报	1917（第9期）
气弧灯		科学画报	1948.12（第14卷第12期）
世界最大灯泡		科学画报	1948.2（第14卷第2期）
怎样修理日光灯		科学画报	1948.7（第14卷第7期）

续表

文章题目	所属栏目	刊物名称	时间
荧光棒代替电灯泡		科学画报	1941（第7卷第11期）
内摩挲电灯		科学画报	1944（第11卷第1期）
世界最小的电灯	科学新闻	科学画报	1934.11.16（第2卷第8期）
发出明亮白光的灯泡		科学画报	1940（第7卷第6期）
电流怎样流入电灯呢？	科学新闻——小工艺	科学画报	1938（第5卷第17期）
电之用途——电灯	理科教材	科学画报	1936.5.16（第3卷第20期）
新式交流电动机		科学画报	1935.5.16（第2卷第20期）
小电动机	理科教材	科学画报	1935.10.16（第3卷第6期）
另一种简单小电动机	理科教材	科学画报	1935.11.1（第3卷第7期）
电学第三讲——电动机和发电机		科学画报科学画报	1936.4.1（第3卷第17期）
渺小的电动机		科学画报	1937.7.16（第4卷第24期）
锥形电动机	科学新闻——小工艺	科学画报	1936.12.1（第5卷第9期）
世界最小的电动机		科学画报	1939（第6卷第5期）
速成电动机		科学画报	1940（第7卷第2期）
用柠檬汁供给电流的电动机		科学画报	1940（第7卷第3期）
装在一颗珍珠内的小电动机		科学画报	1941（第7卷第8期）
五种玩具电动机		科学画报	1941（第7卷第10期）
掌上电动机		科学画报	1945（第12卷第3期）
飞机的电动机		科学画报	1947.7（第13卷7期）
纽扣大小的电动机		科学画报	1948.5（第14卷第5期）
电镀镜面法（译美国科学杂志）	译林	直隶实业杂志	1915.3.1
电镀铁线	工事	知新报	1897.5.31
电镀精奇	格致	知新报	1897.4.17
电镀铁线（录知新报）	艺事稗乘	利济堂学报	1897.7.7
电镀精奇（录三月十六日知新报）	艺事稗乘	利济堂学报	1897.4.20

续表

文章题目	所属栏目	刊物名称	时间
电镀须知	工事	知新报	1898. 3. 22
电镀木质	工事	知新报	1899. 1. 2
吕之电镀用液	实业	商务报	1904. 4. 6
德国电镀金法	工业	商工旬报·农工商报·广东劝业报	1908. 8. 17
电镀法	工艺	振群丛报	1907. 12. 4
电镀普通法	工业	实业界	1908. 6. 20
电镀红铜法	工业	实业界	1908. 6. 30
电气镀路法	工业	实业界	1908. 6. 20
独逸电气镀金	工业	实业界	1908. 6. 30
独逸电气镀银	工业	实业界	1908. 6. 30
电镀黄铜法	工业	实业界	1908. 7. 10，7. 20
简易电镀术	学艺	学生杂志	1915. 12. 20
电镀志略	学艺	学生杂志	1918. 6. 5
简单的电镀法		科学画报	1935. 7. 16（第2卷第24期）
简单的电镀	理科教材	科学画报	1935. 11. 16（第3卷第8期）
简单的电镀		科学画报	1935. 12. 1（第3卷第9期）
电镀皮件、木器、石膏像		科学画报	1937. 12. 16（第5卷第10期）
新发明之电话器	艺事通记	政艺通报	1906. 11. 30
记音电话	智能丛话	［上海］万国公报	1907. 3
火车电话	艺事通记	政艺通报	1903. 5. 27
火车电话（选政艺通报）	丛谈	商务报	1904. 5. 15
电话日兴	各国杂志	［上海］万国公报	1903. 7
无线电话	格致发明类征	［上海］万国公报	1904. 9
电话传字	格致发明类征	［上海］万国公报	1904. 10
电话传字	丛谈	东方杂志	1905. 6. 27
电话前程	格致发明类征	［上海］万国公报	1904. 11

续表

文章题目	所属栏目	刊物名称	时间
电话通行	智能丛话	［上海］万国公报	1905. 6
电话新闻	智能丛话	［上海］万国公报	1907. 1
电话机之进步	智能丛话	［上海］万国公报	1907. 2
电话奇报	智能丛话	［上海］万国公报	1907. 11
电话述奇	艺事通记	政艺通报	1902. 10. 16
电话日兴	艺事通记	政艺通报	1903. 8. 23
水中电话	艺事通记	政艺通报	1905. 4. 5
水机电话	艺事通记	政艺通报	1905. 10. 13
水底电话	艺事通记	政艺通报	1905. 10. 13
街道之电话机	艺事通记	政艺通报	1905. 11. 27
无线电话	艺事通记	政艺通报	1906. 6. 22
电话新闻	艺事通记	政艺通报	1907. 1. 14
配音电话	艺事通记	政艺通报	1907. 3. 28
水中传递电话之新法	艺事通记	政艺通报	1907. 8. 9
电话新筒（选晋报）	丛钞	商务报	1904. 9. 30
电话神奇（选北洋官报）	丛钞	商务报	1904. 11. 7
电话奇报	新知识	东方杂志	1909. 4. 15
美国电话之进步	杂丛	东方杂志	1910. 10. 27
各国电话事业	参考资料	商务官报	1909. 6. 22
电话机与肺结核症	译丛	进步杂志	1912. 8
电话机之进步（译美国科学杂志）	译林	直隶实业杂志	1915. 3. 1
新式电话	杂志类	黑龙江实业月报	1912. 9
怀中电话机	杂丛	生计	1913. 2. 1
怀中用无线电话器	艺事通记	政艺通报	1907. 3. 28
新式电话	杂丛	贵州实业杂志	1913. 3. 1
电话发明史及其器之剖解	学艺	学生杂志	1916. 4. 20
电话发明家倍尔传	智育之部	青年进步	1917. 5
电话发明家倍尔氏传（附图）		中华学生报	1915. 11. 25
一万里之长距离电话（附图）		大中华杂志	1915. 12. 20
无线电话（附图）	学艺	学生杂志	1917. 7. 5
电话器与卫生		大中华杂志	1915. 12. 20
无声电话	工业部	实业丛报	1913. 12. 1

续表

文章题目	所属栏目	刊物名称	时间
无声电话	智囊	神州丛报	1914. 4. 1
电话之原理	工业	实业界	1908. 7. 29，8. 8
单线电话之发明（附图）译三月份美国世界杂志）		东方杂志	1911. 5. 23
电话验病术（附图）（译美国技术界杂志）		东方杂志	1911. 11. 15
衣囊电话器之发明	杂丛——谈奇	湖北学生界·汉声 1903. 1. 29	
电话机进步	艺事通记	政艺通报	1907. 3. 28
衣囊电话器	艺事通记	政艺通报	1906. 9. 3
电话	科学丛谈	教育世界	1907. 10（第160号）
长距离之无线电话机杂丛	进步杂志	1913. 8	
最长之电话海线	科学万能记	进步杂志	1913. 11
不必用手之电话新机	物质文明识小录	进步杂志	1915. 4
铁道用无线电话机之新发明	译林	直隶实业杂志	1913. 3. 1
新式电话	译林	直隶实业杂志	1913. 6. 1
无线电话之新发明	国外附录	［上海］中华实业丛报	1913. 11. 1
可伸缩的电话机线绳	科学新闻	科学画报	1937. 6. 16（第4卷第22期）
电话机的架子可使两手自由	科学新闻	科学画报	1935. 3. 1（第2卷第15期）
用砖试验电话线的雪压抵抗		科学画报	1941（第7卷第11期）
电话副机能使书记听话		科学画报	1939（第6卷第1期）
电话期限预告器		科学画报	1939（第6卷第2期）
电话机的故事		科学画报	1938（第5卷第21期、22期合刊）
电话机		科学画报	1935. 5. 16（第2卷第20期）
电学第五讲——电报和电话		科学画报	1936. 5. 1（第3卷第19期）
自动电话		科学画报	1941. 7. 10（第8卷第1期）
你可以带电话机走路了		科学画报	1947. 7（第13卷7期）

续表

文章题目	所属栏目	刊物名称	时间
电话器消毒法	小工艺	科学画报	1943.8.1（第10卷第1期）
电铃传光	智能丛话	［上海］万国公报	1905.5
电铃传光	艺事通记	政艺通报	1905.6.17
电铃	科学丛谈	教育世界	1907.10（第160号）
电铃之原理	工业	实业界	1908.10.6
电铃的原理和装置法		科学画报	1935.8.1（第3卷第1期儿童节纪念号）
电视的神奇		科学画报	1935.6.1（第2卷第21期）
电视画构成的奇妙		科学画报	1935.6.1（第2卷第21期）
戏院用电视幕	科学新闻	科学画报	1935.12.16（第3卷第10期）
电视的今昔	理科教材	科学画报	1937.6.16（第4卷第22期）
彩色电视像	科学新闻	科学画报	1937.7.16（第4卷第24期）
电视浅说		科学画报	1938（第5卷第14期）
电视新闻纸	科学新闻	科学画报	1937.8.1（第5卷第1期）
用电视传送指纹		科学画报	1939（第6卷第4期）
有色电视之新发展		科学画报	1941（第7卷第9期）
彩色电视最近发展的检讨		科学画报	1941.8.10（第8卷第2期）
电视	理科教材	科学画报	1942.12.1（第9卷第5期）
电视的戏院化		科学画报	1945（第12卷第2期）
空中电视在实验中		科学画报	1946（第12卷第8期）
飞行电视		科学画报	1946（第12卷第11期）
电视界进入实业界的前奏		科学画报	1947.7（第13卷第7期）
美：飓风损电线		［上海］万国公报	1874.9.19
日本：广设电线		［上海］万国公报	1874.10.31
英：电线中断		［上海］万国公报	1874.12.12

续表

文章题目	所属栏目	刊物名称	时间
英：英美新制电线修理将成		[上海] 万国公报	1875.1.9
清：厦门百姓毁坏电线		[上海] 万国公报	1875.3.6
日本：修好电线		[上海] 万国公报	1875.3.13
电线神奇		[上海] 万国公报	1875.3.13
清：保护电线		[上海] 万国公报	1875.4.10
英：接办英美相通电线		[上海] 万国公报	1875.5.29
清：福州官办电线告示		[上海] 万国公报	1875.7.10
清：由沪至长崎电线中断		[上海] 万国公报	1875.7.10
清：福州乡民毁坏电线	各国近事	[上海] 万国公报	1875.9.25
清：电线难成（选闽省会报二则）		[上海] 万国公报	1876.1.22
清：福州电线难望成功		[上海] 万国公报	1876.3.18
清：制办电线		[上海] 万国公报	1876.5.20
暹罗：拟设电线（选香港循环日报）		[上海] 万国公报	1876.3.11
清：福州再出造电线告示		[上海] 万国公报	1876.1.1
日斯巴尼亚：制造直通英国电线		[上海] 万国公报	1876.6.24
清：赔电线失物款（选闽省会报三则）		[上海] 万国公报	1876.7.15
清：修整电线		[上海] 万国公报	1876.7.15
英：与德通连电线信价议减		[上海] 万国公报	1876.9.2
英：添制电线		[上海] 万国公报	1876.9.23
美：添电线至欧洲		[上海] 万国公报	1877.4.14
清：电线局暂停（选31号闽省会报）		[上海] 万国公报	1877.5.12
德：电线在地下		[上海] 万国公报	1877.9.22
土耳其：定造电线		[上海] 万国公报	1877.9.29
英：添设地中海电线		[上海] 万国公报	1877.12.29
清：宝山县禁止偷卖电线以杜讹索示		[上海] 万国公报	1879.2.8
英：招工造电线		[上海] 万国公报	1879.3.29
俄：新电线数		[上海] 万国公报	1879.5.24
英：添造海底电线		[上海] 万国公报	1879.8.2
俄：添设电线		[上海] 万国公报	1879.8.23

续表

文章题目	所属栏目	刊物名称	时间
暹罗国：添设电线		[上海] 万国公报	1879. 9. 20
英：新建电线		[上海] 万国公报	1880. 1. 10
吕宋：欲添电线		[上海] 万国公报	1880. 1. 10
日本：增添轮路电线		[上海] 万国公报	1880. 2. 28
清：电线中断		[上海] 万国公报	1880. 4. 17
美：电线获利		[上海] 万国公报	1880. 5. 29
清：电线中断		[上海] 万国公报	1880. 6. 19
中国电线考	政事	[上海] 万国公报	1880. 7. 3
俄：议设电线		[上海] 万国公报	1880. 8. 7
意：相连电线		[上海] 万国公报	1880. 11. 20
奥：电线通行		[上海] 万国公报	1881. 1. 22
英：建造电线		[上海] 万国公报	1881. 4. 2
美：电线数目		[上海] 万国公报	1881. 6. 18
清：电线近闻		[上海] 万国公报	1881. 6. 25
俄：电线直建		[上海] 万国公报	1881. 7. 9
美：电线开工		[上海] 万国公报	1881. 7. 16
美：新添电线		[上海] 万国公报	1881. 8. 27
清：电线达苏		[上海] 万国公报	1881. 9. 3
德：电线埋地		[上海] 万国公报	1881. 12. 3
美：电线里数		[上海] 万国公报	1881. 12. 17
俄：请通电线		[上海] 万国公报	1881. 12. 17
清：电线旁达		[上海] 万国公报	1882. 3. 4
德：电线新成		[上海] 万国公报	1882. 6. 24
美：准造电线		[上海] 万国公报	1882. 9. 23
法：保护电线		[上海] 万国公报	1883. 1. 13
法：添造电线		[上海] 万国公报	1883. 2. 17
清：电线开工		[上海] 万国公报	1883. 3. 17
美：电线通行		[上海] 万国公报	1889. 3
英：赀购电线		[上海] 万国公报	1889. 8
美：电线日多		[上海] 万国公报	1890. 7
英：添设电线		[上海] 万国公报	1890. 9
美：电线里数		[上海] 万国公报	1890. 12

续表

文章题目	所属栏目	刊物名称	时间
俄：华添电线		［上海］万国公报	1891. 2
美：电线绵长		［上海］万国公报	1892. 6
英：电线广远		［上海］万国公报	1893. 2
电线长数	各国杂志	［上海］万国公报	1904. 12
沙底电线	各国杂志	［上海］万国公报	1903. 7
电线之进步	智能丛话	［上海］万国公报	1905. 12
记太平洋海底电线	艺事通记	政艺通报	1903. 7. 24
沙底电线	艺事通记	政艺通报	1903. 8. 7
申欧电线（译德国柏林日报）	译述	商务报	1904. 5. 15
创设电线（选新闻报）	丛钞	商务报	1904. 8. 31
设电线之费用	杂丛	东方杂志	1910. 10. 27
电线之疲劳	杂丛	东方杂志	1910. 10. 27
美国电线之可惊	杂丛	东方杂志	1910. 10. 27
电线道理	杂丛	扬子江	1904. 8. 25
海底电线之历史	科学丛录	北洋学报	1906（第 39 期）
海底电线述略（录中国日报）	杂丛	豫报	1907. 1. 10
海底电线里数	杂丛	学报	1907. 2. 13
日本之海底电线	外国实业录	湖南实业杂志	1912. 7
海底电线	杂丛	新白话报	1903（第 2 期）
沙底电线（选政艺通报）	丛钞	商务报	1904. 7. 23
英设太平洋电线（译字林西报西五月）	译西报	湖北商务报	1899. 7. 8
拟设电线	邦交	中国旬报	1900. 7. 21
大西洋底新设电线（中法新汇报西十月五号）		法文译编	1898. 10. 20
太平洋电线	外国近事及外译	清议报	1899. 3. 2
太平洋海底电线	地球大事记	清议报	1900. 2. 20
太平洋设置电线	外国近事	清议报	1900. 12. 12
朝鲜北境架设电线	外国近事	清议报	1900. 12. 12
厦门电线	中国近事	清议报	1901. 4. 29
英国之太平洋电线	外国近事	清议报	1901. 8. 14
创设电线	外国近事	清议报	1901. 10. 22

续表

文章题目	所属栏目	刊物名称	时间
请添东省电线（闰三月沪报）	中国要务	萃报	1898. 5. 22
吉林：恰设电线（闰三月沪报）	中国要务	萃报	1898. 6. 13
增设电线（新闻报）	政事	集成报	1898. 3. 26
清：琉球通电		［上海］万国公报	1889. 4
法：中越通电		［上海］万国公报	1889. 7
泰西新政记——议设太平洋电线		［上海］万国公报	1899. 2
电线运物	格致发明类征	［上海］万国公报	1904. 12
电线志异	智能丛话	［上海］万国公报	1906. 1
海底电线述略	智能丛话	［上海］万国公报	1906. 7
中俄增设电线（录新闻报）	时事鉴要	利济堂学报	1897. 8. 23
美德电线	欧洲近事	知新报	1899. 6. 28
暹罗增设电线	工事	知新报	1899. 11. 13
电线铁轨之益相辅而成说		［上海］万国公报	1891. 11
电线利厚（录三月初二日商务报）	洋务掇闻	利济堂学报	1897. 4. 4
拟增电线	美洲近事	知新报	1899. 4. 10
电线待增	工事	知新报	1899. 7. 18
法人在高丽建设电线	欧洲近事	知新报	1899. 9. 5
铁路电线比较	列表	江南商务报	1900. 4. 29，5. 9
架空电线与地下电线	谈丛	学报	1907. 6. 11
架设电线最经济之办法		国立山东大学科学丛刊	1933（第1卷第2期）
世界最长的电线	科学新闻	科学画报	1934. 11. 16（第2卷第8期）
利用电眼研究发酵		科学画报	1937. 2. 16（第4卷第14期）
电眼的玩意儿		科学画报	1937. 12. 1（第5卷第9期）
电眼的玩意儿		科学画报	1937. 12. 16（第5卷第10期）
电眼开抽屉	科学新闻	科学画报	1938（第5卷第11期）
用电眼测量棒球速度		科学画报	1939（第6卷第4期）
测量飞机速率的电眼计时器		科学画报	1941（第7卷第7期）
电铸法	工业	实业界	1908. 7. 10

续表

文章题目	所属栏目	刊物名称	时间
电铸造模法	工业	实业界	1908. 7. 10
电铸造模之原料	工业	实业界	1908. 7. 10
电铸之池	工业	实业界	1908. 7. 20
用电子显微镜研究钢的结构		科学画报	1945（第12卷第6期）
电显微镜下无光滑面		科学画报	1945（第12卷第6期）
电子显微镜		科学画报	1945（第12卷第7、8期）
可以看活细胞的显微镜		科学画报	1945（第12卷第9期）
直流发电机	理科教材	科学画报	1935. 8. 16（第3卷第2期）
一只小的发电机	理科教材	科学画报	1935. 9. 16（第3卷第4期）
裂环式发电机	理科教材	科学画报	1935. 9. 16（第3卷第4期）
电学第三讲——电动机和发电机		科学画报	1936. 4. 1（第3卷第17期）
最大无朋的静电发电机	科学新闻	科学画报	1937. 2. 16（第4卷第14期）
击碎原子用的巨大发电机		科学画报	1937. 8. 16（第5卷第2期）
脚踏车用发电机的制作法	科学新闻——小工艺	科学画报	1958（第5卷第20期）
汽车的久磁发电机如何动作	理科教材	科学画报	1938（第5卷第19期）
小飞机上用可调节发电机		科学画报	1939（第6卷第11期）
脉动发电机的新用途		科学画报	1945（第11卷第6期）
凡特葛拉夫静电发电机		科学画报	1947. 10（第13卷10期）
美：瀑布生电		［上海］万国公报	1894. 9
煤井生电	欧美杂志	［上海］万国公报	1903. 10
记瀑布生电	格致发明类征	［上海］万国公报	1904. 6
水力生电	格致发明类征	［上海］万国公报	1904. 10
水力制电	工事	知新报	1897. 5. 7
浮标生电	智能丛话	［上海］万国公报	1907. 5

续表

文章题目	所属栏目	刊物名称	时间
生电新法	丛谈	东方杂志	1906. 9. 1
新物阻电	格致发明类征	［上海］万国公报	1905. 1
新物阻电	实业	商务报	1905. 10. 19
新物阻电	丛谈	东方杂志	1905. 4. 29
新物阻电	艺事通记	政艺通报	1905. 7. 3
新无线电	欧美译闻	［上海］万国公报	1903. 5
美：记无线电		［上海］万国公报	1902. 8
记无线电	格致发明类征	［上海］万国公报	1904. 6
无线电报之发明	智能丛话	［上海］万国公报	1907. 11
无线电报原理之发明	艺学文编	政艺通报	1904. 11. 21，12. 7
无线电报之原理	丛谈	东方杂志	1905. 6. 27
无线电报	地球各国记事	选报	1902. 5. 18
无线电报说略	艺学文编	政艺通报	1906. 6. 22，7. 6
无线电报	丛谈	商务报	1903. 12. 29
无线电报之利用	智能丛话	［上海］万国公报	1906. 11
论无线电报之作用（录神州日报）	新知识	东方杂志	1909. 12. 7
论无线电报	杂丛	东方杂志	1910. 1. 6
试无线电	格物门	南洋七日报	1902. 1. 19
记无线电	格物门	南洋七日报	1902. 4. 20
无线电记	格物门	南洋七日报	1902. 2. 16
无线电信之创制者	地球各国记事	选报	1902. 6. 16
无线电信之创造者	艺事通记	政艺通报	1902. 10. 16
无线电之新改良	艺事通记	政艺通报	1904. 3. 1
无线电话	艺事通记	政艺通报	1906. 6. 22
无线电说	科学	女子世界	1905（第16、17期）
无线电信之改良	丛谈	东方杂志	1904. 4. 10
无线电之发达	丛谈	东方杂志	1906. 8. 14
新发明之无线电	杂丛	东方杂志	1910. 10. 27
无线电灯之新发明	科学杂丛	东方杂志	1914. 2. 1
无线电信之进步	科学杂丛	东方杂志	1914. 2. 1

续表

文章题目	所属栏目	刊物名称	时间
说无线电（附图）		东方杂志	1915.3.1
自制无线电	报告	商工旬报·农工商报·广东劝业报	1909.2.1
创制无线电	报告	商工旬报·农工商报·广东劝业报	1909.4.20
无线电信之大成功	译丛	关陇	1908.3.3
无线电之新发明	译丛	进步杂志	1912.6
无线电信之进步	新智海	云南教育杂志	1914.11.15
无线电怎么发展到绕转全世界		科学画报	1937.8.1（第5卷第1期）
救火车上装无线电		科学画报	1935.7.16（第2卷第24期）
用无线电控制飞机	科学新闻	科学画报	1935.9.1（第3卷第3期）
用无线电控制的灯塔船	科学新闻	科学画报	1937.3.16（第4卷第16期）
用无线电回声探查上层大气	科学新闻	科学画报	1937.3.16（第4卷第16期）
无线电气球侦探宇宙线	科学新闻	科学画报	1937.7.1（第4卷第23期）
用无线电控制的模型船		科学画报	1937.7.16（第4卷第24期）
无线电驾驶之潜水艇		青年进步	1918.2
无线电报	学术	清华学报	1915.12
无线电各种之致用（译英国少年杂志）（附图）		中华学生报	1915.1.25
无线电疗病法（译日本“保健”杂志）	学艺	［商务］妇女杂志	1918.6.5
无线电话（附图）	学艺	学生杂志	1917.7.5
飞行机中之无线电	杂丛	生计	1913.2.1
无线电新发明	中外实业记事	湖南实业杂志	1912.9
秘密之新无线电	艺事通记	政艺通报	1908.3.17
自由车上之无线电	艺事通记	政艺通报	1907.2.27
最大无线电	艺事通记	政艺通报	1905.4.5

续表

文章题目	所属栏目	刊物名称	时间
无线电报	格物门	南洋七日报	1901. 12. 8
无线电已通（正月申报）	中外商情	湖北商务报	1903. 3. 9
铁路上无线电	智能丛话	［上海］万国公报	1907. 6
无线电报之益	智能丛话	［上海］万国公报	1907. 3
无线电报续闻		尚贤堂月报·新学月报	1898. 2
无线电报（汇录五月官书局汇报）	各国商情	湖北商务报	1899. 8. 6
战争中之无线电	物质文明识小录	进步杂志	1915. 8
不用触角之无线电	物质文明识小录	进步杂志	1915. 10
无线电速率之测量法（译美国科学杂志）	译林	直隶实业杂志	1915. 3. 1
无线电发明家逝世	译林	直隶实业杂志	1913. 6. 1
发明无线电者又一华人	报告	商工旬报·农工商报·广东劝业报	1909. 8. 15
无线电诱鸡生蛋	科学新闻	科学画报	1937. 11. 16（第5卷第8期）
演试无线电信	格致	知新报	1899. 5. 20
无线电信可用	格致	知新报	1899. 6. 28
无线电音	工事	知新报	1899. 7. 18
无线电音之法	格致	知新报	1899. 8. 16
日本试办无线电信	格致	知新报	1899. 11. 13
无线电音又一法	格致	知新报	1899. 11. 23
查办无线电音	工事	知新报	1899. 12. 23
述无线电音之法	格致	知新报	1899. 9. 5
无线电破坏水雷新法	丛谈	东方杂志	1904. 10. 4
无线电水雷	智能丛话	［上海］万国公报	1905. 12
救火员用的无线电收发机		科学画报	1941（第7卷第8期）
用无线电测定飞机位置		科学画报	1941（第7卷第12期）
更短的无线电短波		科学画报	1940（第6卷第5期）
无线电探矿		科学画报	1935. 2. 16（第2卷第14期）
无线电新闻纸的试用	科学新闻	科学画报	1937. 12. 16（第5卷第10期）

续表

文章题目	所属栏目	刊物名称	时间
无线电操纵的靶子飞机		科学画报	1938（第5卷第11期）
无线电盒遥控收音机	科学新闻	科学画报	1938（第5卷第13期）
电子跑道	科学新闻	科学画报	1950（第16卷2期）
得立朗（电视雷达）	科学新闻	科学画报	1950（第16卷2期）
射电交连继电器发明之经过	科学专论	科学画报	1950（第16卷第5期）
手表式无线电		科学画报	1948.2（第14卷第2期）
无线电波有什么用?		科学画报	1943.1.1（第9卷第6期）
无线电测距离	科学新闻	科学画报	1942.4.10（第8卷第10期）
无线电信电话浅说	撰著	学艺	1918.5
无线电驾驶之潜水艇	杂丛	华铎	1919.1.20
用狗尾做无线电接收器	科学新闻	科学画报	1934.11.16（第2卷第8期）
电暖蓄鱼缸	小工艺	科学画报	1934.12.16（第2卷第10期）
用无线电传播图样	科学新闻	科学画报	1936.9.16（第4卷第6期）
无线电指挥快艇捕鱼记	科学新闻	科学画报	1937.1.16（第4卷第12期）
可怖的无线电波		科学画报	1936.9.1（第4卷第3期）
无线电信号暗示平流层秘密	科学新闻	科学画报	1936.9.16（第4卷第4期）
无线电波与广播		科学画报	1936.10.1（第4卷第5期）
无线电指示飞机安全着陆	科学新闻	科学画报	1937.6.16（第4卷第22期）
无线电波造光		科学画报	1939（第6卷第2期）
无线电验蛋器		科学画报	1948.1（第14卷第1期）
向月球发无线电信号	科学新闻	科学画报	1935.8.1（第3卷第10期）
中国有线电和无线电的概况		科学世界	1936（第5卷第7期）

续表

文章题目	所属栏目	刊物名称	时间
无线电收音机		中华自然科学社编行《科学世界》	1936（第5卷第1期）
无线电与飞机		中华自然科学社编行《科学世界》	1936（第5卷第10、11期）
无线电的新用途		科学出版社《科学天地》	1946（第1卷第1期）
无线电的发明经过		科学出版社《科学天地》	1946（第1卷第1期）

第三编 中国近代科普读物

引 言

中国近代科普读物是一个相对边缘的研究领域。但“研究那些经常被当做次要物和衍生物而遭抛弃的文体，如回忆录……教科书、普及读物和译作，对于理解知识和科学如何一代代、一处处传下去是至关重要的”①。特别在民众接触科学知识的途径不够丰富、不够多元的近代中国，科普读物对民众科学素养的提高具有不可忽视的积极作用。科普读物作为面向公众、普及科学的重要载体，其发展演变的历史，从某种意义上可以说是中国教育走向近代化的重要组成部分。对从1840年鸦片战争到1949年中华人民共和国成立将近100年的时间中国近代科普读物的研究，是考察中国教育近代化历程的一个重要视角。

“科普读物”通常翻译为“popular science”。它的英文解释是“science made simple for the public”。作为普及科学知识、弘扬科学精神的载体，科普读物的科学性是第一位的。这主要指从内容上看，科普读物所传播的科学知识应该是正确的，具有严密的逻辑性；另外，科普读物的通俗性也是不可缺少的。科普读物要吸引具有一般文化水平的读者，普及科学技术知识，其语言必须是通俗易懂，生动、有趣的。

关于科普读物的分类，学术界至今没有统一的标准。一般来说，可以依据题材、体裁、读者对象、篇幅和内容的差异，将科普读物分为不同的类型。根据题材的不同，可分为自然科学与技术知识的科普读物和社会科学知识的科普读物；根据体裁的不同，可分为科学诗歌、科学散文、科学小品文、科技新闻报道等；根据读者对象的不同，可分为成人科普读物、青少年科普读物和儿童科普读物；根据篇幅的不同，可分为科普文章（短篇文章）和科普著作（长篇书籍）；根据内容深浅，可分为高级科普读物、中级科普读物和一般科普读物。

综合一般的说法，再结合本文的研究，笔者对“科普读物”从以下四个

① 玛丽娜·弗拉斯卡—斯帕达尼克·贾丁主编、苏贤贵等译：《历史上的书籍与科学》，上海科技教育出版社2006年2月第1版，第5页。

方面加以界定。首先，从内容上来说，主要指与民众日常生活密切联系的自然科学和技术，它区别于纯学理性质的自然科学和技术；其次，从读者或受众来说，以一般民众和少年儿童为主要对象；再次，从传播目的来说，不仅仅是让民众掌握科学文化知识，更重要的是让民众了解科学，通过科学知识的普及来指导民众生活，提高民众的科学素养；最后，由于对近代科技期刊已有专编论述，本编所研究的读物主要指在近代已经出版、且独立成册的书籍，不包括科普报刊、科普杂志以及发表于科普报刊、科普杂志上的科普文章。另外，由于晚清输入的西方科学知识，大多属于“近代科学的 ABC”①。在后人看来，那时的西方科学传播，都属于科学普及工作。因此，本文把传教士编译的科学书籍、清末新式学堂编译的科学教科书也划入科普读物之列，虽然这样做未免失之宽泛，但与其在无法普查读物内容的情况下做不严谨的甄别，还不如提供一个基本的线索，让有机会阅读原始文本的读者自己判断。

本文主要对以下五个问题进行研究：什么是中国近代科普读物；中国近代科普读物经历了哪几个历史时期；中国近代科普读物在各个时期的社会背景下其概貌如何；中国近代科普读物在各个时期形成了什么样的特点，这些特点形成的原因是什么；中国近代科普读物在各个时期有怎样的影响。

就笔者所见，关于中国近代科普读物整体系统的研究堪称空白，但也已经有了不少局部性的研究成果。如曹增友的《传教士与中国科学》，对西方传教士传入中国的具体学科进行分类研究。惠秀所著的《中国人留学日本史》，对留日学生的翻译活动做了专章论述，涉及“留日学生的译书”和“自然科学书籍的翻译”。熊月之的《西学东渐与晚清社会》，提到“教会学校与西学传播”以及同文馆、广方言馆、格致书院、江南制造总局、广学会等出版机构和一些新式学堂传播西学的情况。在“附表目录”中，有学堂、书院、部分出版机构出版的中文书刊目录，为本论文的写作提供了一定的素材。马祖毅的《中国翻译简史（五四以前部分）》，提到京师同文馆和江南制造总局译介西学的情况，也为本论文资料的搜集和求证提供了可资参考的素材。

根据近代科普读物发展的过程，本文将中国近代科普读物的发展分为三个时期：1840～1919 年，1919～1932 年，1932～1949 年。

这三个时期的分期依据如下：1840 年鸦片战争揭开了中国近代史的帷幕。此时的西学东渐进入了第二个重要时期，中国近代科学开始从无到有，步入最初的普及时期。1919 年爆发的五四运动，给中国人民以“民主”和“科学”的思想启蒙，“科学”开始在中国民众心中有了一定的地位。应运而生的众多科学技术团体开始走上历史舞台，发挥独特的作用，推动着西方近代科

① 熊月之：《西学东渐与晚清社会》，上海人民出版社 1994 年版，第 575 页。

学在中国的普及。它们和陶行知倡导并实施的“科学下嫁运动”一起，为后一时期的“科学大众化运动”奠定了基础，对科普读物在更广范围内的有效传播有着不可估量的影响。1932 年，《民众教育馆暂行规程》颁布，这标志着政府从组织机构上为科普读物提供保障，从制度上肯定了科学对民众的价值。1949 年中华人民共和国成立，是近代中国与现代中国的分界点。

不同时期的科普读物有各自不同的特点。了解不同时期科普读物的这些特点，有益于从总体上认识科普读物在中国近代的发展脉络，对总结和评价科普读物的影响也有了可供把握的客观标准。因此，在以上历史分期的基础上，本文试图结合近代中国科学思想发展、科普思想演变以及整个社会背景，对科普读物作者、内容、出版机构、受众、出版版次、发行量等作多维度的分析；对各个时期科普读物的特点进行描述，并分析这些特点形成的原因；最后分析各时期科普读物的影响。

第七章

科学启蒙时期（1840～1919）

清末民初，经过器物层面的科技引进和学理输入，西方近代科学的大部分基础理论以及近代科学的重要成果，都被引进中国，科普读物在其中起到了非常重要的作用。这一时期的科普读物，有自身独立的知识体系，客观上对近代中国的民众起到了科学启蒙的作用。但面对中华民族救亡图存的要求，科普读物更多地发挥着“救国之道”的功能。

第一节　被动改革与“西学东渐”

明末清初，西方科学技术由天主教耶稣会传教士通过传教工具和手段，以渗透的方式传入中国。鸦片战争后，西学伴随着新教和列强的坚船利炮再次来到中国。对于当时“不知科学为何物”的中国民众来说，传教士翻译出版的科学书籍起到了“科学启蒙”① 的作用。随后，越来越多的西方人加入到向中国传播西方科学的队伍中来，对中国近代科学的发展起了巨大的推动作用。中国知识分子中的少数精英人物，渐渐被西方先进科学技术的力量所震撼，开始与传教士合作翻译西方科学书籍。他们通过墨海书馆、宁波华花圣经书房等传教士出版机构出版大量科学书籍，为西方科学技术传入中国搭建了桥梁。

第二次鸦片战争依然以失败而告终。统治者认识到当时的中国正面临着“千古未有之强敌”和“千古未有之大变局”。在“中体西用”思想的指导下，洋务派兴办近代出版事业、创办外语学校和军事学堂、派遣留学生、要

---

① 从狭义上说，有意识地介绍科学基础知识，以提高普通民众的科学素质为宗旨的活动为科学启蒙。从广义上说，晚清所输入的西方科学，绝大多数属于启蒙范畴，因为那时民众的科学素养，多为低浅，所传科学知识，从总体上说，多为基础知识。（参见熊月之：《西学东渐与晚清社会》，上海人民出版社 1994 年第 1 版，第 21 页）

求改革科举制度。这些改革都或多或少地触动了中国传统教育的僵化板块①。京师同文馆天文算学馆的设立，是中国近代科学教育的开端。同文馆的八年课程明确规定，从第四年开始，学生每年都要学习科学课程。同文馆师生翻译的科学书籍，也为近代西方科学知识的引进作出了一定的贡献。自此以后，其他的新式学校也都陆续开设数学、物理、化学、天文学、地质学等科学课程。

随着洋务运动的展开，一部分知识分子开始意识到“格致之理必借制器以显，而制器之学，原以格致为旨归”。他们认为，西方的军事技术和工业技术都是与近代科学有联系的，为求富强，必须学习西方近代的自然科学。而学习西方近代的自然科学，不仅要知其然，还要知其所以然。因此要翻译“泰西有用之书”，这样，既可以广泛传播西方先进科学技术，又可以“探索根坻”，促进中国科学技术事业的发展。

在这样的背景下，清政府开始主动引进西方科学技术。1868 年，江南制造总局翻译馆成立。翻译馆的长期规划《再拟开办学馆事宜章程十六条》，是清末自强新政中清政府引进西方科技最大的一项计划。这个计划的实施，使江南制造局翻译馆成为 19 世纪下半叶我国“译书最多、质量最高、影响最大的科技著作编译机构”②。

甲午战争惨败引起举国震动。中国知识分子痛感中国的落后不仅表现在军事技术上，更关键的是中国的政治制度和教育制度等所谓“政”、“教”方面不如西方。因此，了解西方的“政”和“教”就成为时人最迫切的要求。相比之下，科学技术知识则退居次要的位置。精通西文的马建忠就曾建议翻译“各国之时政”和“居官考订之书”③。虽然认为政治变革才是中国的急务，但由于科学技术在造就人才和振兴实业这两大救国方略中的重要性，他们并没有忽视科学技术。在维新志士的宣传鼓吹和开明士绅的大力提倡下，甲午战争之后国人对科学的兴趣迅速高涨。

1904 年，《奏定学堂章程》（又称“癸卯学制”）颁布，这是中国近代第一个较完整且在以后真正贯彻实施的学制。学制规定，自小学到大学都设置科学课程；对博物、物理、化学等科学课程内容作了详细规定，并且相对增加了自然科学课程的课时。这标志着科学教育第一次真正纳入教育体制，自然科学知识成了中国人必修的课程内容。各地学校纷纷采用新式教科书，傅

① 丁钢主编：《历史与现实之间：中国教育传统的理论探索》，北京：教育科学出版社 2002 年 10 月第 1 版，第 159 页。

② 王扬宗：《傅兰雅与近代中国的科学启蒙》，科学出版社 2000 年 9 月版，第 33 页。

③ 马建忠：《适可斋记言》，中华书局 1960 年版，第 93 页。

兰雅为益智书会编写的《重学须知》、《力学须知》、《电学须知》、《代数备旨》等十几种书籍被普遍采用为教科书。癸卯学制几乎是日本学制的翻版。在留日热潮的推动下，留日学生很快加入到西方科学书籍翻译者的队伍中。译自日文的教科书潮水般涌来。《普通百科全书》（包括科学书籍46种）的译者范迪吉等，都是当时的留日学生。

1905年，科举废除。正是科举内容及学校教育内容倚重道义的致命弱点，导致了中国教育在近代的落后状况及科举制度的灭亡①。科举制度的废除，有力地配合了学制颁布后兴学政策的落实，为新教育制度赢得了更为广阔的成长和发展空间，为西方近代科学技术在中国更快的传播和普及，提供了制度土壤。

1912年中华民国成立后，“如何培植共和国健全的国民”成了一个极其突出的问题。清末发展起来的新式教育和新的教育制度，仅仅重视学校的科学教育，而忽视民众的社会科学教育。中华民国首任教育总长蔡元培眼见各国社会教育事业发达，由此深信教育行政的责任，不仅在“教育青年”，还要兼顾“多数年长失学之成人”②。因此，蔡元培在草拟官制时，坚决主张特设“社会教育司”，与普通教育司、专门教育司并立。在社会教育司的领导和推动下，从1912年民国成立到1919年五四运动，以失学民众和全体国民为教育对象、以通俗教育为中心的社会教育事业逐渐发展起来。1915年，教育部“以研究通俗教育事项、改良社会、普及教育”③ 为宗旨，设立通俗教育研究会。研究事项分为小说、戏曲和讲演三股。小说股中制定了审核小说的标准。此审核标准将小说分为八类，“实质科学”为其中的一类。同年，江苏省在南京设立通俗教育馆，这是近代中国设立最早的通俗教育馆。

第二节　科学启蒙时期的科普读物

据笔者统计，1840～1919年间，共出版科普读物369种，平均每年出版近5本（参考本编附录一）。

晚清时期，科普读物主要由三类出版机构出版：传教士出版机构、政府官办出版机构和民间商办出版机构。它们共出版科普读物249种表7－1。

① 丁钢：《中国教育的国际研究》，上海教育出版社1996年12月第1版，第60页。

② 朱有瓛：《中国近代教育史资料汇编·教育行政机构及教育团体》，上海教育出版社1993年版，第165页。

③ 教育部主编：《第一次教育年鉴》，开明书店1934年版。

表 7-1 主要出版机构出版科普读物种数（1840~1919）

出版机构类别	时间	出版机构/出版地	成立时间	创办人/负责人	出版科普读物种数
传教士主持	1860 年前	香港			3
		广州			7
		福州			3
		厦门			0
		宁波华花圣经书房			8
		上海墨海书馆	17		
		上海博济医局	1859	嘉约翰	14
		上海土山湾印书馆	1860		11
		上海美华书馆	1860	姜别利	8
		上海益智书会	1877		24
		上海广学会	1887	韦廉臣	3
政府官办	1860 年后	北京京师同文馆	1862		10
		上海江南制造局翻译馆	1867		129
民间商办	1860 年后	上海商务印书馆	1897		12

从表 7-1 可以看出，就时间来说，1860 年前，科普读物由传教士出版机构出版。这些传教士出版机构主要分布在五个对外通商城市（广州、福州、厦门、宁波、上海）和香港，六地共出版科普读物 38 种。1860 年以后，传教士出版机构共出版科普读物 60 种，政府官办出版机构出版科普读物 139 种，民间商办出版机构出版科普读物 12 种。

就地域来说，由于近代中国处于被动开放的环境，最先向西方国家开放的几个东南沿海城市，无疑成为西学传播的主要基地。科普读物的出版机构也相对集中于这里（表 7-2）。

表 7-2 主要城市出版科普读物种数（1840~1919）

城市	上海	广州	北京	宁波	天津	福州	香港	南京
种数	284	23	11	8	7	4	3	3

就各主要城市出版科普读物的种数而言，上海以 284 种占有绝对的优势。这充分体现了作为近代西学传播最大基地的上海，也是近代科普读物出版的重镇。

1840~1919 年间的科普读物呈现以下一些特点：

一、西译中述为主要翻译方法

“西译中述”是19世纪中后期中国知识界普遍采用的一种译书方法。其具体操作为：西人将西书中的意思逐句口译成汉语，中国学者用笔记之，若有各自不明白之处，可互相商量斟酌，最后由中国学者润色使其合乎汉语语法。因此又称“口述笔译”。这种译书方法是由中外交通初期，外国学者不精通中文、中国学者不熟悉外文的现实情况所决定的。从附录一可以看出，此时期译自国外的科学书籍，绝大多数都是以这样的方式翻译的。

从严复独立翻译《天演论》开始，随着政府官派留学生和自费留学生的出现，“西译中述”的翻译方法逐渐被淘汰，中国人开始自己独立翻译[①]科普读物。杨德森、林纾、鲁迅、徐念慈等人陆续独立编译、翻译或创作科学小说31种，上海会文学社的范迪吉等人也独立翻译日本的46种科普读物。

二、作者以传教士为主体

“西译中述”的译书方法，决定了这一时期科普读物的作者以传教士为主。因为没有传教士的“西译”，“中述”就成了空中楼阁。从事科普读物翻译的传教士有艾约瑟、祎理哲、慕维廉、蒙克利、麦嘉缔、胡德迈、哈巴安德、合信、欧礼斐、嘉约翰、潘慎文、狄考文、求德生、赫士、卜舫济、韦廉臣、李提摩太、伟烈亚力、玛高温、傅兰雅、金凯理、林乐知、卫理、秀耀春、罗亨利、傅少兰等。他们共参与翻译、编写237种科普读物。上述众多的传教士口译者中，傅兰雅译书最多，被友人趣称为“传科学之教的传教士”。

傅兰雅（1839～1928）是晚清最著名的传教士之一，江南制造局翻译馆最有名的口译者。傅兰雅在家乡英国接受教育。1861年，他来到中国，先后在香港、北京、上海等地教书。1868年5月，他正式受聘于江南制造局翻译馆，成为翻译馆的首要口译者。后来，他创办《格致汇编》，发起并参与管理格致书院，开办格致书室，积极向中国人宣传和普及科技知识。1877年，傅兰雅担任益智书会科学教科书总编辑，翻译编写了数十种教科书。1896年，傅兰雅赴美就任加利福尼亚大学的东方语文教授。但自1897年到1904年的每年夏天，傅兰雅趁着学校放假还要回上海译书，并在格致书院开办科学讲座。

傅兰雅认为“从事科学翻译”甚至比“传教”更迫切、更重要。因为在外国人为中国谋求福祉所从事的慈善事业中，“把科学著作翻译成中文”适应

① 这里的“独立翻译”是与“西译中述”相对而言的，指没有外国人的参与，中国人自己承担整本整卷或整套书的翻译工作。

中国的最迫切需要，是“最有效的工作之一”①。自1861年到1904年，傅兰雅独立翻译或与他人合译书籍145种②。在可见的137种书籍中，科普读物有89种，大部分由江南制造总局翻译馆翻译出版。由于傅兰雅在译书方面的卓越贡献，清政府曾两度给他以嘉奖：1876年4月13日授予他“三品衔”，1899年5月授予他“三等第一双龙宝星勋章”。

与傅兰雅合作翻译的笔述者很多，主要的笔述者有徐寿、华蘅芳、汪振声、赵元益。徐寿与傅兰雅合作翻译时间很长，他们合作翻译了物理、化学、医学、工艺制造、船政工程矿冶等著作，但以翻译化学书为主，影响也最大。徐寿因与傅兰雅合作翻译化学书籍，被同时代人称为“化学名家”。两人合作翻译的《化学鉴原》，是最早系统介绍近代化学知识的两部译著之一。它与后来翻译的《化学鉴原续编》和《化学鉴原补编》一起，成为我国近代化学的奠基之作。傅兰雅与华蘅芳合作以翻译数学书为主；与汪振声合作翻译以翻译军事科学书籍为主，也兼顾工艺制造、农学、船政等；与赵元益合作以翻译西医书为主。

傅兰雅的《化学卫生论》、《居宅卫生论》、《延年益寿论》和《治心免病法》，是介绍化学卫生、环境卫生、营养卫生和心理卫生开风气之先的著作。这四本书后来经益智书会认可，被列入教科书，在晚清的影响相当广泛。著名的维新志士谭嗣同读《治心免病法》“不觉奇喜”，他借用傅兰雅介绍的“以太”学说和“心力说”，写作了《仁学》一书，构造了自己的“仁学”思想体系。在谭嗣同那里，“以太”和“心力说”成了他冲决封建罗网、实现平等的理论依据和现实依据。

《孩童卫生编》、《幼童卫生编》和《初学卫生编》是卫生方面的科普读物。它们是傅兰雅针对中国人一些不健康的生活习惯而翻译的。这些书后来经益智书会认可，被列入教科书，是晚清教会学校进行卫生教育的必读书，也是清末西学爱好者的必备读物。清政府颁布新学制后，它们和《格致须知》《格致图说》系列一起，被很多新式学校用作教科书。

傅兰雅翻译的89种科学著作，介绍了当时中国人闻所未闻的科学知识，使中国人从义理、考据和词章中走出来，看到了另外一个新奇的世界，触摸到了科学知识的大门。这些科学书籍作为教科书，经教会学校和新式学堂的学生而传播得更远更广。

---

① 王扬宗：《傅兰雅与近代中国的科学启蒙》，科学出版社2000年9月版，第27页。

② 傅兰雅一生著译书籍共145部，现可见者137部，另外8部散佚，待考证。（参见顾长声：《从马礼逊到司徒雷登》，上海人民出版社1985年版，第249～262页），故傅兰雅译著西学著作共有129部。

1898年，严复翻译《天演论》。《天演论》虽然不是一本标准的进化论普及读物，但它在事实上充当了科普读物的角色，其中“物竞天择，适者生存”八个字，成为当时乃至今天大多数人理解进化论的基础，从这个意义上说，《天演论》是迄今为止最为成功的进化论的中文普及读物①。因此也可以说严复开创了中国人独立翻译科普读物的先声。20世纪初，我国兴起一股留学日本、翻译日本科技书教科书的热潮。周树人（鲁迅）、范迪吉等留日学生也加入到科普读物作者的队伍中来，这可以说是近代科技读物翻译主体由外人向国人转化的标志。

鲁迅（1881～1936）1898年5月考入南京江南水师学堂，初次接触了西方近代科学。半年后，他转到矿物铁路学堂。1902年9月，鲁迅赴日本留学，先入东京弘文学院学习日语，后入仙台医学专门学校学习医学。1906年，他从仙台医专退学，弃医从文。1909年8月回国后，鲁迅先后在浙江两级师范学堂、绍兴府中学堂，任生理学、化学、博物学、卫生学教师。

到1919年，鲁迅共翻译和创作9种科普读物，为普及科学和开启民智、促进民众思想和社会变革作出了巨大的贡献（表7－3）。

表7－3　鲁迅1919年前译著的科普读物②

书名	出版时间	出版社	备注
说镭			
中国地质略论			
月界旅行	1903	东京进化社印行	儒勒·凡尔纳著，原名《从地球到月球》，科学小说
地底旅行	1903	南京启新书局	儒勒·凡尔纳著，科学小说。1
北极探险记	1904		科学小说
造人术	1905		科学小说
中国矿产志	1906	上海普及书局初版	鲁迅、顾琅合编，1907年3版
科学史教篇	1907		
人生象教	1910年后		人体生理学普及读物

《月界旅行》和《地底旅行》是法国著名的科学小说家儒勒·凡尔纳著作的科学小说。1903年，鲁迅花费大量精力，将井上版的日译本，半译半改

① 参考冯聿峰：《〈天演论〉：一个文本解释学的标本》，载《中华读书报》2004年8月25日。

② 资料来源：刘再复、金秋鹏、汪子春：《鲁迅和自然科学》，科学出版社1979年12月第2版；郑公盾：《科普述林》，陕西科学技术出版社1985年3月第1版；北京图书馆编：《民国时期总书目（1911～1949）》（外国文学卷），书目文献出版社1987年版；《商务印书馆图书目录（1897～1949）》，商务印书馆1981年版；《鲁迅在日本》，山东师范学院聊城分院中文系图书馆编，1978年12月。

编成中译本。《月界旅行》中译本采用生动活泼而且中国人喜闻乐见的章回体形式，不仅通俗“浅显”、“不过于高深”，而且“有趣”、“不枯燥”①，传播和普及了生物学、地质学、矿物学等科学知识。

关于翻译科学小说的目的，鲁迅在《月界旅行·辨言》中明确说明：“盖胪陈科学，常人厌之，阅不终篇，辄欲睡去，强人所难，势必然矣。惟假小说之能力，被优孟之衣冠，则虽析理谭玄，亦能浸淫脑筋，不生厌倦……故截取学理，去庄而谐，使读者触目会心，不劳思索……故苟欲弥今日译界之缺点，导中国人群以进行，必自科学小说始”。② 在这里，“假小说之能力，被优孟之衣冠”，就是借助于文艺，以小说的形式来描写科学，使广大读者乐于阅读，“不生厌倦”。鲁迅认为，科学小说可以普及科学知识，使读者于不知不觉间“获一斑之知识，破遗传之迷信，改良思想，辅助文明”③。由此可见，鲁迅把科学小说作为科学启蒙的手段，认为科学小说可以向人们灌输科学知识，破除迷信，改良人们的思想，以达到“医治人们思想上的病”、“转移性情”和“改造社会”的目的。

1904 年，鲁迅又从日译本转译了《北极探险记》。1934 年 5 月 15 日，他在致杨霁云的信中曾经谈到《北极探险记》的事情：“我因为向学科学，所以喜欢科学小说，但年青时自作聪明，不肯直译，回想起来真是悔之已晚。那时又译过一本《北极探险记》，叙事用文言，对话用白话……”④。

《造人术》是鲁迅 1905 年翻译的科学小说。书中说明了人类可以认识和掌握生命的机制，甚至可以造出人本身来，这种思想对于破除上帝创造万物的迷信从而解放思想是很有益处的。

《人生象教》对人体各器官组织的解剖构造、特点和生理机能都作了介绍，并附准确精美的插图五十余幅，是着重于生理学基本知识普及的读物。

1909 年鲁迅回国，其重心转向文学创作，但仍然非常关注科普读物。1925 年出版的《两条腿》是科学童话的佳作。它由丹麦的爱华耳特著作，李小峰译，北新书局 1925 年出版。鲁迅非常重视这本书的翻译，他根据德译本校对了此书的中译本，并为之作序。到 1933 年，《两条腿》已经出版到第 7 版，由此可见这本书受欢迎的程度。关于此书的介绍详见第二章。

---

① 刘再复、金秋鹏、汪子春：《鲁迅和自然科学》，科学出版社 1979 年 12 月第 2 版，第 214 页。

② ［日］山田敬三：《鲁迅与儒勒·凡尔纳之间》，载《鲁迅研究月刊》2003 年第 6 期，第 31 页。

③ 同上。

④ 陈江：《鲁迅与商务印书馆——鲁迅在商务印书馆出版的译著》，载《商务印书馆九十年——我和商务印书馆》（1897～1987），商务印书馆 1987 年 1 月北京第 1 版，第 544 页。

三、内容以分科为主，具有较强的实用性和基础性

与中国不分科的儒学相对应，西方近代科学传入中国之初，就是以“分科之学”① 的面貌出现的。综合前人的分类研究，笔者将此时期的科普读物按照内容分为以下 11 种：数学、物理、化学、生物、天文地理、医学、农学、军事科学、工艺制造、船政工程、科学小说表 7－4。

表 7－4　科普读物内容分类及各类种数（1840～1919）

内容	天文地理	医学	军事科学	数学	农学	科学小说	船政工程	物理	化学	工艺制造	生物	合计
种数	45	43	43	43	32	31	26	25	23	22	19	352

从表 7－4 可以算出，天文地理、医学、军事科学、农学、船政工程、工艺制造等实用性较强的类别共有 211 种，占科普读物总数的 59.9%。

第一时期，一些实用性不够强的科学著作被介绍翻译进中国的就比较少。西方生物学虽然传入中国较早，如《博物新编》的第三编就是动物知识的介绍，《全体新论》也介绍了解剖学和生理学，但由于生物学与国家的富强似乎关系不大，所以在洋务运动时期，清政府主持的翻译机构很少翻译专门的生物学著作，只是在若干医药学和农学译著中有所涉及。如傅兰雅和赵元益翻译的《西药大成》，介绍了一些植物药品和较新的植物分类学知识。

1840～1919 年间的科普读物，介绍的都是基础的知识。下面我们以当时影响较大的《博物新编》和《谈天》为例加以说明。

《博物新编》由合信著作，1855 年被译成中文，共 132 页，3 集。《博物新编》3 集共涉及物理、天文、地理、化学、生物等丰富的内容和最基本的知识。第一集相当于物理学，包括地气论、热论、水质论、光论、电气论五篇；第二集是由 1849 年出版的《天文略论》并入的，全书共分 26 论，即地球论、昼夜论、行星论、日离地远近论、日体圆专论、仿做地球经纬法论、各国土地人物不同论、四大洲论、地球亦行星论、月轮圆缺论、金星论、火星论等，现代人看来几乎属于常识的内容；第三集为《鸟兽略论》，相当于生物学，包括象论、猴论、骆驼论、豹论、胎生鱼论、涉水鸟等各类动物 30 万种之多。

《谈天》由伟烈亚历与李善兰合译，墨海书馆 1859 年出版。这是一部介

① 中国首次出现“科学”一词，是 1897 年在康有为编订的《日本书目志》中。此说法是从日文翻译过来的。而日文中的科学则是由日本学者西周时懋把法文中的 science 理解为是由一科一科的知识汇集起来的学问总称，把“分科之学”称之为“科学”。康有为那一代知识分子接受的"科学"即源于此。（参见：樊洪业、王扬宗：《西学东渐——科学在中国的传播》，湖南科学技术出版社 2000 年 3 月第 1 版，第 191、192 页）

绍西方天文学基础知识的书籍。原书由英国天文学家侯失勒（Herschel）所著。李善兰在序言中说“地动说”和“椭圆运动”“定论如山，不可移矣”，认为“此二者不明，则此书不能读”。此书共18卷，各卷名称依次为：论地、命名、测量之理、地学、天图、日、月离、动理、诸行星、诸月、彗星、摄动、椭圆诸根之变、逐时经纬度之差、恒星、恒星新理、星林、历法。从以上各卷名称就可以看出，本书所论的内容是关于日、月、星、天地等天文学最基本的知识。随着《谈天》的刊行和流行，以日心地动说为基础的近代天文学在中国得到广泛传播。

四、大部分是教科书且为多卷本

1840～1919年出版的科普读物，大部分都是教会学校的教科书，以后又被用做新式学堂的教科书。它们或由传教士编译、经传教士出版机构出版，或由官办和民间出版机构出版，或由留日学生编译。如益智书会是一个教科书编写机构，由传教士主持。其编写出版的科普读物基本被用做教会学校的教科书；京师同文馆师生翻译的书籍直接用于课堂教学；范迪吉等翻译、会文学社出版的《普通百科全书》46种科普读物也被用做新式学校的教科书。

在近代西方科学引进之初，科普读物常常以多卷本的形式出版。仅超过15卷（包括15卷）的科普读物就有以下15种（表7－5）。

表7－5　超过15卷的科普读物（1840～1919）

书名	卷数	书名	卷数
海国图志	50卷，1847年扩为60卷，1852年扩为100卷88万字	谈天	18卷
地学浅释	38卷	考工纪要	17卷
农务全书	32卷	西医内科全书	16卷
代数术	25卷	代数难题	16卷
法律医学	24卷	海道图说	15卷，附1卷
化学鉴原续编	24卷	化学求数	15卷
水师操练	18卷，首1卷附1卷	水师章程	原编14卷，续编6卷
防海新论	18卷		

这一时期的科普读物之所以以教科书形式出现，是因为科举废除之后，学校大量出现。随着科学课程纳入学校教育的内容，各级各类学校对科学教科书的需求逐渐增多。而在西方近代科学传入中国之初，以多卷本的形式引进可以充分满足中国广大知识分子系统了解西方近代科学的需求。

五、科学小说出现

这一时期出现了科普读物的新体裁——科学小说。科学小说是科学文艺的一种，它将科学、幻想和小说融为一体，用小说形式来描述科学。科学小说具有以下几个特点。首先，科学小说具有“科学性”：它幻想的内容是有一定科学依据的，是符合科学发展规律的，因而它是科学的幻想，不是胡思乱想。其次，科学小说有“幻想”：把未来或过去尚未实现的事情当做现实来描写。科学小说还具有“小说”的特点：有构思、有情节、有人物并在一定程度上塑造人物典型形象。

近代意义上的科学幻想小说（Science Fiction）[①]，1818 年产生于英国。以玛丽·雪莱出版的《弗兰肯斯坦》为标志。20 世纪初，科学小说传入中国，并很快由译介阶段进入创作阶段。《八十日环游记》是迄今所知最先被译介到中国的科学小说。此书由“科幻小说之父”儒勒·凡尔纳所著。1900 年逸儒译、秀玉笔记，世文社出版。儒勒·凡尔纳的另两种科学小说《月界旅行》和《地底旅行》1903 年由鲁迅翻译介绍到中国。1905 年，小说林社出版了《新法螺先生谭》，作者为东海觉我（即徐念慈），这是中国人自己创作科幻小说的开始。

科学小说在传入中国之初，就显示出其强大的科普功能。科学小说的文学色彩比较浓厚，语言通俗易懂。科学小说发挥着激发想象力和创造力、启迪智慧的科普功能，成为科普读物一种新的体裁。如杨振宁所说：“没有哪一个科学家是通过看科幻小说来学习科学知识的，但科幻小说的确能开拓广阔的思维空间”。因此，科幻小说必须“从某种模式中解脱出来，充分发挥勇敢的幻想，这幻想或许不尽科学，却能激发创造力，引起发明创造”[②]。这正是科学小说的价值所在。

据统计，1900~1919 年间，共出版科学小说 31 种，如表 7-6 所示。

---

① “Science Fiction”是美国著名通俗小说杂志出版家兼编辑雨果·根斯巴克（Hugo Gernsback，1884~1967）创造的词汇。20 世纪初传入中国的科幻小说最初被称为“科学小说”，直到解放后“科学幻想小说”才由俄文转译而来，中文简称为“科幻小说”。

② 周达宝：《杨振宁博士谈科幻小说》，见吴岩编：《科幻小说教学研究资料》，北京师范大学教育管理学院 1991 年 8 月印。转引自郭建中：《科普与科幻翻译》，中国对外翻译出版公司 2004 年 12 月第 1 版。

表7-6 1900~1919年出版的科学小说①

书名	著译者	出版日期	出版社	备注
八十日环游记	儒勒·凡尔纳著逸儒译秀玉笔记	1900年	世文社	
绝岛飘流记	D. Defoe 沈祖芬	1902年初版	开明书店	
海底旅行	肖鲁士南海卢籍东	1902年		
空中战争未来记				
空中飞艇	押川春浪著海天独啸子译	1903年		
月界旅行	儒勒·凡尔纳著鲁迅译	1903年		
地底旅行	儒勒·凡尔纳著鲁迅译	1903年		
梦游二十一世纪	Dioscorides 杨德森编译	1903年 1914年4月再版		据英译本转译
月球殖民地	荒江钓叟	1904年		
北极探险记	鲁迅译	1904年		
千年后之世界	押川春浪著笑译			
金银岛	丁留馀	1904年	商务印书馆	
环游月球	焦奴士威尔士（即凡尔纳）梁启超译	1904年7月初版，1914年4月再版	商务印馆编译所	说部丛书初集第7编，根据日本井上勤的日译本转译
新石头记		1905年		
造人术	鲁迅	1905年		
黑行星	东海觉我即徐念慈	1905年	小说林社	

① 资料来源：北京图书馆编：《民国时期总书目（1911~1949）》（外国文学卷），书目文献出版社1987年版；《商务印书馆图书目录（1897~1949）》，商务印书馆，1981年版；国立中央图书馆编：《近百年来中译西书目录》，中华文化出版事业委员会出版，民国47年1月初版；马祖毅：《中国翻译简史（五四以前部分）》，中国出版集团，中国对外翻译出版公司2004年3月第1版；陈平原《从科普读物到科学小说——以飞车为中心的考察》，载《中国文化》第十三期。

续表

书名	著译者	出版日期	出版社	备注
电术奇谈	菊地幽芳，方庆周译述 吴趼人改编	1905 年		
新舞台	押川春浪 东海觉我	1905 年		
鲁滨逊飘流记	林纾	1905 年		
新法螺	东海觉我 即徐念慈	1905 年 6 月		又名《新法螺先生谭》
澳洲历险记		1906 年	商务印书馆	
秘密电光艇	押川春浪 金石、褚嘉猷	1906 年 4 月	商务印书馆	说部丛书，第四集第 7 编
航海少年		1907 年	商务印书馆	
幻翼记		1908 年		
新飞艇	尾楷忒星期报社，商务印书馆编译所	1914 年 4 月再版	商务印书馆	说部丛书，初集第 91 编
幻想翼	爱克乃斯格平，商务印书馆编译所	1908 年 2 月	商务印书馆	袖珍小说
新野叟曝言		1909 年		说部丛书，第 2 集第 73 编
洪荒鸟兽记（上下册）	科南达利（A. C. Doyle）李薇香	1915 年 3 月	商务印书馆	
八十万年后之世界	威尔士 心一	1915 年 4 月初版，1929 年 4 月 7 版	进步书局	
火星与地球之战争	威尔士 心一	1915 年 4 月，1923 年 3 月 5 版	进步书局	
明眼人	威勒司 孟宪承编纂	1919 年 7 月初版，1924 年 11 月 3 版	商务印书馆	说部丛书，第 3 集第 70 编

在表 7－6 所列的 31 种科学小说中，有 28 种译自外国。其中译自英国最多，有 9 种。依次为：日本 7 种，法国 4 种，美国 2 种，荷兰 1 种，其余 5 种

科学小说国别不明。

上述31种科学小说，有4种被《新小说》[①] 给予很高的评价。《新小说》认为《电术奇谈》“如白舍人诗，老妪能解”，其通俗性由此可见一斑；评价《空中飞艇》“如挟弹少年，意气自许”；《梦游二十一世纪》“如屠门大嚼，亦足快意”；《新舞台》则“如李代郭军，旌旗变色”，“如勾践报吴，焦思尝胆”。

六、受众从知识分子精英到学生

由于中国“德成而上，艺成而下”传统观念的影响，在废除科举制度前，大部分知识分子埋头走在科举考试的道路上，一般知识分子几乎没有任何西学根底。到了中国近代，一部分“开眼看世界”的知识分子、西学爱好者接触到科普读物以后，逐渐了解并接受其中所介绍的西方近代基础科学知识。因此，在西方近代科学知识传入中国之初，科普读物的受众主要是知识分子精英阶层，如魏源、徐寿、华蘅芳等，读者极其有限。

随着科举的废除和大量新式学堂的建立，科学知识教育纳入中国的教育体制。传统思想开始有了松动，中国知识阶层逐步建立起科学的观念，学习西学、学习西方科学知识逐渐成为时人新的追求。特别是随着日译本教科书在各级各类学堂的使用，科普读物的受众范围由知识分子精英阶层向学生扩展。从西学东渐的历史进程来看，日本译书的翻译出版基本上完成了近代科学的知识引进阶段[②]。这一时期科普读物给予国人基础的科学教育，孕育了五四新文化运动的参与者，并为20世纪初出国的留学生提供了坚实的科学基础知识。这些留学生回国后，在不同的领域为国家作出了巨大的贡献。

第三节 影 响

在被动开放的近代中国，科普读物以其多版本、多译本和广大的发行地区，表现了广泛的影响力，深受当时知识分子的喜爱。

关于如何研究作品的影响，有作者指出，“关于小说本身的种种版本的与故事的变迁”[③] 是研究小说的基础，若不明白这种版本与故事的变迁，对于研

① 《新小说》是我国近代第一份小说杂志，《新小说》对当时出版的小说的评价具有相当的权威性。

② 樊洪业、王扬宗：《西学东渐：科学在中国的传播》，湖南科学技术出版社2000年3月第1版，第189页。

③ 孔令境编辑：《中国小说史料》，上海古籍出版社1982年12月第1版，第1页。

究小说是“不方便与不正确”的。因此，从一部分作品的版本和版次入手，无疑是反映作品影响力的一个重要方面。

《绝岛漂流记》是当时影响较大的一本科普读物。因此，笔者试图通过对《绝岛漂流记》版本和版次的统计整理，来说明这一时期科普读物的影响。

据笔者目前掌握的资料来看，自沈祖芬译本到1949年为止，《绝岛漂流记》共有8位译者参与翻译，有10个版本，分别由4家出版机构出版、分属于4套丛书。如表7－7所示。

表7－7　《绝岛漂流记》的版本和译本

书名	译者	出版时间	出版机构	备注
绝岛漂流记	沈祖芬	1902年	开明书店	
绝岛英雄	从龛	1905年		
鲁宾逊漂流记	林纾	1906年	商务印书馆	《说部丛书》第四集
		1914年	开明书店	《林译小说》本
	高希盛编译	1933年	商务印书馆	《万有文库》一集
		1939年	商务印书馆	《万有文库》一集
		1945年	重庆商务印书馆	《汉译世界名著》
	顾均正、唐锡光	1948年6月	开明书店	第10版，1949年第13版
	彭兆良		世界书局	
	李嫘		中华书局	

除了《绝岛漂流记》，超过4版次的科普读物还有很多。其中，《狭义和广义相对论》是这一时期出版次数最多的科普读物。自1917年初版至1922年5年的时间，共出版了40版。《笔算数学》由狄考文和邹立文合作编译，益智书会出版。在1892～1902十年间，此书重印32次，可见其传播之广。[①]《胎教》到1940年已经有了第20版，《谈地》1933年有了11版，《谈天》1931年有了10版，《天空现象谈》1930年有了第8版，《八十万年后之世界》1929年有了第7版，《理科浅说》到1931年有了第6版，《火星与地球之战争》后来也有了第5版。《格物致学》史砥尔著，潘慎文译，谢洪赉述，美华书馆1898年出版。到1903年此书已出版了4版……虽然对上述各读物出版版次的统计远至此时期以后的历史时期，但出版愈久，其价值愈被人们所发现和挖掘，也足见其经久不衰的永恒魅力所在。

从发行地区来看，科普读物的影响不止于通都大邑，不少僻野乡村也都

① 曹增友：《传教士与中国科学》，北京：宗教文化出版社1999年8月第1版。

有所反映。同盟会会员曹亚伯自述，他是在湖北的兴国山中读到《格物探原》的[①]，而兴国山是一个交通不畅和信息相对闭塞的地方。

拥有多版次和广泛发行地区的科普读物，为中国近代科学的发展提供了契机，并且影响着中国的教育和学术界，给近代中国知识分子以科学的启蒙。

一、对中国近代科学的影响

科普读物对中国科学发展的影响，既有积极也有消极的一面。其积极的一面主要表现在，传教士通过翻译科学书籍，传播了西方近代科学知识和文化，从而“影响了科学技术在中国文化传统中地位的转变，并以西方注重逻辑推理、数量分析的科学方法影响中国人的思想，使学人走向注重实验、崇实弃虚的为学之路”[②]。在科举废除前的中国，中国知识分子很清楚地知道，义理、考据和辞章是他们通过科举、走上仕途的“敲门砖”。因此，传统文化中这些特定的因素得到知识分子的高度重视。即使在科举废除之后相当长的一段时间内，它们受重视的程度也没有很快发生改变。随着西方科学书籍陆续被译介进中国，西方近代科学知识和文化迅速在中国近代知识分子中传播开来，在扩展他们知识面的同时，也开阔了他们的视野，改变着他们的思维方式方法。正是从这个意义上说，那些被介绍到中国的西方先进的科学知识、科学价值观念，在一定程度上“诱发了中国科学文化的变革”。

西方近代科学在这一时期是作为传教手段进入中国的。传教士根深蒂固的宗教观念和传教目的，也必然影响着他们对科学本身的把握。特别是在早期翻译的科学书籍中，几乎都掺杂着宗教，充满了宗教色彩。正如美国传教士玛高温在其译著《航海金针》中所说的那样，“他们（中国人）实在亟需科学上的训练，而这些科学实为我们西方国家富强之根源。如果没有科学，要想开发这个帝国的潜能，那是不可能的。当然，我们为他们翻译科学著作，不仅在促进其物质的利益，也应该借以传播基督教的真理”[③]。部分传教士以神学自然观理解科学，从而造成对科学一定程度的歪曲，降低了由他们传入的西学的科学性和应有价值，成为近代科学发展的拖累”[④]。广学会出版的《格物探原》就是以科学知识来论述基督教的宗教说教书籍。

---

① 《广学会年报》第十次（1897 年），载《出版史料》1992 年第 4 期，第 85 页。转引自熊月之主编：《上海通史第六卷・晚清文化》，上海人民出版社 1999 年版，第 166 页。

② 曹增友：《传教士与中国科学》，北京：宗教文化出版社 1999 年 8 月第 1 版，第 12 页。

③ 转引自樊洪业、王扬宗：《西学东渐：科学在中国的传播》，湖南科学技术出版社 2000 年 3 月第 1 版，第 95 页。

④ 《商务印书馆九十年——我和商务印书馆》（1897～1987），商务印书馆 1987 年 1 月北京第 1 版，第 537 页。

二、对教育的影响

1840～1919年间的科普读物对教育的影响，主要表现在两个方面。第一，清政府学部将部分科普读物作为宣讲读物。林纾翻译的《鲁滨逊漂流记》，被清政府学部列为“劝学所”内宣讲的40种“纯正浅显”书之一。第二，这一时期翻译的科普读物，有很多被教会学校和新式学堂采用为教科书，为国人自编自然科学教科书起到了很好的借鉴作用。《金石浅释》由玛高温译、华蘅芳述、江南制造局翻译馆1873年出版。此书出版后曾作为教科书在我国广为流传。鲁迅在南京江南水陆师学堂附设的矿务铁路学校求学时，就是以此书作为课本。傅兰雅编写的《格致须知》系列书，包括《重学须知》、《电学须知》、《声学须知》、《光学须知》、《力学须知》等，经益智书会认可，1903年被新式学堂采用为教科书。被新式学堂采用为教科书的还有狄考文著、邹立文述的《笔算数学》、《代数备旨》，美华书馆出版、罗密士著、潘慎文译的《代形合参》等①。此外，留日学生翻译的很多科学书籍，都被新式学堂用做教科书，对我国教科书的编写和教育内容的变革，具有非常积极的作用。由此可见，科普读物在西学进入中国课程体系的过程中，充当了科学教育的重要载体。

三、对学术界的影响

1840～1919年间出版的科普读物对学术界的影响，主要表现为以下三个方面：

第一，启迪了一批知识分子走上科学之路，推动他们从事科学研究。

前面提到的《博物新编》第一集，载有近代化学零星知识和若干实验方法。徐寿一读到这部书，就好像一下子跨越了200多年，猛然间发现近代科学的新知新理。他还按照书中所论自制器具，验证书中的一些科学理论和实验，并因陋就简，自制了不少仪器。更为难得的是，徐寿还触类旁通，“引申其说”，得到了某些新的成果②。研读《博物新编》使徐寿掌握了近代化学的初步知识，为其后来翻译《化学鉴原》打下了良好的科学知识的基础。时隔十五年之后，徐寿翻译的《化学鉴原》是对西方近代化学知识较为系统介绍的最早著作③。该书出版以后，在很长一段时间内广泛流传，享有很高的声誉。

---

① 熊月之主编：《上海通史（第六卷·晚清文化）》，上海人民出版社1999年版，第106页。

② 王扬宗：《傅兰雅与近代中国的科学启蒙》，科学出版社2000年9月版，第25页。

③ 沈渭滨主编，蒲溪生、杨勇刚编：《近代中国科学家》，上海人民出版社1988年1月第1版，第138页。

这一时期出版次数最多的科普读物——《狭义与广义相对论浅说》对钱学森从事科学事业产生了很大的影响。这本书“通俗而有趣”的描述了开创物理学新纪元的相对论，“像磁石吸铁一样”[①] 深深吸引住了钱学森。《狭义与广义相对论浅说》不仅使钱学森知道了自然科学大师爱因斯坦，而且激发了他对科学的浓厚兴趣，使他立下了探索自然界奥秘的大志。

《鲁宾逊漂流记》启发和鼓舞了我国著名的教育家陈鹤琴。陈鹤琴曾经在日记中写了他阅读此书后的感受。陈鹤琴认为，《鲁宾逊漂流记》是一本“不朽的著作”[②]，曾给了他很大的启发和鼓舞。

第二，突破了中国近代知识分子传统的知识结构。

中国传统文化以儒学为主。在儒学的指导思想下，形成了“为政以德，重德轻技，德成而上，艺成而下”[③] 的传统价值观念。这些传统的价值观念，决定了中国近代知识分子在知识结构上以义理、考据和辞章为主，自然科学技术被他们视为雕虫小技。西方近代科学传入中国以后，中国近代知识分子鄙视科学技术的态度有了转变，传统的知识结构逐渐发生了改变。

《金石识别》、《地学浅释》、《光学》、《声学》、《电学》、《化学鉴原》、《代数术》、《微积溯源》等书，都是由1869年成立的江南制造局翻译馆出版的。梁启超的《清末学术概论》认为，“光绪间所谓‘新学家’者，欲求知识于域外，则以此（制造局译书，笔者注）为枕中鸿秘”[④]。

第三，促进了中国近代知识分子的思想解放。

1898年由严复翻译、商务印书馆出版的《天演论》是一部生物学著作。此书刊行之后不胫而走，再版20余次而风行全国、名噪一时。《天演论》所传播的“物竞天择，适者生存”的思想迅速被国人所接受，给当时国脉垂危的中国人以激励、希望和奋斗的勇气，成为维新变法时期的时代最强音。

---

① 王文华编著：《钱学森实录》，四川文艺出版社2001年6月第1版，第13页。

② 陈鹤琴：《陈鹤琴全集（六）》，江苏教育出版社1992年1月第1版，第501页。

③ 霍益萍：《近代职业技术教育和传统价值观念》。参见丁钢主编：《文化的传递与嬗变》，上海教育出版社1990年11月第1版，第221页。

④ 梁启超：《清代学术概论》，上海古籍出版社1998年1月第1版，第96～98页。

第八章

科学下嫁时期（1919～1932）

经过清末民初科学的输入和启蒙之后，到了五四时期，科技知识背后科学方法的重要性受到普遍关注。科普读物的内容在继承以往关注实用知识的同时，有了更多涉及科学精神和科学思想的内容，主观上更为自觉地承担着科学启蒙的作用。

第一节　“无上尊严”的科学

1915年开始的新文化运动，是一场改造国民性、改变中国人思维和行为方式的思想启蒙和思想解放运动。在这场运动中，文学革命、观念更新和科学启蒙[①]三位一体。“科学”作为新文化运动高举的两面大旗之一，作为新文化的最基本支柱，获得了一种“价值本体”的地位[②]。这就为科普读物的创作和传播，创造了十分有利的文化氛围和社会环境。

新文化运动中的民主思潮在教育领域里表现为平民教育思潮。一些知识分子把平民教育作为救国和改良社会的主要手段，希望通过平民教育来实现民主政治。他们主张通过语言文字通俗化、学校教育和社会教育相结合，启发民众自动学习来实现平民教育。平民学校、平民读书处、问字处的设立是其主要的措施。这些主张和措施为科普读物在平民中的传播，提供了十分有利的条件。

以陈独秀为代表的一批先进的知识分子，在全面反省之后，认为中国近代学习西方仅仅局限于技术和制度方面，因此，他们呼唤“赛先生”的到来。他们主张学习西方独有的“为求知而求知”、“求真”的科学精神，要求以科学精神来改造传统。也就是说，此时的中国，需要的不再单单是科学结果的介绍，还包括科学精神的弘扬与科学方法的传播。西方科学开始以观念的形

① 路甬祥等著：《科学之旅》，辽宁教育出版社2001年9月第1版，第98页。

② 段治文：《当代中国的科技文化变革》，浙江大学出版社2006年9月第1版，第3页。

态走进中国，走近中国的知识精英阶层，继而走近数以万计的中国民众。

科学主义思潮应运而生。一批有影响的科学技术学会、科学技术团体和科学研究机构，如雨后春笋般出现在中国大地上。继1919年“中国科学社”从美国搬回中国后，1921年，中华心理学会在南京成立。1922年，中国科学社生物研究所和中国天文学会成立。1923年，黄海化学工业研究所成立。1926年，国立交通大学设立工业研究所和中国生理学会成立。1927年，14个文化团体和机关联合成立西北科学考察团。同年，中华自然科学社成立。1929年，中国植物病理学会在南京成立。1930年，留美学生组织成立中国化学工程学会。随着这些科学技术学会、团体、研究机构的产生，具有社会学意义的“科学家群体”① 首次在中国出现，并成为推动近代中国科学发展的关键力量。一些关注科学普及的科学家以科普读物翻译者、编写者或创作者的角色出现，丰富着科普读物作者的队伍。

在科学主义思潮的推动下，一部分有识之士呼吁，把科学和科学方法引入并应用到人们社会生活的所有领域，由此来体现科学对民众的价值。他们普遍认为，中国“懂得科学的人太少”，是造成中国民众科学文化水平难以提高的原因。因此，需要普及科学，使广大人民了解并掌握科学文化知识，并利用科学文化知识来改善自己的生活，最终达到“提高社会的科学文化和生产水平”② 的目的。他们举办讲演、展览，创办刊物，编译著作科普读物，运用多种多样的形式进行不遗余力的科学宣传。在他们的宣传和推动下，中国学术界和民众对科学的认识逐渐加深，对科学的热情日趋增长。在这个科学的世界上，“交通以科学启之，实业以科学兴之，战争攻守工具以科学成之”，“科学不发达者，其国必贫而弱；反之，欲救其国之贫弱者，必于科学是赖”③。即使国外人士孟禄也认为，“想要中国利权不外溢，非想法发达科学不可”④。科学可以挽救中国的贫弱，可以在政治上求得中国的完全独立。

1923年，出现了“科玄论战”。这场关于科学与人生观关系的论辩，有益于中国人科学意识的养成。胡适在总结“科玄论战”时说：近30年来，“科学”这个名词“在国内几乎做到了无上尊严的地位，无论懂与不懂的人，无论守旧和维新的人，都不敢公然地对它表示轻视或戏侮的态度……自从中

① 段治文：《当代中国的科技文化变革》，浙江大学出版社2006年9月第1版，第8、9页。

② 杨浪明、沈其益：《中华自然科学社简史》，载《文史资料选辑》（第34辑），文史资料出版社1963年版，第62页。

③ 张孟闻：《中国科学社略史》，载《文史资料选辑》（第92辑），文史资料出版社1984年版，第72页。

④《孟禄的中国教育讨论》，载《新教育》（第4卷）第4期。

国变法维新以来，没有一个自命为新人物的人敢公开诽谤“科学”的。”[①] 由此可见，近代以来至少是五四以来，中国的“赛先生”有“无人敢批评的、至上独尊的、绝对权威的”品格特征。

科学虽然在学术界获得了“无上尊严”的地位，但在现实生活中，民众对科学的认识仍然是比较肤浅的。“巫卜星相仍旧是老祖宗传下来的巫卜星相，祭神祈祀仍旧是老祖宗传下的祭神祈祀；胡大人的传单，遍传于人文荟萃的南北两京，取血诊断，疑贰于官厅与社会的言论”[②]。

科学教育的价值，在当时的社会也没有得到普遍的认同。五四新文化运动时期，学校科学教育体制已基本形成。但“科学教育体制在形态上的确立并不反映社会对科学教育价值的普遍认同，人们对待科学和科学教育的观念上还存在着分歧甚至严重偏见”。[③] 孟禄曾针对当时中国科学教育的现状，认为中国“实一无科学的国家”。蔡元培也说，“在中国，我们的教育至少两千年来没有面向更高的科学教育，而却是用完美的品质去塑造人，赋予他一种文学素养而已”[④]。随着“赛先生”日渐深入人心，人们对科学教育作用和功能的认识日益深入。科学教育不仅可以“救亡图存强国”，而且对于“改善个人生活质量”、“转换人们的思维方式，改造国民性”、“促进个体精神的发展”[⑤]，尤其在培养德行，提高审美能力，改良人生观方面，具有非常重要的作用。因此，科学教育的重点逐渐移至科学精神的培养上。尤其是将科学“作为整体升华为一门科学进行研究和探讨”，使科学教育从科学文化系统的“知识表层结构”深入到“观念的深层结构”[⑥]，这不但推动着科学教育思潮的持续发展，而且也改变了人们的主观世界。

1917 年文学革命的提出，推动了反对封建教育进行教育改革的步伐。1920 年，教育部规定，各学校用白话文代替传统文言文。因为白话文是“现代思维的主要手段”，而传统文言文过于深奥，只能为学者所理解。教育部的规定给一般群众带来了更多接受教育的机会，为民众科学教育的实施提供了

---

① 胡适：《科学与人生观序》，上海亚东图书馆 1923 年版。转引自严搏非编：《中国当代科学思潮（1949～1991），三联书店上海分店出版 1993 年 5 月第 1 版，第 1 页。

② 夏敬农：《科学之专研及其通俗——发展中国科学的两条路经》，载《科学月刊》1930 年 1 月（第 3 卷）第 1 期。

③ 王伦信：《五四新文化运动时期我国学校科学教育的境况与改革使命》华东师范大学学报（教育科学版）2005 年第 1 期。

④ 据蔡元培：（The Development of Chinese Education），伦敦东西有限公司（East and West，Ltd）1924 年本译出（赵念渝译、赵传家校）。

⑤ 张燕：《“五四”新文化运动时期的科学教育思想研究（1915～1927）》，华东师范大学教育学系硕士论文，第 15～25 页。

⑥ 董宝良、周洪宇主编：《中国近现代教育思潮与流派》，人民教育出版社 1997 年版，第 407 页。

语言上的有利条件：以白话文形式创作的科普读物，无疑更适合一般民众阅读，更利于民众理解科学。

1925 年，孙中山先生遗书主张“必须唤起民众”才能达到“中国之自由平等”之目的。民众受到了前所未有的关注。“如何唤起民众”成为一个十分重要和紧迫的问题。如何唤起广大民众对科学的兴趣，使科学走出学校和学者的书斋，走向民间走向人民大众，也自然成了时代的要求。解决这一问题的唯一答案就是“民众教育”①。民众成了教育改革的焦点所在，民众教育的热潮应运而生。

民众教育馆是综合的实施民众教育的中心机关。1929 年，山东省立民众教育馆成立。1930 年，江苏省立民众教育馆（由 1915 年通俗教育馆改名）成立。1931 年，陕西省民众教育馆成立……据统计，到 1928 年，民众教育馆共有 185 所，1929 年增至 386 所，到 1930 年已达 645 所。② 1931 年民众教育馆为 900 所，1932 年为 1003 所③。“科学部”是民众教育馆常设的组织机构之一。如江苏省立民众教育馆在 1928 年和 1932 年的组织增改中，“科学部”（分为理化股、卫生股、博物股和推广股四股）始终处于组织系统七部或六部之一。

1932 年，《民众教育馆暂行规定》中明确规定，民众教育馆为“实施社会教育之中心机关”④，明确了民众教育馆在社会教育中的地位；并要求按行政区划省、市、县层层设立民众教育馆。这种有计划、有组织的设立，比教育团体和个人创办更有影响和教育作用。此规定的颁布，第一次用法律的形式肯定了科学对民众的价值。这标志着政府对民众教育包括民众科学教育中科普读物的重视，从组织机构和制度上加以保障。

随着军阀混战的结束和国家的渐趋稳定，1928 年中央研究院成立。其成立的目的在于“实行科学的研究”与“普及科学的方法”。中央研究院的成立，是中国科学技术史上一次重大的历史巨变。“从新文化运动的科学启蒙到中央研究院的建立，基本上完成了从传统到现代的心态转变。”⑤ 随后设立科学教育委员会，以“筹画全国科学教育之促进与广被”⑥。虽然由于种种原

---

① 陈礼江：《社会教育的意义及事业》，正中书局 1937 年版，第 8 页。

② 《第一次中国教育年鉴》丁编《教育统计》，第 183 页。

③ 《第二次中国教育年鉴》，第十四编《教育统计》，第 75 页。

④ 《第一次中国教育年鉴》（丙编），第 755 页。

⑤ 路甬祥认为，从明清之际的“西学东渐”到中央研究院建立，是中国现代科学技术的启蒙期，在这漫长的时期内，基本上完成了从传统到近代的心态转变。这一转变是通过明清之际传教士的科学输入、同光新政时期的科学技术引进和“五四”新文化运动“三部曲”实行的。路甬祥等著：《科学之旅》，辽宁教育出版社 2001 年 9 月第 1 版，第 94、96、97 页。

⑥ 高平叔编：《蔡元培论科学与技术》，河北科学技术出版社 1985 年 7 月第 1 版，第 18 页。

因，蔡元培所主张的科学化教育方针没有真正贯彻、实施，但科学化的种子由此萌发。1929 年，国民政府在“三民主义”教育实施方针中明确要求全力推行“农业科学知识之普及”。1931 年，国民政府制定了“注重实用科学”的社会教育实施方针。

1931 年，陶行知先生形象地将向民众普及科学的过程称之为“科学下嫁”，要求把科学下嫁给工农大众。我国历史上有组织、有计划的科普实践活动由此拉开了帷幕。儿童科学丛书的编写，是该活动的重要组成部分。此丛书编写的目的，是向儿童系统地普及科学知识。该丛书的编写以“自然科学园”为基地，由陈鹤琴主编，科普作家董纯才、高士其等人参与。

正是在这样的背景下，前一阶段接受科学启蒙思想影响的知识分子，以各种各样的方式向大众传播科学。科学成为公众知识首要的也是最明显的方式，是通过“无数旨在传播有用知识的作品”① 产生的。通过这些有用知识作品的传播，科学知识“不再是只保存在少数学者自身之间……，而是变成了公众的兴趣。”② 这一时期以白话文写成的科普读物走出了书斋，不再神秘莫测，不再艰涩难懂。科学被还原为与普通民众生活密切相关的科学，变得更为亲切、和蔼和容易接近。

第二节　科普读物发展的新格局

1919～1932 年间，共出版科普读物 213 种，平均每年出版 16 本。各出版机构出版科普读物数量统计见表 8－1。

表 8－1　各主要出版机构出版科普读物数量统计（1919～1932）

出版机构	江苏教育学院	平教总会	中华书局	商务印书馆	各教育馆	中国科学社	开明书店	上海儿童书局	北新书局	其他
数量	46	45	41	39	10	6	6	5	4	11

从表 8－1 我们可以看出，与第一时期相比，1919～1932 年间的科普读物出版机构都是中国人自己创办的。作为“引进现代科学的桥梁”的商务印书馆，一如既往地关注科学，其科普读物的出版种数为 39；中华书局则后来居

① 玛丽娜·弗拉斯卡—帕斯达、尼克·贾丁主编，苏贤贵等译：《历史上的书籍与科学》，上海科技教育出版社 2006 年 2 月第 1 版，第 258 页。

② 同上。

上，出版了41种，几乎与商务印书馆平分秋色；中国科学社虽然在其1915年通过的社章中已明确“著译科学书籍”为其拟办事业之一，然而却于1924年才开始出版《中国科学社丛书》，在这一时期共出版6种科普读物。

民众教育思潮的高涨，对科普读物的出版机构和读者对象产生了很大的影响。各民众教育馆和平民教育组织如江苏教育学院和平教总会，共出版民众科学读物101种，占此时期科普读物数量的将近1/2强。

这一时期，仍然引进和翻译了不少外国科普读物，特别是国外一些著名科普作家所写的科普读物。如法国著名科普作家法布尔的世界科普名著《科学的故事》、《家畜的故事》，苏联闻名世界的科普作家伊林的著名作品《五年计划的故事》等。

中国人自己在此时期也创作了大量的科普读物。科普读物作者队伍中既有郑贞文、任鸿隽等科学家，也有董纯才等少数几个我国第一代科普作家。

1919～1932年间的科普读物，常常以丛书的形式出版，而且冠以“民众”或“平民”的名字。在213种科普读物中，以“科学”命名的丛书71种，以“平民”和“民众”命名的丛书有94种，两者合计有165种之多（表8－2，表8－3）。

表8－2　以“科学”命名的丛书名称及种数（1919～1932）

丛书名称	科学丛书	少年自然科学丛书	科学小丛书	儿童科学丛书	中国科学社丛书	合计
种数	39	12	10	5	5	71

表8－3　以“平民”和“民众”命名的丛书名称及种数（1919～1932）

丛书名称	平民小丛书	民众科学问答丛书	民众小丛书	平民教育丛书	民众农业丛书	民众常识丛书	民众工业丛书”	合计
种数	33	23	12	12	8	4	2	94

1919～1932年间的科普读物，呈现出以下特点。

一、作者以科学家为主，第一代科普作家出现

与第一时期科普读物作者以传教士为主体不同，1919～1932年间科普读物的作者以科学家为主。这一时期，中国出现了第一代科普作家，他们创作了不少优秀的、适合广大青少年和工农大众阅读的科普读物。

科学家为科普读物作者和译者最典型的例子是《科学大纲》。《科学大纲》（The Outline of Science）是一部4卷本高级科普著作。它由英国生物学

家、博物学家兼科普作家 John Arthur Thomson（1861～1933）汤姆生①主编。1922 年，《科学大纲》（英文版）出版。1924 年，其中译本出版，共有 22 位中国科学家参与了《科学大纲》的中译本翻译。他们是：胡明复、秉志、竺可桢、任鸿隽、张巨伯、胡先骕、钱崇澍、陈桢、过探先、陆志韦、胡刚复、唐钺、王琎、孙洪芬、杨肇爊、熊正理、杨铨、徐韦曼、段育华、朱经农、俞凤宾、王岫庐。其中，胡明复、胡先骕、钱崇澍、陆志韦、胡刚复、秉志、任鸿隽、王琎、竺可桢、唐钺、杨铨为中国科学社社员。这 22 位译者大部分都曾留学欧美，在“科学救国”的感召下回国从事科学研究和科学传播、科学教育工作。胡明复是数学家，曾留美获得哈佛大学数学博士学位；俞凤宾曾留学美国，并担任过中国化学会会长；竺可桢是气象学家、地理学家，曾获得哈佛大学的博士学位；官费留美生秉志是动物学家；任鸿隽曾任中国科学社社长、是《科学》杂志的创办人之一；孙洪芬是化学家；杨铨是机械工程师。

科学家郑贞文主编了《少年自然科学丛书》，共有 12 种。这套丛书的内容是常见的太阳、月亮、星星及常见的自然现象力、光、电等，几乎包括了近代自然科学的各个领域。此丛书不仅内容丰富、体裁新颖，而且文笔流畅、叙述生动、形象。此丛书中的每种读物至少再版一次，其中的《燃料·食料》在 1933 年 6 月国难后出版到第 6 版，可见是当时流行颇广的一套青少年科普读物。

《中国科学社丛书》包括的 5 种科普读物的作者都是科学家。《植棉学》的作者章之汶是农业推广家和农业教育家；《地质学》的作者谢家荣是地质学家、矿床学家、地质教育家；《显微镜的动物学实验》的作者鲍鉴清是著名的组织胚胎学家；《中国数学大纲》的作者李俨是极负盛名的科学史家；《科学概论》的作者任鸿隽是著名的科学家。

在这一时期科普读物的作者群体中，还有化学家张子高、生物学家周太玄，植物学家罗世嶷，鱼类学家陈兼善等。

随着国外著名科普读物陆续被翻译和传入中国，中国出现了第一代从事科普读物创作的作家，董纯才是其中最杰出的一个。

董纯才（1905～1990），湖北省大冶人，是我国著名的教育家，也是中国科普事业的开拓者之一。20 世纪 20 年代中期，董纯才先后就读于南方大学、国民大学和光华大学教育系。1931 年，他开始追随陶行知先生，帮助陶行知

① 汤姆生 1899 年起任阿伯丁大学博物学教授，因经常发表妙趣横生的演讲，频频写作通俗晓畅的科普读物，致力于向公众传播科学新知而享誉世界。1922 年 8 月，其主编的《科学大纲》（英文版）第一卷问世，两个月里就重印 8 次。

先生创办“自然学园”，开展“科学下嫁”运动，编写和翻译了数种科普读物，是最早从事科普创作的中国人。董纯才一生笔耕不辍，为中国民众和少年儿童写作、翻译了大量科普读物。董纯才 1931～1949 年翻译和创作的科普读物（共 16 种）表 8－4。

表 8－4　董纯才翻译和创作的科普读物（1931～1949）

书名	著译者	初版时间	初版机构	丛书名称
苍蝇与瘟疫	董纯才	1931 年	上海儿童书局	儿童科学丛书
水族相养器	董纯才	1931 年	上海儿童书局	儿童科学丛书
螳螂生活观察	董纯才	1931 年	上海儿童书局	儿童科学丛书
鸟类迎宾馆	董纯才	1931 年	上海儿童书局	儿童科学丛书
蚯蚓	董纯才	1931 年	上海儿童书局	儿童科学丛书
奇异的光（1～5 册）	董纯才编	1932 年	上海儿童书局	儿童科学丛书
离心力的把戏	董纯才编	1932 年 11 月	上海儿童书局	儿童科学丛书
几点钟	伊林著 董纯才译	1933 年 1 月	上海，正午书局	儿童科学故事，据英译本转译
白纸黑字又名书的故事	伊林著 董纯才译	1933 年 4 月	上海，良友图书印刷公司	儿童科学故事，据英译本转译
十万个为什么	伊林著 董纯才译	1934 年 12 月	开明书店	开明青年丛书
走兽的故事		1935 年 2 月		
不夜天	伊林著 董纯才译	1936 年 5 月	开明书店	开明青年丛书
人和山	伊林著 董纯才译	1936 年 8 月	开明书店	开明青年丛书
鸟类珍话	C. J. Patten 著 董纯才译	1937 年 9 月	上海中华书局	少年科学丛书
凤蝶外传	董纯才	1946 年	晋察冀新华书店	
五年计划的故事	伊林著 董纯才译	1947 年 8 月	华北新华书店	

董纯才的作品善于运用艺术形象和生动、活泼，新鲜、有趣的语言，深入浅出地介绍各种科学知识，把鸟兽动物刻画得栩栩如生。他称苍蝇是“传播疫病的瘟神”，称蝙蝠是“杀虫健将”，称螳螂是“昆虫界的老虎”，称虾

是“水底清道夫”等等。特别在第三阶段，董纯才撰写、编写《走兽的故事》,《凤蝶外传》,《离心力的把戏》,《奇异的光》等深受读者喜爱的科普读物。另外，他还翻译了苏联享有盛名的科普作家伊林著作的一些优秀的科普读物，如《几点钟》、《不夜天》、《书的故事》、《十万个为什么》、《人和山》等。董纯才的翻译达到了信、达、雅的标准，而且在中国化方面匠心独运，成效显著。直到解放后，这些科普读物还多次再版。特别是《十万个为什么》分别由开明书店、新华书店和大连大众书店出版，1949 年 3 月，开明书店出版到第 10 版，由此可见受广大读者喜爱的程度之深。

董纯才不但是深受读者欢迎的科普作家，同时也是不断探索科普理论和最早宣传科学精神的人。他曾在 20 世纪 40 年代延安科学大众化时期，撰写了题为《谈科学大众化》的科普论文，提出“学会用文艺形式，采写通俗科学读物”的主张。他强调，“要使科学平易近人，能为大众所接受，能消化，就一定要适合大众的需要和胃口”,“就要像高士其、伊林、法布尔等用故事体裁，讲述科学知识”,“一定要用群众易懂的通俗语言，生动的群众语言，写得深入浅出，生动有趣”。这就要求作者“要有丰富的科学知识，有文学修养，那就不难把科学和文学结合起来，创作出科学文艺作品”等等关于科学大众化的真知灼见，为推动边区科普创作的发展和繁荣作出了一定的贡献。董纯才是我国最早明确地把“科学精神”包括在科普内容之内，提出在科普中要宣传“四科”(科学知识、科学思想、科学方法和科学精神)的人。

二、以丛书形式出版，内容比较系统

与前一时期的科普读物比较零散、不够系统而且分科相对明显不同，1919～1932 年间的科普读物有一个很显著的特点是以丛书形式出版。如常识丛书、科学小丛书、少年百科全书、中国科学社丛书、自然科学丛书、科学丛书、新时代科学丛书、儿童常识丛书、民众常识丛书、民众科学问答丛书、少年自然科学丛书等。

这些丛书涉及的内容十分丰富。从太阳、月亮、星星等天体，到风、雨、雷、电、光这些最常见的自然现象，再到衣、食、住、行以及火车、汽车、轮船等，又到植物的根、茎、叶、花，各类动物形态特征、生活习性等，还涉及农业和工业中经常用到的物理、化学常识，几乎是无所不包，无所不容。这种丛书的形式和包罗万象的内容，保证了向读者宣传和传播科学知识的系统性、完整性以及与人民群众实际生活密切联系的实用性。

我们从第一次以“科学”命名的丛书《科学小丛书》和《少年自然科学丛书》,可以窥见此特点。属于《科学小丛书》的 10 种科普读物有：《昆虫研究法》、《世界上的爬行动物》、《种树的方法》、《种草的方法》、《风》、《娇艳的玫瑰》、《种菜的方法》、《种花的方法》、《奇妙的地球》、《美丽的蝴蝶》。“少年自然科学丛书”则包括以下12种：《太阳·月·星》、《地球·生物·人》、《空气·水·火》、《云·雨·风》、《山·川·海》、《物性·力·运动》、《光·电》、《根·茎·叶·花》、《物质·变化》、《燃料·食料》、《虫·鱼·鸟·兽》、《衣·食·住·行》。其他以“平民”和“民众”命名的系列科普读物，也是着眼于民众自身的知识基础和生产生活实际，从民众经常见到的现象和在实际的生产生活中遇到的问题出发，对怎样种植各类植物、农作物，怎样防治病虫害，怎样养殖动物等给予科学的解答。

尤其需要指出的是，《民众科学问答丛书》23种以“问答体”的形式，对与民众密切联系而民众却不怎么理解其科学原理的日常生活用品、交通工具、常见自然现象等，给以浅显易懂、生动形象的解释和说明。这种“问答体”的形式，是民众了解对实际生产生活有用的自然科学知识比较有趣的方式，也是一个相对有效的途径。

三、科学童话出现

这一时期出现了科学童话这一科普读物的新体裁。科学童话用科学的形式揭示自然世界和科学世界的面貌，帮助儿童开阔视野、增长知识、启迪智慧。它以生动、形象、美好的想象，运用拟人化的表现手法，寓知识于趣味之中，使儿童在汲取知识养分的同时，激发和丰富想象力、创造力①。

据目前所能查到的资料，最早的科学童话《小雨点》发表于1920年9月1日出版的《新青年》第8卷第1期，作者是陈衡哲。由此可见，五四新文化运动高扬的“科学”和“民主”，催生了科学童话这一科学文艺新体裁。早期从事科学童话创作的作家有：韩襄、贺宜、吕梦周、何公超、董纯才、郭以实、金近等。最早成册出版发行的科学童话是《两条腿》。

科学童话《两条腿》由丹麦作家爱华耳特（C. Ewald）著作、李小峰译。此书由鲁迅根据德译本校订、周作人作序。1925年，《两条腿》作为《新潮社文艺丛书》之一由北新书局出版。后来此书多次再版，到1933年已经出版了7版。“两条腿”是对人形象的称呼，此书向我们讲述了人类生活的历史变迁。周作人在序中指出，要把科学上枯燥的事实讲成鲜甜的故事并非易事，“《两条腿》乃是这科学童话中的佳作，不但是讲得好，便是材料也很

① 宗介华主编，余俊雄、叶小沐选编：《中国科学文艺大系（科学童话卷）》，湖南教育出版社1999年8月第1版。

有戏剧的趣味与教育的价值”①。

四、出版机构：中华书局后来居上

中华书局成立于1912年，以“开启民智”为宗旨。虽然中华书局成立的时间比商务印书馆晚了15年，但中华书局以其云集一大批各个领域专家学者和社会名流的优势，在1919～1932年间，共编辑出版41种科普读物，在数量上超过商务印书馆。这41种科普读物，包括“常识”丛书13种，《科学小丛书》10种，《民众农业丛书》8种，《民众工业丛书》2种以及其他没有列入丛书类的读物。

41种科普读物有14种以“某某浅说”命名，体现了这些书是以民众易于接受、浅显易懂的形式讲述深奥的科学知识。

这些科普读物的内容非常丰富，既涉及农业的种稻、种麦，也涉及日常生活中用到的物理、化学、电气、气象常识，以及一些天文、地理等基本知识。如《奇妙的地球》一书介绍地球的形状和大小、自传和公转、地球的内部、地球的外表、地轴和地球上的灾害等关于地球的最基本的知识。《通俗自疗病法》则“专述通常卫生及浅近医学知识，专备家庭及个人应用”。

这些科普读物出版次数很多。特别是《常识丛书》和《科学小丛书》，在短时期内出版4版、5版，甚至8版、9版之多。其中，《科学的家庭》1927年初版，1932年8月4版，1933年10月5版，1938年12月6版，位居《常识丛书》出版版次数量之首。

五、受众下移，面向民众和儿童

第一阶段接受科学启蒙的西学爱好者、留学生、新式学堂学生等知识分子精英，在此时期以各种不同的方式宣传和传播西方近代科学。在“唤起民众”的呼吁下，一些教育家、开明企业家及有志于科普事业的青年科普作家，积极参与和大力支持科普读物创作。在传播对象方面，科普读物突破前一阶段的精英知识分子和学生阶层，下移到社会基层，开始面向民众和儿童。

以“民众”、“平民”和“儿童”、“少年”命名的丛书大量出现是最突出的表现。这一时期，以“少年”或“儿童”命名的丛书共有23种，以“民众”或“平民”命名的丛书有94种。另外，属于“科学常识/常识丛书”的13种科普读物的出现，也是此时期的科普读物关注民众、以提高民众常识性科学知识为目的的重要表现（表8－5）。

---

① 周作人：《两条腿》序，钟叔河编：《周作人文类编·上下身》，湖南文艺出版社1998年版，第841页。

表8－5　以“平民”和“民众”命名的丛书

丛书名称	书名
平民小丛书	活神仙、我们的老祖宗、哭和笑、银饰、农业和交通、谈天、有知识的草木、瘟神和财神、怎样养蜜蜂、良友和仇敌、冬天的卫士、人类的暗杀者、一般的卫生常识、卫生常识、叶绿精、火车的故事、一根火柴、火灾与种树、普通自然现象（一二）、人类的恩人、饮食的卫生、养蜂法、除虫菊、养鸡法、痨病去根简易法、人类的仇敌、澡堂里的发明、天地间的怪产、救命、城里的鼻子、喝水、红十字会、养牛
民众科学问答丛书	雷和电、生命离不了的东西、我们穿的、我们吃的、我们住的、电灯、电报、电话、电影、照相、留声机、火车、汽车、轮船、飞机、昆虫的生活、植物的生活、帮助眼力的东西、陆和水、煤炭、动的力、水的用途、热和冷
民众小丛书	科学的生活、文明的利器、动物、少男少女、理化常识、自然现象、生物常识、桑树、养鸡大王、养猪学、流行性脊髓脑膜炎、生物的误解与辨正
平民教育丛书	什么是表证农家、重要庄稼的选种、玉蜀黍摘穗表证说明、最简要的养蜂法、改良定县猪种、蝼蛄的生活和驱除方法、蝗虫驱除和利用法、用碳酸铜防除谷类黑穗病的表证说明、棉蚜的研究和用烟汁歼灭法的表证说明、麦类黄疸病、中国北部常见的植物病害及防除法、改良定县鸡种
民众农业丛书	种稻浅说、麦的栽培法、种痘浅说、植棉浅说、果树栽培浅说、土壤浅说、肥料浅说、农具浅说
民众常识丛书	化学浅说、物理浅说、生物现象浅说、气象浅说
民众工业丛书	化学常识、电气常识

表8－6　民众常识/常识丛书

地震浅说	化学浅说	科学的家庭	气象浅说	梦
进化论浅说	遗传学浅说	细菌与人生	物理浅说	
生物学要览	近世之新发明	世界医药之新发明	生物现象浅说	

表8－7　以“少年”和“儿童”命名的丛书

丛书名称	书名
少年自然科学丛书	太阳·月·星、云·雨·风、光·电、燃料·食料、地球·生物·人，山·川·海，根·茎·叶·花、虫·鱼·鸟·兽、空气·水·火、物性·力·运动、物质·变化、衣·食·住·行
少年百科全书	奇象、常见事物、自然界、地球（上下册）、生命现象
儿童科学丛书	苍蝇与瘟疫、水族相养器、螳螂生活观察、鸟类迎宾馆、蚯蚓
少年中国学会丛书	古生物学通论

第三节 影 响

我们可以从1919～1932年间出版的科普读物的发行量[①]、质量和发行面这三个维度分析这一时期科普读物的影响。

一、发行量

1919～1932年间，科学在中国获得了“无上尊严”的地位。无数科学家、教育家和科普作家为科学的普及而努力，科普读物的发行量与第一时期相比明显增多。

据笔者统计，此时期出版次数超过2次（不包括2次）的科普读物有以下35种（表8－8）。

表8－8 1919～1932年超过两版次的科普读物

书名	初版时间	版次说明
科学发达略史	1923年11月	1928年4月6版，1930年3月7版，1936年3月9版
种树的方法	1924年	1934年8月8版
地震浅说	1924年3月	1929年4月6版，1932年9月7版，1949年10月8版
种菜的方法	1925年	1934年8月7版
种花的方法	1925年	1934年8月7版
两条腿	1925年5月	1933年10月上海7版
科学的故事	1931年12月	1948年3月第7版
通俗自疗病法	1922年5月	1931年1月6版
昆虫研究法	1924年	1928年3月4版，1934年5月6版
种草的方法	1924年	1932年12月6版
风	1924年	1935年6月6版
进化论浅说	1924年8月	1929年4月4版，1932年7月5版，1937年1月6版
近世之新发明	1926年9月	1930年4月4版，1932年8月5版，1940年4月6版
科学的家庭	1927年2月	1932年8月4版，1933年10月5版，1938年12月6版
燃料·食料	1928年5月	33年6月国难后6版
娇艳的蔷薇	1924年	1933年6月5版

① 由于年代久远及资料的限制，无法找到并统计当时出版的科普读物在全国各地的实际发行数量，故笔者以科普读物的发行版次作为考评其发行量多少的依据。

续表

书名	初版时间	版次说明
生物学纲要	1926年9月	1936年3月5版
五年计划的故事	1931年12月	1932年9月由良友图书印刷公司第4版，1933年2月由新生命书局第3版
相对论浅释	1922年4月	1924年1月3版，1931年12月万有文库第一集
物理学之研究	1922年10月	1928年10月4版
世界上的爬行动物	1924年	1928年12月3版，1932年12月4版
奇妙的地球	1926年1月	1928年10月3版，1931年2月4版
生物学要览	1926年9月	1930年4月3版，1936年2月4版
遗传学浅说	1926年9月	1928年5月再版，1930年4月3版，1936年2月4版
美丽的蝴蝶	1928年8月	1932年12月4版
汉译科学大纲	1924年1月	1930年10月商务再版为14册，1933年6月商务再版为4册
地质学	1924年10月	1926年3月3版
古生物学通论	1926年9月	1930年3月再版，1936年3月3版
地球（上下册）	1926年11月	1951年8月3版
科学概论	1926年11月	1928年9月3版
梦	1927年1月	1930年4月再版，1933年12月3版
运动与卫生	1927年11月	1930年4月再版，1936年9月3版
化学常识	1930年10月	1932年8月再版，1934年5月第3版
鸟与文学	1931年4月	1949年2月第3版
科学史	1931年4月	1932年12月第3版

《科学发达略史》是此时期出版版次最多的科普读物。此书是化学家张子高在南京高等师范的一本讲稿，由周邦道记述。此书是中国早期关于自然科学史的著作，讲述了从科学的起源到19世纪的科学发展状况。书后有两个附录：其一为“科学在中国之过去与将来”，其二为“近50年来中国之科学教育”。这两个附录将科学与科学教育在中国的过去、现在和将来加以系统论述，有利于国人从历史和未来的角度正确认识中国当时的科学和科学教育。1923年11月，《科学发达略史》由中华书局初次出版。到1928年4月该书已有6版，1930年3月7版，1936年3月则多达9版。

二、质量

这一时期科普读物的质量，我们以前面提到过的《科学大纲》为例[①]加以说明。

由英国著名科普作家汤姆生主编的 The Outline of Science 中译本于 1924 年面世。关于主编此书的目的，汤姆生在“序”中谈到，在于“明敏而好学的市民，以一束智慧的锁匙，使开其从未得入之门”。他认为此书在引入问题时，“如与良友同行，欢然细语，不假仪式，而引人于各门知识之中”。商务印书馆编译所所长王云五在 The Outline of Science 中译本“序”中写道：“夫传布科学，似易而实难。一、传布者非自身亦为创造之科学家，则不足以既其深。二、传布者非淹贯众科之科学家，则不足以既其广。二者具矣，而无善譬曲喻引人入胜之文字，仍未足尽传布之能事……吾人今为便利国内向往科学之读者起见，特将此书译出公世。[②]”

为了更好地发行此书向国民宣传科学，商务印书馆在 1924 年 2 月《科学》杂志封底刊发了《科学大纲》的整页广告[③]：

商务印书馆出版

空前名著 Outline of Science 的汉译本

科学大纲

全书四巨册都五十万言

定价二十元

本书特色

（1）本书是极有价值的科学书，也是极易了解的通俗书；在欧美科学出版物中可算是空前的著作。

（2）本书用浅显而有兴趣的方法，叙述科学的全体；常人读之，不嫌其艰深；专家读之，不嫌其无味。

（3）本书第一册出版后，两个月内翻版至 8 次之多，其价值可想见。

（4）翻译者 19 人，都系留学欧美的各科专家，按照性质门类，分科译述；可算是译述界的一种创举。

（5）本书原版售美金 18 元，约当国币 36 元；日文译本售日金 36 元；现在只售国币 20 元，甚为低廉。

---

① 由于后人把商务印书馆出版《科学大纲》中译本，视为中国近代科学传播和普及的一大盛举，故笔者选择以《科学大纲》为例。

② 汤姆生著，胡明复等译：《汉译科学大纲》，商务印书馆 1924 年版。

③ 《科学》，1924 年 2 月。

1924 年，由胡明复等 22 人将 The Outline of Science 译成中文后，改名为《汉译科学大纲》，共四册，由商务印书馆陆续出版。其中第一、二册于 1923 年 6 月出版，并分别于当年 10 月，次年 3 月再版，第三、四册于 1923 年 10 月、1924 年 1 月陆续面世。1930 年 10 月，商务印书馆以“万有文库”第一集汉译世界名著的形式再版《科学大纲》，这次再版由以前的 4 册分订为 14 册。1933 年 6 月再次缩本出版。特别值得一提的是，商务印书馆 1925～1930 年出版的一套 12 册的大型少儿科普读物丛书——《少年自然科学丛书》，是由《科学大纲》英文版和若干日本科普图书编译而成的。

此书简直可以称为自然科学的“百科全书”。全书共四册，三十八篇。书中不仅介绍了天文学、地质学、海洋生物学、达尔文进化论、物理学、微生物学、生理学、博物学、心理学、生物学、化学、气象学、应用科学、航空学、人种学、健康学等学科知识，并且分节讨论了科学的目的、态度、方法、范围、分类和限度、科学与感情、科学与宗教、科学与哲学、科学与生活等科学思想。

《科学大纲》与毛泽东的故事一向被传为佳话。1949 年 9 月 19 日，在中国人民政治协商会议第一次会议开幕前夕，毛泽东邀请商务印书馆创办人兼董事长张元济同游天坛。毛泽东在与张元济的谈话中提到他读过商务出的《科学大纲》，并说自己“从中得到很多知识”①。龚育之在《毛泽东与自然科学》一文中也谈到“延安时期毛泽东搜集的藏书中有不少自然科学书籍，如商务印书馆出的汤姆生的《科学大纲》……”②。1974 年，毛泽东在接见首次回国的物理学家李政道时说，“科学是我们认识世界的强大武器……记得我年轻时读过生物学家阿瑟·汤姆生的书，那是很受启发的③”。李政道后来回忆说，“第二天，我在机场收到了毛泽东的送别礼物：一套阿瑟·汤姆生的 1922 年版原版著作《科学大纲》。”④

三、发行面

这一时期科普读物的发行面，我们可以从商务印书馆分馆的分布地区来分析。20 世纪 30 年代初是商务印书馆发展的鼎盛时期。当时的商务印书馆，

① 潘涛：《商务印书馆：引进现代科学的桥梁——从〈科学大纲〉谈起》，载《商务印书馆一百年》，商务印书馆出版 1998 年 5 月北京第 1 版，第 314 页。

② 龚育之：《毛泽东与自然科学》，见龚育之、逄先知、石仲泉：《毛泽东的读书生活》，中央文献出版社 2003 年 12 月第 1 版，第 81 页。

③ 李政道：《我同毛泽东的会见——对称在物理和政治中的含义》，载《大自然探索》1988 年第 3 期。

④ 同上。

在全国各大城市设有36家分馆，1000多个销售网点。在20世纪20年代，商务印书馆分馆分布地区已达33个之多，如表8－9所示。

表8－9　商务印书馆20世纪20、30年代分馆分布地区

北京	济南	杭州	天津	太原	兰裕	保定	开封	安庆	奉天	郑州
芜湖	吉林	西安	南昌	龙江	南京	汉口	长沙	福州	贵阳	常德
广州	衡州	潮州	云南	成都	香港	重庆	梧州	泸县	张家口	新加坡

从表8－9我们可以看出，商务印书馆不仅在北京、广州等大城市设立了分馆，而且在安庆、衡州等小城市以及偏远的云南、贵阳地区也设有分馆。这些广布于中国东西南北各地的分馆，形成了印刷和发行的网络状结构，扩大了图书的发行面，使商务出版的科普读物得以能够散发和广布到极其偏远的地区，在扩大科普读物的读者群体以及影响力方面起着非常重要的作用。

第九章

科学大众化时期（1932～1949）

面对中国民众科学教育落后的现状，无论是政府还是民间科学团体都作出了自己的努力。1932年11月，由陈立夫等社会名流发起成立“中国科学化运动协会”。以《科学的中国》为会刊，中国科学化运动轰轰烈烈的开展起来。1934年，柳湜认为“目前大众需要科学知识，科学要求大众化”，首次提出“科学大众化”的口号。1941年，慕宇光在《科学趣味》第五卷第六期，从理论上多方面论述了科学大众化的意义和方法。在“科学大众化”口号的鼓舞下，中国各个阶层的知识分子以及科技团体、学术学会组织都积极投入到向大众普及科学知识的浪潮中来。这一时期，大量优秀的科普读物一版再版，科学小品的出现进一步拓宽了科普创作的体裁。中国的科普作家群出现在中国近代历史舞台上，他们为向大众普及科学勤勤恳恳地贡献着自己的力量。

第一节　中国科学化运动

通过五四新文化运动的科学启蒙并随着科学下嫁运动的开展，科学得以迅速传播并得到人们的广泛认同。“科学已经不必再为自身而战了”①。人们也认识到科学不仅与物质和国家建设有关系，并且与精神上、道德上都是息息相通的。正如任鸿隽所说：“‘科学’二字在吾国一般人心目中已成普通常识②”。

提倡科学，需要首先从科学教育着手，已成为当时人们的共识。提倡科学，并不是少数科学家闭门造车制造空洞的理论与学说。因为这类理论与学说，“在当今的中国，充其量不过是‘洋八股’及少数人之装饰品而已，于吾国社会民众，是无丝毫利益的”③。朱元懋曾在《科学青年》发刊词中提到

① ［美］郭颖颐著，雷颐译：《中国现代思想中的唯科学主义》（1900～1950）》，江苏人民出版社1990年7月第1版，第12页。

② 任鸿隽：《中国科学之前瞻与回顾》，载《科学》1943年3月（第26卷）第1期。

③ 郑集：《科学到民间去》，载《科学世界》（第五卷）第十、十一期。

“提倡科学之道有二：一为培植科学之专家；一为普及科学之教育”[①]。时任金陵大学理学院院长的李方训也说，“民国以来，国人渐知提倡科学应先从科学教育下手”[②]。因为科学教育“最适宜把科学精神的特点显出来”[③]。所以，训练科学精神[④]的使命就放在了科学教育身上。

但当时科学教育的现状却并不容乐观，尤其是大众的科学教育，更是引起了不少有识之士的强烈不满和呼吁。一些有识之士在充分肯定数10年来政府提倡和奖励科学取得相当成绩的同时，也认识到了以往无论是设立研究院，还是派遣科学考察团，都仅仅注重于“专门人才的培植与高深学术的研究”。但对于一般民众的科学教育，“却并不曾作同样的努力”[⑤]。以至于1946年还有人说“晚近，科学在我们每一个学校的课程中，较之其他文字学科，已是得到一个平衡的地位，而对于学校以外的一般的国民科学教育实在还没有动手”[⑥]。以研究民众科学教育理论而著名的时人武可桓，在总结20世纪40年代之前的科学教育时，也认为无论政府方面或民间科学运动团体，在民国三十年以前，都注意“高深的专门研究机构的设置”，或致力于“学校科学教育之改良”，而忽略了“民众科学教育的实施”[⑦]。

实际上，我们不能否认政府在这方面所作的努力。继1932年《民众教育馆暂行规定》颁布以后，1935年5月，国民政府公布《教育部组织法》。此法规定，教育部下设高等教育司、普通教育司、社会教育司、蒙藏教育司和总务司。其中社会教育司掌管第一科中有《关于民众读物事项》，第二科中有《关于民众教育馆事项》。1939年，教育部重新订颁了《民众教育馆规程》和《民众教育馆工作大纲》，对民众教育馆的编制及工作职能进行大规模调整。抗战开始以后，多种民众科学读物，在各地以民众教育馆为中心广为传播，发挥着宣传与动员民众、普及科学知识和提高民众科学文化水平的作用。

早在1928年，郑贞文、竺可桢和秉志等三人以“自然科学专家委员”资格出席第一次全国教育会议时，就提出了关于“各省应办科学馆”的提案。湖北、福建和山西等省率先设立科学馆。自1941年起，政府鉴于我国科学教育“只限于学校门墙之内，未能普及一般民众，促进科学大众化”，成绩不够显著，因此特别注意推行民众科学教育，令各省市筹设科学馆。科学馆有四

---

① 朱元懋：《发刊献辞》，中国青年科学协会编辑《科学青年》，1941年8月20日创刊号。

② 李方训：《科学与中国》，中华自然科学社《科学世界》，1947年5月（第16卷）第4期。

③ 裘家奎：《科学教育与精神训练》，金陵大学理学院《科学教育》，1937年3月（第4卷）第1期。

④ 科学精神最显著的就是“尊重事实”、“力求精确”、“注意微小事物和微渺地方”、“不轻易下断语”、“存疑”这五大特点。

⑤ 顾均正：《科学大众化运动》，载《科学知识》1947年7月（第2卷）第4期。

⑥ 刘明扬：《科学与科学教育》，四川省立科学馆《科学月刊》，1946年9月创刊号。

⑦ 武可桓：《民众科学教育》，商务印书馆1948年4月初版，第13页。

大任务："一、普及民众科学知识。二、补助学校科学教育。三、解答社会上关于科学之疑问。四、致力于自然科学之研究"[①]。其中，"普及民众科学知识"是科学馆四大任务之一。"参加科学化运动"则是科学馆的九大实施措施之一。教育部还规定，每年3月29日起，一星期为青年科学运动周，国庆日为国防科学运动周，各地应普遍举行各项科学讲演、表演、展览等活动。

1946年7月，国民政府教育部正式公布《科学馆规则》，从法律上规定"科学馆进行通俗科学教育并辅导学校科学教育。各省市应设省市立科学馆一所或数所。设两所以上者，应冠以所在地地址名称。各省市人口众多或地域辽阔者，应设县市立科学馆。地方自治机关、私法人或私人亦可设立科学馆"。[②] 由以上政府颁布的一系列政策法规可以看出，政府对民众教育和民众科学教育的关注其实一直没有停止。

当然，很多有识之士也意识到，科学教育不是各级学校的专利品，一切科学事业与大众生活是分不开的。科学不仅与少数人有关系，与广大的社会群众也有密切的关系。而我国科学晚兴，科学教育落后，尤其是大众的科学教育，所以急应提倡和推进。但是民众教育馆、科学技术团体、学会等则"顾以缺乏组织，恒不能为大规模之推行，致其效不彰"。因此，"愿以团体组织的力量，推广科学常识于民众"[③] 的中国科学化运动协会成立了。

1932年11月，陈立夫等社会名流发起成立"中国科学化运动协会"。他们认为当时中国的问题是社会的"贫""陋"与人民的"愚""拙"。而解决这些问题的困难在于"科学知识的浅薄"，在于科学知识"只有国内绝对少数的科学家所领有而未尝普遍化社会化，未尝在社会上发生过强烈的力量"[④]。

着眼于科学在文化和中国社会演变中无上重要的地位，中国科学化运动协会把自己工作的对象定位为"我国无机会求得科学知识之多数人民，而非一部分特殊阶级"，以利民族国家之建设，以求多数人生活之改进，从而达到"科学社会化，社会科学化[⑤]"的目标。因此，以科学的方法解释一切生活状态和自然现象，

---

① 教育部（台湾省）：《民国教育年鉴》（第二次），宗青图书公司印行1991年版，第1129页。

② 宋恩荣、章咸主编，中央教育科学研究所教育史研究室编：《中华民国教育法规选编（1912～1949），江苏教育出版社1990年7月第1版。

③ 《中国科学化运动协会第二期工作计划大纲》，1935年《科学的中国》（第5卷）第5期。

④ 《中国科学化运动协会发起旨趣书》，载《科学的中国》（第1卷）第1期（1933年1月1日）。

⑤ "科学化"与"科学"不同。"前者可说是后者的副产品。后者要求'己立''己达'，前者要求'立人''达人'。科学的精神注重谨严研究，科学化的精神注重应用普及。"（《科学与科学化》，《科学的中国》创刊号），由此可见，提倡"科学化"本身就是普及科学的理论，科学化运动无疑是一场向广大民众宣传和普及科学的运动。这也可以从科学化运动协会对"科学化"的两个解释（"科学之国语化"："民族之科学化"）中得以验证。

使一般人的生活渐入科学化，迷信观念渐灭，成了中国科学化运动协会的任务之一。以《科学的中国》为会刊，中国科学化运动轰轰烈烈的开展起来。

在科普读物方面，科学化运动协会在其工作计划大纲“工作之信仰”条目中明确表明，“凡能引起及增进儿童想象力创造力之读物，或科学玩具，必尽力提倡之”，“凡关于国防生产生活之种种常识，必尽力以极浅近之科学说明灌输之”。他们希望能够通过积极的推进，逐渐解除民族国家的危机，使多数人民的生活得以与科学打成一片，迅速提高社会上人们科学知识的水平。

1937 年抗日战争爆发。在国势危急的紧要关头，国人通过各种不同的途径寻找救国救亡之道。由于意识到“我国正值多事之秋，内部空虚，外受强邻压迫，急宜设法来解决困难，我国要想和各国竞争，互相对立，只有在科学上努力①”。因此，从科学的角度来看，走科学大众化的道路、从事科学普及运动以达到“科学救国”的目的，就成了一些有识之士的首要选择。

在政治混乱、经济萧条、内忧外困的当时中国，生活贫困，思想愚昧、迷信盛行、受教育程度极端低下，是当时民众生活的真实写照。“我国文盲既多，教育普及程度远在他人之后，社会上一班人迷信过甚……故对于似乎很浅显的一般科学常识教育，其需要应更甚②”。而处于水深火热之中的一般民众不会受到科学的洗礼，更说不到享受科学的幸福。从生活方面来说，“除了少数城市里的富人享受一些从外国搬来的物质文明外，极大多数的群众，仍然是过着近原始人类的生活”；从习惯来看，大多数人“迷信、自私、散漫、污秽、无秩序，无群性”。在深刻认识到复兴中华民族的这些障碍并认识到需要与现实之间矛盾的基础上，越来越多的有识之士主张要注重社会教育中的科学宣传。他们要求把科学送到民间去，要以中国目前关系国计民生的切实问题为研究对象，要以简捷、有效的方法使大众生活改良，进而充实国力，救民族于危难之中。

在把科学送到民间的过程中，无论是初学科学的人还是科学家，都负有不可推卸的责任。但由于中国社会的畸形发展，科学沦为科学家的装饰品，使大批科学家的工作总是与人民的生活没有什么关系。少数人更是“恃才傲物，蔑视人民，自我陶醉”。他们无视人民的痛苦，流风所及，科学界自成清高的圈子，技术人员也自认为不同于人民，享受了许多特权。正是由于中国社会太缺乏科学，“人人都不真正了解科学，而把科学当作口头禅，当做时髦货③”，所以科学家应负有推广的责任。

---

① 秉农山先生讲，黄似馨记：《科学家对于社会的责任》，载《科学世界》（第六卷）第七期。
② 任鸿隽：《科学教育与抗战救国》，载《教育通讯》1939 年 6 月（第 2 卷）。
③ 秉农山先生讲，黄似馨记：《科学家对于社会的责任》，载《科学世界》（第六卷）第七期。

中国科学化运动协会就把“科学之国语化”作为科学化两大任务之一。他们认为“只有有了国语的科学或科学的国语，才可用以传播科学知识，使其普及于民间”。他们急切呼吁我国的科学家“注重本国文字，注意于修辞达意”，希望能从此产生许多“极其漂亮，既有力量”的科学文字，“唤起国民，使注意于各种科学问题”①，并将此视为科学家应尽的责任。

1947 年，在北平科学团体联合年会的专题讨论会上，有关人士鲜明地提出了“怎样利用科学来改善中国人民的生活”的主题，反映了有良知的科学家群体努力思考把科学推广到社会上、灌输到民间的实际方法与途径。以传播科学为己任的中国科学社及其成立的中国科学图书仪器公司，以拥有一批优秀科学家的优势在此时期出版了《科学画报丛书》、《科学画报小丛书》、《通俗科学丛书》等成套的科普读物，为科学走向民间做出了自己独特的贡献。

第二节　繁荣的科普读物世界

从《民众教育馆章程》到《科学馆规则》，国民政府教育部一系列法规章程的颁布，为这一时期科普读物的传播和发展，提供了制度和组织结构的有力保障。在这些法规法令的保障下，1932～1949 年间的科普读物以多于前一时期两倍多的数量，呈现出欣欣向荣的景象。

据统计，这一时期的科普读物共有 730 种，平均每年有 43 本科普读物出版。在 730 种科普读物中，有 46 种内容相同，分别由不同出版社出版。这一时期，各主要出版机构出版科普读物种数见表 9－1 所示。

表 9－1　1932～1949 年各主要出版机构出版科普读物种数统计②

出版机构	种数	出版机构	种数
商务印书馆	229	新华书店	18
中华书局	130	辛垦书店	13
中国科学图书仪器公司	88	上海言行社	12
开明书店	54	天下图书公司	11
新亚书店	22	北新书局	10
正中书局	20		

1932～1949 年间，科普读物的读者对象主要是少年和儿童。“少年”丛书和“儿童”丛书共有 90 种，远多于“青年”丛书 32 种和“民众”丛书 34 种。

① 《科学与科学化》，《科学的中国》创刊号。

② 此表主要统计出版科普读物数量在 10 种以上的出版机构。据附录三加以统计。

一、出版机构三足鼎立

1932～1949年间，出版科普读物数量较多的出版机构有：商务印书馆、中华书局、中国科学图书仪器公司。

商务印书馆以229种的绝对优势占据第一位。并且此时期的商务印书馆还印行了中国科学社的几套大型丛书：《中国科学社丛书》、《科学画报小丛书》、《科学画报丛书》，《通俗科学丛书》等。商务印书馆因此被誉为“引进现代科学的桥梁”。

中华书局在这一时期共出版130种科普读物。以中华文库民众教育丛书形式出版的读物有27种。继承前一时期以丛书形式出版，但又不同于前一时期以“民众”为主的丛书命名方式，此时期丛书在命名方面更偏向于“科学”二字。其中，《自然科学小丛书》142种①，《少年自然科学丛书》33种，《大众科学丛书》19种，《儿童科学丛书》12种，《科学画报小丛书》12种，《少年科学丛书》10种，《家常科学丛书》8种，《新时代科学丛书》5种，《中国科学社通俗科学丛书》3种。

1929年，中国科学社成立中国科学图书仪器公司。以中国科学社主办的《科学》和科普杂志《科学画报》为依托，中国科学图书仪器公司在这一时期，出版了大量适合少年儿童和广大民众阅读的浅显易懂的科普读物。据笔者统计，共有86种。中国科学图书仪器公司出版的科普读物在向民众宣传科学知识、普及科学方面，发挥了极其重要的作用。

二、出版平民化

1932～1949年，科普读物的出版呈现出平民化的特点，主要表现为分册出版，价格便宜。万有文库《自然科学小丛书》包含全面和丰富的内容，覆盖自然科学各个学科，分成10类：科学总论、天文气象、物理学、化学、生物学、动物及人类学、植物学、地质矿物及地理学、其他、科学名人传记。商务印书馆将如此丰富的内容以小册子的形式分册出版，而且每本小册子都非常便宜。这样一来，普通的学生和一般社会上的读者，以极其便宜的价格就可以买到一本小册子，学习到丰富的科学知识。所以，后人称“《万有文库》的出版，开创了我国图书出版平民化的新纪元②”。科普读物以分册的形式出版，无疑有利于科学知识更为迅速和更大范围的传播和普及。

---

① 万有文库《自然科学小丛书》共200种，但由于笔者所掌握资料有限，所查到的第三时期有142种，再加上第二时期的12种，共计154种。

② 《商务印书馆一百年》（1897～1997），商务印书馆1998年5月北京第1版，第334页。

三、科学小品出现

这一时期出现了科普读物新的创作体裁——科学小品。科学小品以通俗有趣的写法介绍科学知识，篇幅短小，形式灵活，语言生动。

与“科学小说”来自日译词不同，“科学小品”是中国人自己创造的本土词语。它诞生于1934年陈望道创办并任主编的《太白》文艺性半月刊杂志。该杂志创刊号上有一个“科学小品”专栏，这是“科学小品”这个名词的首次出现。在此专栏里，有克士（周建人）的《白果树》，贾祖璋的《萤火虫》，薰宇的《白昼见鬼》以及顾均正的《昨天在哪里》等普及科学的文章。到1935年《太白》停刊为止一年的时间，“科学小品”专栏发表的文章就有66篇。

由于科学小品篇幅短小，因此，通常是以科学小品集或科学小品选集的形式出版成册。据统计，1932～1949年间出版的科学小品集共有7种，见表9－2所示。

表9－2　1932～1949年出版的科学小品集

书名	作者	出版时间	出版机构
越想越糊涂	顾均正	1935年8月	生活书店
我们的抗敌英雄	高士其等著	1936年6月	读书生活社
细菌大菜馆	高士其	1937年	通俗文化社
细菌与人：高士其科学小品集	高士其	1936年8月	开明书店
生物素描	贾祖璋	1941年5月	开明书店
科学新话	杂志社编辑部	1944年4月	杂志社
凤蝶外传	董纯才	1946年	晋察冀新华书店
		1948年11月	佳木斯：东北书店

《越想越糊涂》是顾均正在这一时期所写的第一部科学小品集。此书从一句成语谈开：“‘越想越糊涂’，这是一句常常听得见的成语，其实‘想’总会使人‘明白’起来。越想而越糊涂，不由于想得不周到，一定由于想到‘牛角尖’里去了。”

《细菌与人：高士其科学小品集》到1946年11月就出版到第3版。

《生物素描》是介绍生物知识普及生物学的科学小品，和《细菌与人：高士其科学小品集》同属于“开明青年丛书”，其内容包括水仙、梅、鲫鱼等21篇，1946年10月出版到第3版，1948年7月为特1版。

关于《科学新话》的版本有不同的说法。科学研究社初版书前“简单的介绍”说此书写于1944年9月底。而1946年5月新知书店编辑部所写的

“简单的介绍”称：此书本为林曦编译，后李亚又译出海登的同类文字若干篇加以补充合为一集。就笔者在上海图书馆所查，《科学新话》共有两个版本。其一为编辑部1944年4月出版，属于“杂志丛书”第4种，这个版本的书中收入23篇科学小品文。其二为新知书店1946年6月出版，共选译英国《工人日报》1943年底至1944年6月刊载著者所写的科学小品文25篇，包括附录5篇：帕伏洛夫学说的新的发展，美国科学家找到的新物质，行星起源的新学说，吃米革命。

董纯才的代表作之一《凤蝶外传》在1946年由晋察冀新华书店出版后，1948年11月就出版到第3版。在《凤蝶外传》中，作者用生动、细腻，娓娓动听的文笔，勾画出凤蝶的一生。文章一开头就生动地描写了凤蝶妈妈产卵的过程：

八月的一个晴朗炎热的午夜。在篱笆上出现了凤蝶妈妈。在她那轻盈的身体的背上，闪动着两对绣着黄色花纹的黑绒似的翅膀，后翅拖出一支燕尾似的飘带。样子是怪雅致的。

这样生动、细致入微的描写，是董纯才在深入和仔细地观察了一年之后写出来的，从中可见董纯才创作态度的严谨和认真。

除了以上三个特点外，此时期还翻译了大量来自苏联和其他国家的科普读物，并出现了中国第一代科普作家群。这两点将在下面两节论述。

第三节　从伊林著作的科普读物谈起

20世纪30年代，很多国外科普读物经翻译陆续传入中国。这些译自国外的科普读物，由不同作者翻译、有不同的译本。即使同一译者的版本也由不同的出版社出版发行，且发行版次很多。特别是伊林著作的科普读物，在创作风格、创作思路上都给我国第一代科普作家以深远的影响。学习、借鉴和创造成了中国科普读物创作日益走向成熟的三部曲。

一、伊林著作的科普读物及其影响

伊林（1896～1953）是苏联著名的科普作家。他从小酷爱读书，喜欢大自然，喜爱科学实验。在童年时期，伊林曾仔细观察天空和星象，观察和研究蚂蚁的生活情况。这为他以后用文艺的手法和诗一般的意境创作科普读物打下了基础。1914年，伊林中学毕业，因成绩优异获得金质奖章。1924年，他还在大学读书时就开始创作科学文艺性短文。1925年，伊林毕业于列宁格勒工艺学院。《不夜天》是他1927年创作的第一部著名作品，一出版就受到苏联读者的喜爱。在之后的20多年中，他创作了《几点钟》、《十万个为什么》等脍炙人口的科普作品，在普及科学知识、鼓舞人们认识自然、改造自然等方面起了巨大作用。

自1932～1949年《五年计划的故事》被译成中文，伊林陆续被译成中文的科普读物共有8种。这8种科普读物的译者、初版时间和出版机构如表9－3所示。

表9－3　被译成中文的伊林著作的科普读物

书名	译者	初版时间	出版机构	备注
几点钟	董纯才	1933年1月	上海正午书局	
	潘一之	1933年7月	上海良友图书印刷公司	书名改为《钟的故事》
	董纯才	1936年8月		1947年4月5版
书的故事	董纯才	1933年4月	上海良友图书印刷公司	儿童科学故事，据英译本转译
	张允和	1936年6月	上海中华书局	1947年12月中华文库初中第一集版。
	董纯才	1936年8月	开明书店	1947年2月4版
	胡愈之译，张仲实校	1937年1月	上海生活书店	1937年5月再版根据法译本转译，张仲实根据俄译本校订
	董纯才	1941年	新华书店	1948年12月再版。
	胡愈之	1943年4月	桂林，新少年出版社	
	胡愈之	1946年3月	上海新少年书局	
	董纯才	1949年2月	长春东北书店	
问题十万（又名《十万个为什么》、《室内旅行记》）	陈少平	1934年3月	新生命书局	
	赵筱延	1934年11月	良友图书印刷公司	
	董纯才	1934年12月	开明书店	1942年3月再版，1942年6月湘1版，1949年3月10版，1952年第19版。
	董纯才	1941年	新华书店	1942年3月再版，1948年12月3版。
	董纯才	1946年6月	大连大众书店	

续表

书名	译者	初版时间	出版机构	备注
不夜天	董纯才	1936年5月	开明书店	1947年2月4版，1948年7月特1版，1949年3月5版
	董纯才	1941年	新华书店	
	董纯才	1948年10月	哈尔滨东北书店	
	董纯才	1949年5月	中原新华书店	书末附《翻译伊林作品的经过和印象》一文
人和山	董纯才	1936年8月	开明书店	1939年3月3版，1947年2月4版，1948年3月7版。
	江明	1937年5月	上海新知书店	
	董纯才	1941年	新华书店	
	诸琦真	1949年5月	新中国书局（东北即光华书店）	
	江明		新华书店	
人怎样变成巨人	什之	1942年1月	重庆，读书出版社	1949年3月东北（大连）初版
	什之	1943年1月	左权，华北书店	
	什之	1948年1月	重庆读书生活出版社	晋察冀新华书店翻印本
	什之	1949年	山东，新华出版社	1949年再版本
	什之	1949年6月	菏泽，冀鲁豫新华书店	
五年计划的故事	张方文节译	1932年	良友图书印刷公司	1932年9月4版。
	吴郎西	1933年2月	新生命书局	3版
	陆静山编	1935年	儿童书局	
	董纯才克摩得	1946年3月	开明书店	3版
原子世界旅行记	王昊夫	1948年11月	光华书店	

上述8种科普读物，《书的故事》、《十万个为什么》和《人怎样变成巨人》是3种影响比较大的科普读物。

《书的故事》先后由3位译者翻译，并分别由8家出版机构出版发行。在随后的时间里，此书出版版次不断增加，印数始终不衰，一直是广大青少年和成年读者的良师益友。此书作者从甲骨、陶片、树叶、兽皮一直写到印刷术，主要讲述人类信息革命以前信息传播的故事。书的开头讲了人找寻世界上第一本书无着而摔死的故事。伊林在开头这样写道：

最早的一本书是什么样子的呢？

它是印刷的，还是手写的呢？它是纸做的，还是用别的材料做的呢？如果这本书还在，那么在哪个图书馆里可以找到它呢？

据说从前有这样一个怪人，他走遍了全世界所有的图书馆，想寻找这本最早的书。

……

就算他能再活上一百岁也休想达到他原来的目的。因为世界上的第一本书，在他出世前几千年，早就变成泥土，埋没在地底下了。

到此为止，我们才知道原来作者说的世界上第一本书是“有手有脚”、“会说话”的“人”自己——一本活的书，知识在几千年前是靠人们的记忆传下来的。读过此书以后，可以轻而易举地从中获得几千年来人类是如何积累、传播和普及知识的。

“十万个为什么”目前在国内极为流行。特别是自1961年少年儿童出版社出版中国人自己写作的《十万个为什么》丛书以后，以“十万个为什么”命名的儿童和青少年科普读物层出不穷。这种写法最初来自于伊林的科普名著《十万个为什么》。伊林在书中引用英国作家卢·吉百龄说的“五千个哪里，七千个怎样，十万个为什么”。《十万个为什么》又名《问题十万》、《室内旅行记》。它是一本“在屋子里边走边写的书”，写给那些愿意在家里做一次旅行的人。它以“自来水龙头”作为旅行的第一站，接着依次是火炉、食厨、锅架、碗橱、最后一站是衣橱。

每到一站，伊林都从日常生活中常见的现象入手，以“问题”作为中心，对简单的事物提问，通过提问来设置悬念，引起读者的兴趣和强烈的好奇心，吸引读者如饥似渴的读下去。

为什么我们要喝水？

有不透明的水透明的铁吗？

为什么水不会燃烧？

为什么水能熄灭火？

为什么面包都是洞？

啤酒为什么起泡沫？

为什么铁要生锈？

穿三件衬衣暖，还是穿一件三倍厚的衬衣暖？

……

他的提问步步深入，环环相扣。在谈到“我们为什么要用水洗涤”时，伊林先问：“为什么水能洗涤尘垢呢？若说这不过像溪流把你投下的木屑带走一般。”然后顺着此思路反问：“把污秽的手放在水龙头下面，这样能把手洗清洁吗？”并自答：“恐怕不能吧！摩擦能去污秽，我们洗衣服也是一样”。

他恰当运用设问、反问等方式，推翻不正确的观点或论证正确的道理。在谈到“为什么水能灭火”时，一熟人说“因为水又湿又冷”，伊林马上反问“那煤油也又湿又冷”呢？在设问、反问和自问自答中，把“摩擦去污秽”的道理讲解得清楚明了。

书中运用类比、比喻、猜谜语等形式，把复杂的科学道理通过生动形象的文艺手法讲解得清清楚楚。他把“洗衣服必须要把尘垢搓去”类比为“我们用橡皮在纸上擦去污秽”。他还把火炉里烧火时发出的响声比做“乐队中的低音喇叭”，把“碳”比做“鬼魂”，把“人”比做“炉子”，“人吃的食物”比做“炉子里燃烧的劈柴”，等等。他出谜语：

“炉子烧着了，却没有火焰；空气从哪里进去，烟就从哪里出来，这是什么？”

这个谜底就是“人”自己。伊林对此详加解释：

“在我们这个炉子里燃烧的劈柴就是食物，因为不停的吃东西，所以我们的身体才一直是热的。如果一个人手凉了，脚凉了，后背凉了，心也凉了，什么东西都凉了，那他肯定是个死人。”

在伊林的笔下，一个小小屋子里所有的物品全都与人的日常生活发生了关系，从这些物品身上可以发现很多有用的科学道理。

《十万个为什么》图文并茂，几乎每一页的文字都配有专用的插图加以形象说明。在游览的第二站“火炉”，伊林回答“什么时候人最初发明生火”这个问题时，文字旁边配有一幅图，图中是一个赤脚跪在地上的人勇敢地用手去取被雷电击中的燃烧的树枝。这幅图把最初发明生火的人的动作和表情表现得栩栩如生，给读者留下了深刻的印象，更利于读者对知识的记忆和理解。书中还配有大量的实验操作图。在讲解“木料在火炉里燃烧后变成水，水变成汽，碳变成烟”这个道理时，他用两个实验图加以说明，鼓励读者运用实验的方法解决问题，培养读者的探究精神和动手能力。

《人怎样变成巨人》由什之译，先后由5家出版机构出版，并多次重印再版。它以社会发展史作为背景，从人类的起源——古猿变成人说起，讲述了人类在原始社会里怎样逐渐认识世界改造世界的历史；同时还讲述了科学在奴隶社会里发展的故事。

伊林的科普读物传入中国以后，对我国科普创作界和科学界产生了很大的影响。不仅老一辈的科普作家高士其、董纯才，而且，20 世纪 50 年代后成长起来的一批科普作家都从伊林的科普读物中受益匪浅；不少科学家也从中得到了智慧的启迪，激发了他们对科学的兴趣。

高士其曾自称是受伊林作品影响而从事科普创作的。他在《科学是怎样吸引了我》中谈到“我读了伊林的《十万个为什么》、《几点钟》、《不夜天》、《五年计划的故事》等书。伊林的作品，就成为我亲密的朋友，我要向他学习，把科学知识，用文艺的笔调写出来，这样，就能使科学更接近于人民”[①]。高士其还说“读伊林的书，我们不仅获得了丰富的科学知识，也获得了丰富的历史知识和社会知识。我们不但为他对于共产主义的热情和智慧所鼓舞，并且也为他争取和平民主的声音所感召”[②]。高士其对伊林作品的写作特点做了“内容丰富，文字生动，思想活泼，段落简短”的高度评价，由此可见他对伊林科普读物的推崇。

我国著名的科普作家叶永烈也深受伊林的影响。叶永烈是解放后中国人写《十万个为什么》丛书的主要撰稿人。因其写了丛书初版本三分之一（322 个）的“为什么”，被笑称为《十万个为什么》的“控股方”。他说伊林的《十万个为什么》是一本“很有趣的书”，“迷住了”他。叶永烈发觉伊林如同一位万能博士似的，懂得“十万个为什么”，而且“擅长于用生动、活泼、通俗、明白的语言讲述这些为什么”，所以“读他的书，津津有味，比小说还好看”[③]。即使在撰写丛书各分册的过程中，叶永烈还常常“求助于伊林”。他重读了伊林的《十万个为什么》，着重于学习伊林的写作方法，学着用伊林的笔调，为中国小读者写《十万个为什么》。

我国著名的数学家、中国科学院院士张景中教授曾提到自己对少年时代读的《十万个为什么》印象很深刻。他认为《十万个为什么》是一本优秀的、饶有趣味的科普读物。因为“写的吸引人”，张景中教授常常“一本书看上几遍”，“懂了的觉得有趣，不懂的，好奇心驱使我进一步思考与学习”。他认为像《十万个为什么》这些优秀的科普读物“吊了他的胃口”，使他总想“再找类似的书来看”[④]。

中国科学院院士甘士钊曾经在一篇文章中提到他少年时代读过伊林写的书《人怎么变成巨人》。他认为此书对他的影响有三个方面：一是“对大自然的奥秘充满了好奇，发现大自然的美，并由此爱自然，追求大自然给自己心

① 高士其：《高士其全集·4》，航空工业出版社 2005 年 10 月第 1 版，第 125 页。

② 同上，第 47 页。

③ 叶永烈：《〈十万个为什么〉的影响》，载《中文自修》2002 年第 9 期。

④ 陈天昌：《少年科普读物的特殊功能》，载《科技与出版》2004 年第 2 期。

灵带来的安慰”；二是“惊讶于科学给人类的贡献”；三是“科学家们崇高的精神境界和状态①”。甘院士自称在某种意义上正是科普读物促使自己走上了科学的道路。

二、译自其他国家、多版本的科普读物

当时的中国除了引进苏联作家伊林创作的科普读物外，还引进不少其他国家作家创作的科普读物。笔者将由不同译者翻译、多个出版社出版的科普读物加以统计整理，见表9－4。

表9－4　译自其他国家、多版本的科普读物（1932～1949）

书名	著者	译者	初版时间	出版机构	备注
法布尔科学故事	法布尔	向仲	1936年	中华书局	分80章，以故事体裁介绍自然科学故事。
		守一等	1947年10月	商务印书馆	改名为《科学故事》，《新小学文库》第一集
		宋易	1948年3月	开明书店	《开明青年丛书》第7版
鲁宾逊漂流记	狄福	彭兆良		世界书局	
		李嫘		中华书局	
		高希圣编译		商务印书馆	
		顾均正唐锡光	1948年6月	开明书店	第10版，1949年第13版，《开明少年文学丛书》
神秘的宇宙	剑姆斯·琼斯	周煦良	1934年	中国科学图书仪器公司	
		周熙良	1935年	开明书店	
		张贻惠	1935年	震亚书店	
		郃光谟	1936年4月	商务印书馆	《自然科学小丛书》
房龙地理：地球的故事	亨德里克·威廉斯·房龙	傅东华	1933年	新生命书局	
		陈瘦石		世界书局	
		张其昀		钟山书局	
进化论	P. 基德士，J. A. 汤姆生	张微夫	1935年	上海辛垦书店	《科学丛书》
		罗宗洛	1937年	开明书店	

① 刘兵总主编，刘华杰主编：《“无用”的科学》，福建教育出版社2002年9月第1版，第126、127页。

续表

书名	著者	译者	初版时间	出版机构	备注
化石生物学	山次郎	毛文麟	1936年6月	商务印书馆	《自然科学小丛书》
		毛文麟	1937年	开明书店	
鸟类	鸾司信辅	舒贻上	1937年	开明书店	《自然科学小丛书》
		舒贻上	1948年8月	商务印书馆	《自然科学小丛书》
苏俄科学巡礼	克劳则尔，克劳瑟	潘谷神	1932年4月	开明书店	
		潘谷神	1934年	中国科学图书仪器公司	
科学新话	海登		1944年4月	杂志社	《杂志丛书》
		林曦、李亚	1947年1月	上海，重庆新知书店	《科学小品集》

第四节 中国第一代科普作家群

在外国科普作家的影响熏陶和启迪下，中国渐渐出现自己的科普作家群体。1934年，《太白》杂志首辟“科学小品”专栏，为中国科普作家群的出现提供了广阔的创作舞台。在《太白》杂志上撰文发表科学小品的有顾均正、贾祖璋、周建人、刘薰宇等人。他们是我国第一批科学小品作家，不仅创作了很多脍炙人口的科学小品，而且后来一直活跃在科普创作文坛，创作了大量适合中国民众语言和生产生活实际并深受人们喜爱的优秀科普读物，为中国20世纪30年代到解放前科学的普及作出了很大的贡献。高士其、顾均正和贾祖璋是成就最突出的三位。

一、高士其：把科学交给人民

高士其（1905～1988），原名高仕錤，福州人。高士其是化学家、生物学家和著名的科普作家，中国科普事业的先驱和奠基人。他在清华留美预备学校读书期间，积极投身于五四运动。“民主”和“科学”的精神深深扎根于心，并成为他毕生奋斗的目标。1928年，高士其在美国芝加哥大学攻读博士学位。在一次实验中，装有脑炎病毒的瓶子破裂，病毒破坏了他小脑的中枢运动神经，造成终身无法治愈的残疾。但他在经常性的眼球失控、脖颈僵直、手足颤抖等常人不能忍受的病痛中，仍以惊人的毅力克服重重困难，读完了医学博士课程，并加入美国化学学会和美国公共卫生学会。

1930年，高士其学成回国。面对愚昧、落后的社会现实，他毅然把自己的名字“高仕錤”改为“高士其”，并庄严声称“去掉人旁不做官，去掉金旁不要钱”。同年，高士其辞职到达上海，被《太白》杂志中的“科学小品”所感动[①]，开始从事科普创作。后来，他参加了陶行知发起的科学大众化运动，并与董纯才一起编写《儿童科学丛书》。

在随后几十年创作生涯中，高士其健康状况每况俱下。在几乎全身瘫痪、不能握笔写字、甚至口述能力被剥夺的情况下，高士其仍然以顽强的毅力和不屈的意志著述数百万字，创作了大量优秀的科普作品。1932～1949年间，由高士其著作、收集成单行本出版的科普读物共有5本，见表9－5。

表9－5　高士其著作的科普读物（1932～1949）

书名	初版时间	出版机构
我们的抗敌英雄	1936年	读书生活社
细菌与人：高士其科学小品集	1936年8月	开明书店
抗战与防疫	1937年3月	读书生活出版社
菌儿自传	1936年初版	开明书店
细菌大菜馆	1937年	通俗文化社

《我们的抗敌英雄》是高士其的第一本书。它是一部科学小品集，收入了高士其9篇、李崇基9篇、柳湜5篇、顾均正1篇、克徽1篇、克士1篇、雪邨1篇，共计32篇科学小品。1937年3月，该书由读书生活社再版。关于此书的写作来由，高士其自称是受到科学小品文的影响，学习用小品文的笔调，描写了白血球的游击战术和抗敌事迹[②]。这本书最鲜明的特色就是思想性和战斗性非常强。在当时日本入侵和国民党不抵抗主义的背景下，高士其以文寄意，把白血球拟人为“将军”和“我们所敬慕的英雄”，称赞这些英雄是“一向不知道什么叫无抵抗主义的。他们遇到敌人来侵，总是挺身站到最前线的”。高士其把动员广大人民参加抗战作为自己义不容辞的责任，这些话正是给那些不抵抗主义者以揭露和打击嘲讽，表现了强烈的思想性和战斗性。

高士其还以生动、活泼的语言，尖锐、形象的比喻，浅显易懂的拟人手法等文艺笔调，把白血球将军的属下以及与细菌敌人的作战策略描绘得栩栩如生：

白血球将军属下，有两种军队：第一种是自由冲击队，遇到形迹可疑的东西，便把它包围起来；第二种是不动地分驻在各个要隘，专候敌人来攻，

① 高士其在《我写作科学小品的经过》一文中说“自从陈望道先生在他主编的《太白》半月刊里提出科学小品这个体裁以来，我感动了，就在《读书生活》半月刊里响应起来。”（参见《高士其全集·4》，航空工业出版社2005年10月第1版，第293页。）

② 高士其：《我的第一本书》，湖南人民出版社1985年8月版。

就迎头痛击。

细菌要侵入人体也不是容易的事……但是因气候变迁而受了寒冷，或因胃口不佳而营养不足，使身体抵抗力减弱，细菌遂得乘机侵入内部。在这个当儿，白血球闻警，立刻下了紧急动员令，直趋前线，与入境的细菌死战。同时，在骨髓里加紧训练新兵，在短时间内，白血球的军队顿然增加了好几倍。

高士其充分发挥其生物学的专业特长，以正确的科学理论和实验为依据，讲述了大量有关细菌的科学知识。我们从下面的描述中可以看出：

细菌依靠他们的生殖力迅速，而白血球则一口能吞好几个细菌。白血球的战略有三个步骤：第一步，先与细菌接战；第二步，将细菌包围；第三步，消灭细菌。细菌的战略，是在未接战之前放出一种化学毒素，使白血球不得近其身。在这种情形之下，我们的身体又产生一种"嗜菌素"来助战。"嗜菌素"能溶解细菌的毒素，使白血球仍得与细菌接战而吞食之。若白血球打了胜仗，将细菌悉数歼灭，病就好了，身体也渐渐复原了。

像这样的例子，在这本书中不胜枚举。《我们的抗敌英雄》就是这样把科学知识和文学艺术融为一体，在告诉人们科学知识、普及科学启蒙愚昧的同时，也号召人们奋起抵抗日本帝国主义的侵略。

《菌儿自传》是一部科学小说。高士其自称是学习了鲁迅先生《阿 Q 正传》之后写成的，由开明书店印行出版，1946 年 9 月第 3 版。《菌儿自传》是一部细菌的生活史，共十五章。它从菌儿的"名称籍贯"、"家庭生活"谈到"无情的火"、"水国纪游"、"生计问题"；从"呼吸道的探险"、"肺港之役"、"吃血的经验"谈到"乳峰的回顾"、"食道的占领"、"肠腔里的会议"；从"清除腐物"到"土壤革命"，等等。《菌儿自传》出版后受到全国各方面的注意，在当时很多读者因读了这本书而向往科学，有的决心献身于医学，有的因此而走上了科普创作的道路①。

《细菌与人》讲的是生物界细微琐屑的事情。高士其写这本书的目的是"为弱小者争气"。他说"细菌是生物界的小宝宝，小到连蚂蚁的眼睛都看不到它，现在我把细菌放在人的前面，读者就明白我的用意了"。② 此书出版以后很受读者的欢迎和社会的好评，曾被上海一家图书评论杂志评为 1936 年通俗科学佳作。周立波曾在《申报》上为此书写书评，把高士其比做《暴风雨所诞生》的作者奥斯特洛夫斯基。著名作家张天翼尤其欣赏其中的《咳嗽与

---

① 高士其曾经提到"北大医学院有一名内科医生，她给我治好了气管炎。我出院时，她告诉我，她在系红领巾的时候因读了我的《菌儿自传》而学医。"他还指出"北京急救站的李宗浩同志"就是在读了《菌儿自传》而走上科普创作的道路，成为科普工作的实干家。（参见《高士其全集·4》，航空工业出版社 2005 年 10 月第 1 版，第 295 页。）

② 高士其：《为孩子们写作的经过》，载《我和儿童文学》，少年儿童出版社 1980 年 8 月第 1 版。

放屁》这篇作品，在一次开明书店的集会上他对高士其说“你的作品，深入浅出，富有趣味，很能引起小读者的兴趣”。[①]

《抗战与防疫》在初版后经过几次修改，由不同的出版社以不同的名字加以出版。第一次是被编辑更换了编排次序，加入一篇《我们的抗敌苦难》，并更换了几个醒目的标题，改名为《科学先生活捉小魔王》，由香港三联书店出版。第二次名为《活捉小魔王》，由北京三联书店出版；第三次更名为《细菌漫画》，由商务印书馆出版；第四次改名为《微生物漫话》，由科学普及出版社出版。

《细菌大菜馆》被高士其自已比做是“一碗小馄饨”。因为“这是孩子们爱吃的，而且价格只有一角五分钱”，并且“合乎卫生”。高士其形象地说，“这一碗馄饨一共十一粒：三粒的肉馅是细菌学；三粒的肉馅是生理学；两粒的肉馅是普通生物学；两粒是免疫学；还有最后的一粒算是病理学吧[②]”。

从上面5种书的分析我们可以看出，高士其的科普读物主要以抗战救国为主题。正如他自己所说，其目的一方面在于“向读者普及科学知识”，另一方面在于“唤起民众，保卫祖国，保卫民族”。他的作品“像一把匕首，刺向敌人的心脏，给国民党当局和日本侵略者以有力的揭露、打击和嘲讽”[③]。

高士其不仅创作了大量的科学小品和科学小说，他还是中国科学诗[④]的创始人。1946年，高士其写出了中国第一篇科学诗《天的进行曲》，把科学与诗歌有机结合在一起，拓宽了科普作品的体裁。

高士其把毕生的精力都投入到普及科学的工作中，党和人民没有忘记他。在第四届人大筹备期间，周恩来总理亲自提名：“高士其代表科普”，国务院原副总理方毅称他为“科普先驱”。卢嘉锡在1993年为其题词：“万里求真新风开百代，一生致残造福为亿人”。赵朴初在贺高士其先生九十大庆时为其题词：“身困兴中，心怀天下，精思妙笔，广宣教化，益智启蒙，功高德大，九十称觞，养怡多暇”。高士其逝世后，被中共中央组织部授予“民族英雄”的荣誉称号。

为表彰高士其对中国科普事业作出的杰出贡献，1995年，我国设立“高士其科普奖”作为科普界的最高奖；1999年12月，国际小行星命名委员会将一颗国际编号为3704的行星命名为“高士其星”[⑤]。

---

① 高士其：《高士其全集·4》，航空工业出版社2005年10月第1版，第229页。

② 同上。

③ 高士其：《高士其科普创作选集》，科普出版社1980年4月版，第418页。

④ 由于科学诗常常以文章的形式发表于当时的杂志，非单行本出版，而高士其《科学诗》单行本的出版在1959年，不属于本论文研究的时间范围，故不计。

⑤ “高士其星”：是由中国科学院紫金山天文台1981年12月20日发现的。国际小行星命名委员会在《国际命名公报》中写道：“此星为纪念中国科学家和中国著名的科普作家高士其（1905～1988）而命名”。

我国著名的科普作家叶永烈称高士其为“恩师”——自己创作上的导师。他说自己非常喜欢高士其的科学小品，特别是他20世纪30年代的科学小品。叶永烈曾从北京的旧书摊上买了好多本高士其20世纪30年代的科学小品集，仔细研究他的写作手法。叶永烈特别提到最使自己感动的是高士其“长期被病魔困在轮椅上，却以顽强的毅力坚持创作”，并称高士其是“中国科普界的旗帜，是中国科普作家学习的楷模”①。

二、顾均正：在物理世界中漫游

顾均正（1902～1980），浙江嘉兴人，是自学成才的科普作家。自从1934年在《太白》杂志上发表第一篇科学小品以来，顾均正陆续创作了不少密切联系实际而且富有生活气息的科普读物，并与人合作创办了《科学趣味》杂志。顾均正的创作形式多样，既有科学小品、科学童话、科学小说，还有科学相声、科学连环画、少年化学实验库，等等。

1932～1949年间，顾均正创作和翻译的科普读物共有以下13种，见表9－6所示。

表9－6 顾均正创作和翻译的科普读物（1932～1949）

类别	书名	初版日期	出版机构	丛书名称/备注
翻译的科普读物	化学奇谈	1933年12月	开明书店	开明青年丛书
	物理世界的漫游	1934年12月	开明书店	全国通俗科学图书目录
	乌拉波拉故事集	1941年10月	开明书店	世界少年文学丛刊，科学童话集，据英译本转译
	任何人之科学	1947年6月	开明书店	开明青年丛书
	鲁宾逊漂流记	1948年6月	开明书店	
创作的科普读物	越想越糊涂	1935年8月	生活书店	
	我们的抗敌英雄	1936年6月	读书生活社	科学小品集
	科学趣味	1937年	开明书店	开明青年丛书
	科学之惊异	1941年4月	开明书店	
	电报与电话	1933年8月	新生命书局	
	电子姑娘	1946年4月	开明书店	开明青年丛书
	和平的梦	1946年8月	文化生活出版社	青年读物丛刊
	从原子时代到海洋时代	1949年3月	开明书店	开明青年丛书

① 饶忠华、贺锡廉、李立波主编：《他们解答了十万个为什么》，上海人民出版社2003年版，第33页。

从上表可以看出，《化学奇谈》、《乌拉波拉故事集》、《任何人之科学》、《鲁宾逊漂流记》、《物理世界的漫游》等5种科普读物是译作，其余8种是顾均正创作的科普读物。

在《物理世界的漫游》中，顾均正以生产和生活中的实际问题为出发点，提出了很多富有趣味的物理问题：

要冷却一杯茶，应该把冰放在杯子的下面还是顶上？

在空气中称一吨的铁比一吨木头轻还是重？

飞的苍蝇有多重？

……

顾均正通过这些问题引起读者的好奇心，然后用亲切的口吻加以详尽的解释，使阅读的人不由不跟着他去想究竟是为什么，从而培养把已经学得的物理知识应用到生活中解决实际问题的能力。《物理世界的漫游》深受广大读者特别是青少年的喜爱。1950年已经出版到第10版，1965年出版了第16版。

顾均正常常用人们喜闻乐见的文艺形式很清楚地阐述物理学原理。他善于运用生动、形象的比喻来解答问题，解释物理现象。在《电子姑娘》中，他把“质子”这个枯燥的物理名词人格化，比做“健壮的质子哥”，把“电子”形象地称做“电子姑娘”。他讲解起物理知识来通俗易懂，并启发读者把物理知识运用到实际中去，从而使得这些作品趣味横生，引人入胜，耐人寻味。

顾均正非常注意读者想象力和观察力的培养。在《物理世界的漫游》中，他提出假设“假使地球的转动加快……”；在《科学趣味》的一篇文章《雪国的探险》中，他叫读者细心观察雪花的形状，讲述雪花的形成和结构，引导读者观察物理现象。

《和平的梦》共收三篇：《和平的梦》、《伦敦奇疫》和《在北极底下》。此书讲了在未来战争中，某国一个科学家发明了一种能够改变人们思维的无线电波，然后通过这种电波影响敌国人们的思维，后来被敌国的科学家识破的故事。故事情节扣人心弦，使人读起来津津有味，并从中得到极大的乐趣和享受。

三、贾祖璋：花鸟虫鱼皆文章

贾祖璋（1901～1988），浙江海宁人，是我国著名的生物学家、科普作家，是我国近现代科学小品的先驱和开拓者之一。1920年，贾祖璋毕业于浙江省第一师范学校，曾任商务印书馆、开明书店编辑。中华人民共和国成立后，他历任中国青年出版社副总编辑兼编辑室主任、科学普及出版社副总编辑、福建省科协顾问、福建省出版工作者协会顾问、中国科普创作协会副理事长、福建省科普创作协会理事长、中国民主促进会中央参议委员会常委等职。

自1931年《鸟与文学》问世到临终前出版《花与文学》为止，贾祖璋一生共创作、翻译近300万字作品。他不仅编著过大量生物、植物、博物方面的中小学教科书，编辑《科学大众》、《学科学》、《知识就是力量》等期刊，而且创作和翻译了大量的科普读物。贾祖璋的作品以生物界的花鸟虫鱼为主要写作对象。他通过自己深入、细致的观察和生活实践，用细腻的笔触将丰富的科学知识与多姿多彩的文艺形式融为一体，勾勒出绚烂多彩、千姿百态的生物世界，向大众普及科学知识。到1949年为止，由贾祖璋创作且成册出版的科普读物有6种，见表9－7所示。

表9－7 贾祖璋创作和翻译的科普读物

书名	初版日期	出版机构	丛书名称
鸟与文学	1931年4月	开明书店	
鸟类	1933年12月	商务印书馆	万有文库第一集
动物珍话	1933年12月	开明书店	开明青年丛书
	1934年	上海中国科学图书仪器公司	
果树	1934年4月	商务印书馆	百科小丛书
生物素描	1941年5月	开明书店	开明青年丛书
生命的韧性	1949年	开明书店	开明青年丛书

上表6种科普读物以《鸟与文学》的影响最大。自1931年出版问世以来，《鸟与文学》赢得了广大读者的喜爱，到1946年出版了第3版。此书把鸟类的形态习性、种类等科学知识和中国的诗词、神话以及民间传说等结合在一起，旁征博引，内容翔实丰富，增加了文章的文学性和趣味性。

《生物素描》1941年由开明书店出版后，到1950年出版到第5版。

结 语

中国近代科普读物以其色彩斑斓的画卷，在长达百年的历史长河中留下了浓重的一笔。当我们回顾这一历史进程时，我们可以很明显地看到：科普读物的发展演变过程与近代中国社会的每一次进步和革新息息相关，与国人在不同的历史阶段对科学的认识有着密切的联系，也与中国近代科学教育的关注点从学校教育扩展到社会教育的转变相一致。

西方近代科学在引入中国的过程中，国人最初主要是从工具价值的意义上认识它的。国人把科学作为富国强兵的工具，“但看见科学的末流，不曾看见科学的根源，但看见科学的应用，不曾看见科学的本体①”，“只看到科学研究结果的价值而没有看到科学本身的价值”。因此，1849～1919年间，科普读物分科明显、且技术性的读物占据绝大部分；以翻译和引进为主决定了科普读物的作者以传教士为主体，中国部分爱好科学的知识分子作为辅助的译者。“五四”来了，“赛先生”仍然以“革命和政治”需要的角色出现在国人面前。虽然这个时期对于“科学方法”和“科学精神”的提倡几乎达到高潮，科学似乎取得了无上尊严的地位，但由于更多关注学校科学教育，民众科学教育几乎处于被忽视的境地。随着“科学主义”思潮的兴起，中国自己的科普作家应运而生。他们翻译外国著名科普作家的作品、模仿并自己创作，并逐渐形成了中国自己的科普作家群体。然而他们的创作量是如此之少，以至于我们所看到出版次数和版本最多的科普读物仍然是外国人著作的。直到解放前，还不能说我们自己的科普作家已经超越了深深影响他们的几个外国科普作家，不能说我们自己的科普读物创作已经有了怎样的发展和成熟。

在百年的历史进程中，科普读物的体裁在不断的丰富和多样化。不仅有来自国外的“科学小说”，还有中国人自创的“科学小品”，以及“科学故事”和“科学童话”。一些深受知识分子和民众喜爱的科普读物，更是以多卷本、多版本和多版次的出版发行来满足广大民众对科学的渴求和需求。

出版机构的变化，也是科普读物发展演变一个极其重要的方面。从传教士出版机构到政府、民间出版机构，又到后来的中华书局、中国科学图书仪器公司等等，各出版机构不同的出版理念也无时不在左右着科普读物的内容

① 任鸿隽：《何为科学家》，载《科学》（第4卷）第10期。

和形式。

科普读物的影响不仅取决于其版次和效果，而且也取决于受众，取决于受众对科学和科普的看法和态度，即他们的接受程度。能否接受信息或者说在多大程度上接受信息，还取决于他们对于信息可信度的认同程度[①]。在科学启蒙的初期，科普读物的读者不可能超出知识分子精英和学生阶层，科学也就不可能向民众传播和推广。随着民众对科学和科普认识的提高，科普读物的读者才呈现出向普通民众和儿童逐渐下移的趋势。

纵观百年科普读物发展演变的历史，其主要问题在于以翻译介绍国外的科普读物为主，原创性严重不足。这不仅与近代中国的科学发展状况有关，也与近代中国社会人才自身的科学素质有关。在中西文化交流日盛的今天，如何在模仿学习与创造之间达到平衡，是值得我们的科普读物创作者深思的一个问题。

---

① 中国科学技术协会、中国公众科学素养调查课题组编：《2003 年中国公众科学素养调查报告》，北京：科学普及出版社 2004 年 5 月第 1 版，第 31 页。

附 录

附录一：第一时期（1840～1919）科普读物书目①

书名	著者	译述者	出版日期	出版机构
海国图志	魏源		1842	
瀛寰志略	徐继畬		1848	
地球图说	祎理哲		1848	
天文问答	哈巴安德		1849	
指南针	胡德迈		1849	
天文略论	合信		1849	
平安通书	麦嘉缔		1850	
博物通书	玛高温		1851	
全体新论	合信	陈修堂	1851	
格物穷理问答	慕维廉		1851	

① 资料来源：熊月之：《西学东渐与晚清社会》，上海人民出版社 1994 年第 1 版；朱有瓛主编：《中国近代学制史料》（第一辑上册）"《同文馆题名录》记翻译书籍"，华东师范大学出版社；周昌寿：《译刊科学书籍考略》（1937），胡适等编：《张菊生先生七十生日纪念论文集》，民国丛书编辑委员会编：《民国丛书》第二篇第98 页，上海书店 1990 年 12 月版；郑鹤声：《八十年来官办编译事业之检讨》（1944），《说文月刊》（第四卷），合订本；傅兰雅：《江南制造总局翻译西书事略》，《格致汇编》第三年第 5 卷 1880 年 6 月；熊月之：《上海通史》（第六卷·晚清文化），上海人民出版社 1999 年版；商务印书馆：《商务印书馆图书目录（1897～1949）》，商务印书馆 1981 年版；北京图书馆编：《民国时期总书目（1911～1949）》（外国文学卷），书目文献出版社 1987 年版；（日）实藤惠秀著，谭汝谦、林启彦译：《中国人留学日本史》，生活·读书·新知三联书店 1983 年 8 月第 1 版；王晓秋：《近代中日文化交流史》，中华书局 1992 年 9 月第 1 版；（美）费正清编，中国社会科学院历史研究所编译室译：《剑桥中国晚清史：1800～1911 年（下卷）》，中国社会科学出版社 1985 年 2 月第 1 版；王扬宗：《傅兰雅与近代中国的科学启蒙》，科学出版社 2000 年 9 月版；顾长声：《从马礼逊到司徒雷登》，上海人民出版社 1985 年版；樊洪业、王扬宗：《西学东渐——科学在中国的传播》，湖南科学技术出版社 2000 年 3 月第 1 版；刘再复、金秋鹏、汪子春：《鲁迅和自然科学》，科学出版社 1979 年 12 月第 2 版；（日）山田敬三：《鲁迅与儒勒·凡尔纳之间》，载《鲁迅研究月刊》2003 年第 6 期；郑公盾：《科普述林》，陕西科学技术出版社 1985 年 3 月第 1 版；《鲁迅在日本》，山东师范学院聊城分院中文系图书馆编，1978 年 12 月；国立中央图书馆编：《近百年来中译西书目录》，中华文化出版事业委员会出版，民国 47 年 1 月初版；黎难秋：《中国科学翻译史料》，中国科学技术大学出版社 1996 年版；马祖毅：《中国翻译简史（五四以前部分）》，中国出版集团，中国对外翻译出版公司 2004 年 3 月第 1 版；郭建中：《科普与科幻翻译》，中国对外翻译出版公司 2004 年 12 月第 1 版；孔令境编辑：《中国小说史料》，上海古籍出版社 1982 年 12 月第 1 版；陈平原《从科普读物到科学小说——以飞车为中心的考察》，载《中国文化》第 13 期。

续表

书名	著者	译述者	出版日期	出版机构
日食图说	玛高温		1852	
算法全书	蒙克利		1852	
光论	艾约瑟	张福僖	1853	
航海金针	玛高温		1853	
地理全志	慕维廉		1853	
数学启蒙	伟烈亚力		1853	
天文问答	卢公明		1854	
地理新志	罗存德		1855	
博物新编	合信		1855	
设数求真	湛约翰		1856	
中外问答	卢公明		1856	
地球说略	祎理哲		1856	
科学手册（上海方言）	高第丕		1856	
西医略论	合信	管嗣复润色	1857	
续几何原本	伟烈亚力	李善兰	1857	
地球图说略	万为		1857	
妇婴新说	合信	管嗣复润色	1858	
内科新说	合信	管嗣复润色	1858	
重学浅说	伟烈亚力	王韬笔述	1858	
西学天学源流		王韬译		
西学原始考		王韬译		
代数学	伟烈亚力	李善兰	1859	
代微积拾级	伟烈亚力	李善兰	1859	
谈天	John Frederick Herschel	伟烈亚力、李善兰	1859	墨海书馆
重学	艾约瑟	李善兰	1859	
植物学	韦廉臣、艾约瑟	李善兰	1859	
地理略论	俾士		1859	
论发冷小肠疝两症	嘉约翰		1859	
家用良药	罗孝全		1860	
经验奇症略述	嘉约翰		1860	

续表

书名	著者	译述者	出版日期	出版机构
形性学要	加诺	汇报馆译		上海土山湾印书馆
西学关键		汇报馆译		上海土山湾印书馆
几何探要	汇报馆			上海土山湾印书馆
轮舶溯源				
五洲图考	龚若愚译	许采白述		上海土山湾印书馆
坤舆撮要问答舆地入门舆学续编		孙文桢译		上海土山湾印书馆
公额小志		汇报馆译		上海土山湾印书馆
物理推原	罗爱第	李林译		上海土山湾印书馆
舆地入门				上海土山湾印书馆
舆学续编				上海土山湾印书馆
透物电光机图说				上海土山湾印书馆
彗星论				上海土山湾印书馆
化学新编	福开森	李天相译		金陵汇文书院
活物学	厚美安			
格物入门	丁韪良			京师同文馆
化学指南	毕利干			京师同文馆
化学阐原	毕利干、承霖、王钟祥			京师同文馆
算学课艺	席淦、贵荣等			京师同文馆
格物测算	席淦、贵荣等			京师同文馆
星学发轫	熙璋、左庚			京师同文馆
电理测微	欧礼斐			京师同文馆
坤象究原	文祐			京师同文馆
药材通考	德贞编译			京师同文馆
弧三角阐微	欧礼斐编译			京师同文馆
运规约指	Wm. Burchett	傅兰雅译，徐建寅述	1870	江南制造局翻译馆
汽机发轫	英国美以纳·白劳那	伟烈亚力译，徐寿述	1871	江南制造局翻译馆
眼科撮要		嘉约翰译	1871	博济医局
割症全书		嘉约翰译	1871	博济医局

续表

书名	著者	译述者	出版日期	出版机构
化学初阶		嘉约翰译编，何了然笔述	1871	博济医局
化学鉴原	David A. Wells	傅兰雅译，徐寿述	1871	江南制造局翻译馆
化学分原	John E. Bowman	傅兰雅译，徐建寅述	1871	江南制造局翻译馆
金石识别	Dana	玛高温译，华蘅芳述	1871	江南制造局翻译馆
御风要术	白尔特 Birt	金楷理译，华蘅芳述	1871	江南制造局翻译馆
开煤要法	司密德 W. W. Smyth	傅兰雅译，王德均述	1871	江南制造局翻译馆
制火药法	利稼孙 Thos. Richardson、华德斯 Henry Wats	傅兰雅译，丁树棠述	1871	江南制造局翻译馆
行海要术		金楷理译，李凤苞述	1871	江南制造局翻译馆
航海通书		贾步纬译编	1871～1894	江南制造局翻译馆
花柳指迷		嘉约翰译，林应祥述	1872	博济医局
水师操练	英国战船部原本	傅兰雅译，徐建寅述	1872	江南制造局翻译馆
克虏伯炮准心法	普鲁士军政部原书	金楷理译，李凤苞述	1872	江南制造局翻译馆
器象显真	白里 V. Lebland	傅兰雅译，徐建寅述	1872	江南制造局翻译馆
克虏伯炮弹造法	普鲁士军政部原书	金楷理译，李凤苞述	1872	江南制造局翻译馆
汽机新制	英国白尔格 Nicholas P. Burgn	傅兰雅译，徐建寅述	1873	江南制造局翻译馆
冶金录	F. Overman	傅兰雅译，赵元益述	1873	江南制造局翻译馆
汽机必以	英国蒲尔奈 John A. Bourne	傅兰雅译，徐建寅述	1873	江南制造局翻译馆
金石浅释		玛高温译，华蘅芳述	1873	江南机械制造局
脱影奇观		德贞译	1873	
内科阐微全书		嘉约翰译，林湘东述	1873	博济医局
代数术	Wm. Wallace	傅兰雅译，华蘅芳述	1873	江南制造局翻译馆
地学浅释	Charles Lyell	玛高温译，华蘅芳述	1873	江南制造局翻译馆
行军测绘	连提 A. F. Lendy	傅兰雅译，赵元益述	1873	江南制造局翻译馆
轮船布阵	P. Pellew. Cameron	傅兰雅译，徐建寅述	1873	江南制造局翻译馆
海塘辑要	J. Wiggins	傅兰雅译，赵元益述	1873	江南制造局翻译馆
微积溯源	Wm. Wallace	傅兰雅译，华蘅芳述	1874	江南制造局翻译馆

续表

书名	著者	译述者	出版日期	出版机构
声学	John Tyndall	傅兰雅译，徐建寅述	1874	江南制造局翻译馆
防海新论	Victor E. K. R. von Scheliha	傅兰雅译，华蘅芳述	1874	江南制造局翻译馆
海道图说	金约 J. W. King 等	傅兰雅、金楷理译，王德均述	1874	江南制造局翻译馆
格林炮操法		傅兰雅译，徐建寅述	1874	
裹扎新法		嘉约翰译，林湘东述	1875	博济医局
西药略释		嘉约翰译，林湘东述	1875	博济医局
格致启蒙		林乐知译，郑昌炎述	1875	江南制造局翻译馆
化学鉴原续编	Chas. L. Bloxam	傅兰雅译，徐寿述	1875	江南制造局翻译馆
攻守炮法	普鲁士军政部原书	金楷理译，李凤苞述	1875	江南制造局翻译馆
绘地法原	Hughes	金楷理译，王德均述	1875	江南制造局翻译馆
电学测算		徐兆熊译述，王汝骋、陈炳华校		江南制造局翻译馆
格致小引	赫施赉	罗亨利译，瞿昂来述		江南制造局翻译馆
无线电报	克尔	美国卫理译，范熙庸述		江南制造局翻译馆
化学源流论	方尼司	王汝骋译述		江南制造局翻译馆
内科理法	虎伯	舒高第译，赵元益述		江南制造局翻译馆
产科	密尔	舒高第译，郑昌炎述		江南制造局翻译馆
妇科	汤来斯	舒高第译，郑昌炎述		江南制造局翻译馆
临阵伤科提要	帕脱	舒高第译，郑昌炎述		江南制造局翻译馆
济急法	舍白辣	秀耀春译，赵元益述		江南制造局翻译馆
保全生命论	肥勒	秀耀春译，赵元益述		江南制造局翻译馆
农学初级	旦尔恒	秀耀春译，范熙庸述		江南制造局翻译馆
农学津梁	恒星·汤纳耳	卫理译，汪振声述		江南制造局翻译馆
农务全书	施脱缕	舒高第译，赵诒琛述		江南制造局翻译馆
农学理说	以德怀特福利斯	王汝骋译，赵诒琛述		江南制造局翻译馆
农务化学问答	仲斯敦	秀耀春译，范熙庸述		江南制造局翻译馆
农务土质论	金福兰格令希兰	卫理译，范熙庸述		江南制造局翻译馆
兵船炮法	英国水师学堂原书	金楷理译，朱恩锡述	1876	江南制造局翻译馆
营垒图说	Brialmont	金楷理译，李凤苞述	1876	江南制造局翻译馆
克虏伯炮说	普鲁士军政部原书	金楷理译李凤苞述	1876	江南制造局翻译馆
营城揭要	储意比	傅兰雅译，徐寿述	1876	江南制造局翻译馆

续表

书名	著者	译述者	出版日期	出版机构
光学	John Tyndall	金楷理译，赵元益述	1876	江南制造局翻译馆
儒门医学	Frederick W. Headland	傅兰雅译，赵元益述	1876	江南制造局翻译馆
测地绘图	富罗玛 E. C. Frome	傅兰雅译，徐寿述	1876	江南制造局翻译馆
算式集要	Chas. H. Haswell	傅兰雅译，江衡述	1877	江南制造局翻译馆
测候丛谈	John Frederick, Herschel	金楷理译，华蘅芳述	1877	江南制造局翻译馆
三角数理	John Hymers	傅兰雅译，华蘅芳述	1878	江南制造局翻译馆
艺器记珠	慕斯活德 G. L. Molesworth	傅兰雅译，徐建寅述	1879	江南制造局翻译馆
数学理	Augustus DeMorgan	傅兰雅译，赵元益述	1879	江南制造局翻译馆
代数难题	Thos. Lund	傅兰雅译，华蘅芳述	1879	江南制造局翻译馆
电学	Henry M. Noad	傅兰雅译，徐建寅述	1879	江南制造局翻译馆
化学鉴原补编	David A. Wells	傅兰雅译，徐寿述	1879	江南制造局翻译馆
谈天	JohnFrederick Herschel	徐建寅	1879	江南制造局翻译馆
西药大成	J. F. Royle, F. W. Headland	傅兰雅译，赵元益述	1879	江南制造局翻译馆
井矿工程	蒲尔奈	傅兰雅译，赵元益述	1879	江南制造局翻译馆
测候气说		傅兰雅译，江衡述	1880	
造铁金法		傅兰雅译，徐建寅述	1880	
化学卫生论	真司滕原	傅兰雅译，栾学谦述	1880	
造铁全法	非而奔 Fairbairn	傅兰雅译，徐寿述	1880	江南制造局翻译馆
电气镀金略法	华特 Alexander Watt	傅兰雅译，周郇述	1880	江南制造局翻译馆
全体阐微	柯为良		1880	
爆药记要	美国水雷局原书	舒高第译，赵元益述	1880	江南制造局翻译馆
电学纲目	田大理原	傅兰雅译，周郇述	1881	
西医内科全书		嘉约翰译，孔庆高述	1882	博济医局
化学考质	Karl Remigius Fresenius	傅兰雅译，徐寿述	1883	江南制造局翻译馆
化学求数	Karl Remigius Fresenius	傅兰雅译，徐寿述	1883	江南制造局翻译馆

续表

书名	著者	译述者	出版日期	出版机构
金石中西名目表		傅兰雅等译编	1883	江南制造局翻译馆
体用十章	哈士烈	孔庆高译	1884	博济医局
化学材料中西名目表		傅兰雅等译编	1885	江南制造局翻译馆
药品中西名目表		傅兰雅等译编	1887	江南制造局翻译馆
画法须知		傅兰雅译	1887	益智书会
代数须知		傅兰雅译	1887	益智书会
曲线须知		傅兰雅译	1888	益智书会
微积须知		傅兰雅译	1888	益智书会
三角须知		傅兰雅译	1888	益智书会
皮肤新编		嘉约翰译，林湘东述	1888	
格物探原（重印）	韦廉臣		1888	广学会
妇科精蕴图说	妥玛氏	嘉约翰译，孔庆高述	1889	博济医局
汽机中西明目表		傅兰雅	1889	
居宅卫生论		傅兰雅	1890	益智书会
银矿指南	Chas. H. Aaron	傅兰雅译，应祖锡述	1891	江南制造局翻译馆
笔算数学		狄考文，邹立文合作编译	1891	益智书会
儿科撮要		尹端模译	1892	博济医局
病理撮要		尹端模译	1892	博济医局
延年益寿论	爱凡司	傅兰雅译	1892	益智书会
孩童卫生编		傅兰雅译	1893	益智书会
胎产举要	阿庶顿辑	尹端模译	1893	博济医局
农学新法	李提摩太		1893	广学会
地势略解	李安德著		1893	
开地道轰药法	英国武备学堂编	傅兰雅译，汪振声述	1893	江南制造局翻译馆
宝藏兴焉	Wm. Crooke	傅兰雅译，徐寿述	1893	江南制造局翻译馆
动物须知		傅兰雅译	1894	益智书会
植物须知		傅兰雅译	1894	益智书会
全体须知		傅兰雅译	1894	益智书会
考试司机	W. H. Thorn	傅兰雅译，徐华封述	1894	江南制造局翻译馆
兵船汽机	Richard Sennett 撰	傅兰雅译，华备钰述	1894	江南制造局翻译馆

续表

书名	著者	译述者	出版日期	出版机构
工程致富	E. Matheson	傅兰雅译，钟天纬述	1894	江南制造局翻译馆
行军铁路工程	英国武备学堂工程课本	傅兰雅译，汪振声述	1894	江南制造局翻译馆
幼童卫生编		傅兰雅译	1894	益智书会
船坞论略	Treatise on Decks	傅兰雅译，钟天纬述	1894	江南制造局翻译馆
考工纪要	Ewing Matheson	傅兰雅译，钟天纬述	1894	江南制造局翻译馆
初学卫生编	盖乐格	傅兰雅译	1894	益智书会
营工要览	原为英国武备学堂教科书	傅兰雅译，汪振声述	1894	江南制造局翻译馆
医方汇编	伟伦忽塔	梅滕更译，刘廷桢述	1895	博济医局
行船免撞章程	Naval Regulation	傅兰雅译，钟天纬述	1895	江南制造局翻译馆
德国陆军制	欧盟	吴宗濂译，潘元善述		江南制造局翻译馆
决疑数学	Thomas Galloway, R. E. Anderson	傅兰雅译，华蘅芳述	1897	格致书室
格物致学	史砥尔	潘慎文译，谢洪赉述	1898	美华书馆
代形合参	罗密士	潘慎文译，谢洪赉述		美华书馆
八线备旨	罗密士	潘慎文译，谢洪赉述		美华书馆
地理全志	慕维廉			美华书馆
地理略说				美华书馆
五大洲图说				美华书馆
眼科证治				美华书馆
心算启蒙				美华书馆
化学工艺	G. Lunge	傅兰雅译，汪振声述	1898	江南制造局翻译馆
意大利蚕书	Count Vincenzo Dandolo	傅兰雅、傅绍兰译，汪振声述	1898	江南制造局翻译馆
新学汇编	林乐知等		1898	广学会
天演论		严复译	1898	商务印书馆
算式解法	Edwin J. Houston, Arthur E. Kennolly	傅兰雅译，华蘅芳述	1899	江南制造局翻译馆
通物电光	Wm. J. Morton, Edw. W. Hammer	傅兰雅译，王季烈述	1899	江南制造局翻译馆
物体遇热改易记	G. Foster	傅兰雅译，徐寿述	1899	江南制造局翻译馆

续表

书名	著者	译述者	出版日期	出版机构
法律医学	Wm. A. Guy, David Ferrier	傅兰雅译，徐寿、赵元益述	1899	江南制造局翻译馆
测海绘图	W. J. L. Warton	傅兰雅译，赵元益述	1899	江南制造局翻译馆
铁路汇考	T. C. Clarke	傅兰雅译，潘松述	1899	江南制造局翻译馆
求矿指南	John W. Anderson	傅兰雅译，潘松述	1899	江南制造局翻译馆
井矿器法图说	George G. Andre	傅兰雅译，王树善述	1899	江南制造局翻译馆
相地探金石法	喝尔勃特·喀格司	王汝骋译述	1899	江南制造局翻译馆
制机理法	觉显禄斯撰	傅兰雅译，华备钰述	1899	江南制造局翻译馆
西艺知新		傅兰雅等译		江南制造局翻译馆
制羼金法	桥本奇策辑	王季点译		江南制造局翻译馆
炼金新语	奥斯敦撰	舒高弟译		江南制造局翻译馆
取滤火油法	日得乌	秀耀春、卫理译，汪振声述		江南制造局翻译馆
炼石编	黎特撰	舒高弟译		江南制造局翻译馆
颜料篇	江守谦吉郎	藤田丰八译，郑昌炎述		江南制造局翻译馆
照相镂板印图法	贝列尼	卫理译，王汝骋述		江南制造局翻译馆
造洋漆法	藤原良纯	藤田丰八译汪振声述		江南制造局翻译馆
金工教范	康泼吞	王汝骋译，范熙庸述		江南制造局翻译馆
列国陆军制	欧泼登	林乐知译，瞿昂述		江南制造局翻译馆
西国陆军制考略	柯里	傅兰雅译，范本礼述		江南制造局翻译馆
水师章程	英国水师部原书	林乐知译，郑昌炎述		江南制造局翻译馆
英国水师考	巴那比、美克里	傅兰雅译，钟天纬述		江南制造局翻译馆
俄国水师考	伯拉西	傅少兰译，李岳衡述		江南制造局翻译馆
法国水师考	杜默能	罗亨利译，瞿昂来述		江南制造局翻译馆
英国水师律例	德遴、极福德	舒高第译，郑昌炎述		江南制造局翻译馆
海军调度要言	拿核甫、赖甫吞、鲁脱能	舒高第译，郑昌炎述		江南制造局翻译馆
临阵管见	斯拉弗司	林乐知译，赵元益述		江南制造局翻译馆
炮法求新	乌里治炮厂原书	舒高第译，郑昌炎述		江南制造局翻译馆
炮乘新法	英国制造厂原书	舒高第译，郑昌炎述		江南制造局翻译馆
淡气爆药新书	英国棉花药厂制造师山福德	舒高第译，沈陶章、陈洙等笔述		江南制造局翻译馆

续表

书名	著者	译述者	出版日期	出版机构
水师保身法	勒罗阿	英国伯克雷译为英文，程銮转译为中文，赵元益笔述		江南制造局翻译馆
水雷秘要	史理姆	舒高第译，郑昌炎述		江南制造局翻译馆
行军指要	哈密	金楷理译，赵元益述		江南制造局翻译馆
前敌须知	克利赖	舒高第译，郑昌炎述		江南制造局翻译馆
铁甲丛谈	黎特	舒高第译，郑昌炎述		江南制造局翻译馆
航海章程	弗兰克林	凤仪译，徐家宝述		江南制造局翻译馆
矿学考质	奥斯彭	舒高第译，沈陶璋、陈洙述		江南制造局翻译馆
探矿取金	密拉	舒高第译，汪振声述		江南制造局翻译馆
形学备旨		狄考文译，邹立文述		益智书会
圆锥曲线		求德生译，刘维师述		益智书会
声学揭要		赫士译，朱葆琛述		益智书会
光学揭要		赫士译，朱葆琛述		益智书会
天文揭要		赫士译，朱葆琛述		益智书会
地学指略		文教治，朱庆轩述		益智书会
地理初桄	卜舫济译编			益智书会
动物学新编	潘雅丽译编			益智书会
格物图说丛书	傅兰雅编写			益智书会
八十日环游记		逸儒译，秀玉笔记	1900	世文社
农务要书简明目录	傅兰雅编译		1901	江南制造局翻译馆
铸金论略	N. E. Spretson	傅兰雅译，汪振声述	1902	江南制造局翻译馆
绝岛飘流记	D. Defoe，	沈祖芬	1902	开明书店
海底旅行	肖鲁士、南海卢籍东		1902	
植物新论	饭冢启		1903	会文学社
霉菌学	井上正贺			井上正贺
日用化学	井上正贺			会文学社
动物通解	岩川友太、佐佐木中次			会文学社
有机化学	龟高德平			会文学社
时学及时刻学	河村重固			会文学社

续表

书名	著者	译述者	出版日期	出版机构
气中现象学	小林义直			会文学社
测量速成法	小船井里吉			会文学社
地质学	佐藤传藏			会文学社
星学	须藤传次郎			会文学社
分析化学	内藤游、藤井光藏			会文学社
动物学新书	八田三郎			会文学社
化学问答	富山房			会文学社
植物学问答	富山房			会文学社
矿物学问答	富山房			会文学社
数理问答	富山房			会文学社
植物学新书	富山房			会文学社
矿物学新书	富山房			会文学社
地文学新书	富山房			会文学社
地文学问答	富山房			会文学社
生理学问答	富山房			会文学社
物理学问答	富山房			会文学社
初等算术新书	富山房			会文学社
初等代数学新书	富山房			会文学社
初等几何学新书	富山房			会文学社
无机化学	真岛利行			会文学社
新撰三角法	松村定次郎			会文学社
船舶论	赤松梅吉			会文学社
植物营养论	稻垣乙丙			会文学社
农艺化学	井上正贺			会文学社
土地改良论	上野英三郎、有动良夫			会文学社
森林学	奥田贞卫			会文学社
农学泛论	恩田铁弥			会文学社
肥料学	木下义道			会文学社
农产制造学	楠岩			会文学社
气候及土壤论	佐佐木祐太郎			会文学社
应用机械学	重见道之			会文学社

续表

书名	著者	译述者	出版日期	出版机构
简易测图法	白幡郁之助			会文学社
运送法	菅原大太郎			会文学社
畜产泛论	高见长恒			会文学社
畜产各论	田口晋吉			会文学社
栽培各论	田中节三郎			会文学社
森林保护学	新岛善直			会文学社
农用器具论	西村荣十郎			会文学社
提要农林学	本多静六			会文学社
栽培泛论	横井时敬			会文学社
说镭	鲁迅		1903	
中国地质略论	鲁迅		1903	
农务化学简法		傅兰雅译，王树善述	1903	江南制造局翻译馆
空中战争未来记				
月球殖民地				
梦游二十一世纪	Dioscorides	杨德森编译	1903	商务印书馆
空中飞艇	押川春浪、海天独啸子		1903	
月界旅行	儒勒·凡尔纳	鲁迅	1903	东京进化社印行
地底旅行	儒勒·凡尔纳	鲁迅	1903	南京启新书局
北极探险记	鲁迅		1904	
西药大成补编	J. Harley	傅兰雅译，赵元益述	1904	
新法螺	东海觉我，即徐念慈		1904	
月球殖民地小说	荒江钓叟		1904	
千年后之世界	押川春浪		1904	
金银岛			1904	商务印书馆
环游月球	焦奴士威尔士	商务印书馆编译所	1904	商务印书馆
新石头记			1905	
鲁滨逊漂流记	林纾		1905	商务印书馆
造人术	鲁迅		1905	
黑行星	东海觉我，即徐念慈		1905	小说林社
电术奇谈	菊地幽芳	方庆周译述，吴趼人改编	1905	

续表

书名	著者	译述者	出版日期	出版机构
新舞台	押川春浪	东海觉我即徐念慈	1905	
澳洲历险记			1906	商务印书馆
中国矿产志	鲁迅、顾琅合编		1906	普及书店初版
秘密电光艇	金石、褚嘉猷，押川春浪		1906	商务印书馆
航海少年			1907	商务印书馆
科学史教篇	鲁迅		1907	
幻翼记			1908	
新飞艇	尾楷忒星期报社	商务印书馆编译所	1908	商务印书馆
幻想翼	爱克乃斯格平	商务印书馆编译所	1908	商务印书馆
新野叟曝言			1909	
近世内科全书	桥本节斋著	丁福保译	1909	中国医学会
外科学一夕谈	桂秀马	丁福保译	1909	中国医学会
妊娠生理学	华文祺译，今渊恒寿			中国医学会
产科学初步	伊庭秀荣	丁福保译		中国医学会
内科学纲要	安藤重次郎	丁福保译	1909	中国医学会
人生象教	鲁迅		1910	
尸光记	译者自刊，沈威廉		1911	上海群益书社
种葡萄法	赫思满	舒高第译陈洙述	1912	江南制造局翻译馆
胎教	下田次郎		1914	
母道				
洪荒鸟兽记（上下册）	科南达利（A. C. Doyle）李薇香		1915	商务印书馆
八十万年后之世界	威尔士，心一		1915	进步书局
火星与地球之战争	威尔士，心一		1915	进步书局
谈天	丁锡华		1915	中华书局
谈地	史礼绶		1916	中华书局
天空现象谈	丁锡华		1916	中华书局
狭义与广义相对论浅说	爱因斯坦		1917	
理科浅说	丁锡华		1917	中华书局

续表

书名	著者	译述者	出版日期	出版机构
物种原始	达尔文，马君武		1918	
科学通论	中国科学社		1919	中国科学社
明眼人	威勒司，孟宪承编纂		1919	商务印书馆
陆操新义	康倍著	李凤苞译		天津机器局
水雷图说	施立盟辑译			天津机器局
克虏伯电光瞄准器具图说				天津武备学堂
哈气开司枪图说				天津武备学堂
克虏卜量药涨力器具图说				天津武备学堂
克虏卜新式陆路炮图说				天津武备学堂
阿墨士庄子药图说				天津武备学堂
农产物分析表				农学报社
农务化学问答				农学报社
农学经济篇				农学报社
农学肥料				农学报社
厩肥篇				农学报社
秋虫秘书				农学报社
印度茶书				农学报社
荷兰牧牛篇				农学报社

附录二：第二时期（1919～1932）科普读物书目①

书名	著、译者	出版日期	出版机构
鬼悟（上下卷）	威而司，林纾，毛文钟	1921年6月	上海商务印书馆
人耶非耶	威尔士，定九，葛庐译述	1921年6月	上海进步书局
爱丽丝漫游奇境记	卡洛尔，赵元任	1922年	上海商务印书馆
相对论浅释	爱因斯坦，夏元	1922年4月	上海商务印书馆
通俗自疗病法	苏仪贞	1922年5月	中华书局
物理学之研究	费祥	1922年10月	中华书局
科学发达略史	张子高、周邦道	1923年11月	中华书局
昆虫研究法	邹盛文	1924年	中华书局
世界上的爬行动物	邹盛文	1924年	中华书局
种树的方法	邹盛文	1924年	中华书局
种草的方法	邹盛文	1924年	中华书局
风	邹盛文	1924年	中华书局
娇艳的蔷薇	邹盛文	1924年	中华书局
植棉学	章之汶著	1924年	中国科学社
汉译科学大纲	汤姆生，胡明复等译	1924年1月	商务印书馆
地震浅说	张钟健、王恭睦	1924年3月	中华书局
科学名人传	中国科学社	1924年6月	中国科学社
人与自然，原名人类如何征服自然	吕诺士，李小峰	1924年7月	晨报社出版社
进化论浅说	陈兼善	1924年8月	中华书局
地质学	谢家荣编	1924年10月	中国科学社
种菜的方法	邹盛文	1925年	中华书局
种花的方法	邹盛文	1925年	中华书局
生与死	达斯脱，蒋丙然	1925年	上海商务印书馆

① 《第一次教育年鉴》；《第二次教育年鉴》；《民国时期总书目（1911～1949）》（外国文学卷），北京图书馆编，书目文献出版社1987年版；《中华书局图书总目（1912～1949）》，中华书局编辑部编，中华书局1987年版；《生活——全国总书目》；《科学教育》，金陵大学理学院编辑委员会编辑，金陵大学理学院出版；《科学》；《新教育》；宗介华主编，余俊雄、叶小沐选编：《中国科学文艺大系（科学童话卷）》，湖南教育出版社1999年8月第1版。

续表

书名	著、译者	出版日期	出版机构
奇象	王昌谟等	1925年1月	上海商务印书馆
两条腿	爱华耳特（C. Ewald），李小峰译（鲁迅校）	1925年5月	北新书局
常见事物	王昌谟等	1925年7月	上海商务印书馆
遗传学	瓦特逊，余小宋	1926年7月	中华书局
太阳·月·星	郑贞文、胡嘉诏	1925年10月	上海商务印书馆
地球·生物·人	郑贞文	1925年10月	上海商务印书馆
空气·水·火	郑贞文	1925年12月	上海商务印书馆
电和物质论	D. F. 康姆斯陶，L. T. 都娄伦，葛毓桂	1926年	上海商务印书馆
生物学与哲学之境界	永井潜，汤尔和	1926年	上海商务印书馆
奇妙的地球	萧觉先	1926年1月	中华书局
科学与未来之人生	罗素，赵文锐	1926年2月	中华书局
自然界	王昌谟等	1926年3月	上海商务印书馆
云·雨·风	郑贞文、刘友惠	1926年6月	上海商务印书馆
山·川·海	郑贞文、江铁	1926年8月	上海商务印书馆
物性·力·运动	郑贞文	1926年9月	上海商务印书馆
古生物学通论	杨钟健编译	1926年9月	中华书局
生物学纲要	柯尔曼，周太玄	1926年9月	中华书局
生物学要览	王儒林	1926年9月	中华书局
近世之新发明	葛绥成	1926年9月	中华书局
遗传学浅说	陈兼善	1926年9月	中华书局
地球（上下册）	松山基范，王昌谟等	1926年11月	上海商务印书馆
生命现象	王昌谟等	1926年11月	上海商务印书馆
科学概论	任鸿隽著	1926年11月	中国科学社
养蜂法		1927年前	平教总会
除虫菊		1927年前	平教总会
养鸡法		1927年前	平教总会
痨病去根简易法		1927年前	平教总会
人类的仇敌		1927年前	平教总会
澡堂里的发明		1927年前	平教总会

续表

书名	著、译者	出版日期	出版机构
天地间的怪产		1927 年前	平教总会
救命		1927 年前	平教总会
城里的鼻子		1927 年前	平教总会
喝水		1927 年前	平教总会
红十字会		1927 年前	平教总会
细胞与生命之起源	沙尔多利，周太玄	1927 年	上海商务印书馆
逻辑与数学逻辑论	汪奠基	1927 年	上海商务印书馆
小约翰动植物译名	鲁迅	1927 年	
养牛		1927 年 1 月	平教总会
梦	舒新城	1927 年 1 月	中华书局
科学的家庭	罗世嶷	1927 年 2 月	中华书局
原人	J. A 汤姆逊，伍况甫	1927 年 3 月	上海商务印书馆
光·电	郑贞文	1927 年 3 月	上海商务印书馆
运动与卫生	葛绥成	1927 年 11 月	中华书局
革命精神、人类机巧自然	郭沫若	1928 年	上海开明书店
人类生命的进化	G. A. Dorsey，钱伯涵	1928 年	上海北新书局
生命论	永井潜，胡部蟾	1928 年	上海商务印书馆
西洋科学史	W. 李贝，尤佳章	1928 年	上海商务印书馆
实验观察植物形态学	彭世芳	1928 年	上海商务印书馆
无线电真空管收音机合组线路图	苏祖圭	1928 年	上海苏氏兄弟公司
科学的改造世界	薛培元译	1928 年 3 月	上海北新书局
科学丛谈	斯洛孙，尤佳章	1928 年 5 月	上海商务印书馆
根·茎·叶·花	郑贞文	1928 年 5 月	上海商务印书馆
物质·变化	郑贞文	1928 年 5 月	上海商务印书馆
燃料·食料	郑贞文	1928 年 5 月	上海商务印书馆
美丽的蝴蝶	实乃普	1928 年 8 月再版	中华书局
木偶奇遇记	徐调孚	1929 年	上海开明书店
发现与发明	吕谌	1929 年	上海北新书局
科学与人生	F. S. 赫黎斯，尤佳章	1929 年	上海商务印书馆
人类之进化	乔治彼塞尔，杜增瑞	1929 年	上海商务印书馆

续表

书名	著、译者	出版日期	出版机构
细菌与人生	张东民	1929年4月	中华书局
世界医药之新发明	丁惕康	1929年4月	中华书局
虫·鱼·鸟·兽	郑贞文、王修	1929年11月	上海商务印书馆
矿石收音机制造法	苏祖国	1929年再版	上海苏氏兄弟公司
星空的巡礼	王幼于	20世纪30年代	上海开明书店
人生植物学	三好学，许心芸	1930年	上海商务印书馆
两性问题与生物学	木村德藏，杜季光	1930年	上海商务印书馆
药用植物	鲁迅	1930年	
理化常识		1930年1月	南京民众教育馆
自然现象		1930年1月	南京民众教育馆
生物常识		1930年1月	南京民众教育馆
养蚕		1930年1月	汤山农民教育馆
桑树		1930年1月	江苏省立教育学院
养鸡大王		1930年2月	江苏省立教育学院
养猪学		1930年2月	江苏省立教育学院
种植中棉的方法		1930年10月	江苏省立教育学院
种稻须知		1930年10月	江苏省立教育学院
种桃		1930年10月	江苏省立教育学院
小麦栽培法		1930年10月	江苏省立教育学院
肥料浅说（上下册）		1930年10月	江苏省立教育学院
接木方法（上下册）		1930年10月	江苏省立教育学院
蚕病防治法		1930年10月	江苏省立教育学院
除螟浅说		1930年10月	江苏省立教育学院
棉的重要害敌（上下册）		1930年10月	江苏省立教育学院
种树浅说		1930年10月	江苏省立教育学院
经营果园须知		1930年10月	江苏省立教育学院
养猪问题		1930年10月	江苏省立教育学院
养鱼问题		1930年10月	江苏省立教育学院
葡萄栽培法		1930年10月	江苏省立教育学院
谷类黑穗病防治法		1930年10月	江苏省立教育学院

续表

书名	著、译者	出版日期	出版机构
种植美棉的方法（上下册）		1930 年 10 月	江苏省立教育学院
科学大纲	Thomson. J. A，胡明复等	1930 年 10 月	上海商务印书馆
化学常识	施穆	1930 年 10 月	中华书局
电气常识	施穆	1930 年 10 月	中华书局
活神仙		1930 年 11 月	平教总会
我们的老祖宗		1930 年 11 月	平教总会
哭和笑		1930 年 11 月	平教总会
银饰		1930 年 11 月	平教总会
农业和交通		1930 年 11 月	平教总会
谈天		1930 年 11 月	平教总会
有知识的草木		1930 年 11 月	平教总会
瘟神和财神		1930 年 11 月	平教总会
怎样养蜜蜂		1930 年 11 月	平教总会
良友和仇敌		1930 年 11 月	平教总会
冬天的卫士		1930 年 11 月	平教总会
人类的暗杀者		1930 年 11 月	平教总会
一般的卫生常识		1930 年 11 月	平教总会
卫生常识		1930 年 11 月	平教总会
叶绿精		1930 年 11 月	平教总会
火车的故事		1930 年 11 月	平教总会
一根火柴		1930 年 11 月	平教总会
火灾与种树		1930 年 11 月	平教总会
普通自然现象（一二）		1930 年 11 月	平教总会
人类的恩人		1930 年 11 月	平教总会
饮食的卫生		1930 年 11 月	平教总会
化学浅说	张保厚	1930 年 11 月	中华书局
物理浅说	张保厚	1930 年 11 月	中华书局
生物现象浅说	张保厚		中华书局
衣·食·住·行	郑贞文、于树樟	1930 年 11 月	上海商务印书馆
气象浅说	张保厚	1930 年 11 月	中华书局

续表

书名	著、译者	出版日期	出版机构
太阳	江苏教育学院研究实验部编		江苏省立教育学院
月亮	江苏教育学院研究实验部编		江苏省立教育学院
吹的风	江苏教育学院研究实验部编		江苏省立教育学院
下的雨	江苏教育学院研究实验部编		江苏省立教育学院
雷和电	江苏教育学院研究实验部编	1930年12月	江苏省立教育学院
生命离不了的东西	江苏教育学院研究实验部编	1930年12月	江苏省立教育学院
苍蝇与瘟疫	董纯才	1931年	上海儿童书局
水族相养器	董纯才	1931年	上海儿童书局
螳螂生活观察	董纯才	1931年	上海儿童书局
鸟类迎宾馆	董纯才	1931年	上海儿童书局
蚯蚓	董纯才	1931年	上海儿童书局
植物生物学	松本巍，吴印禅	1931年	上海商务印书馆
岩石发生史	C. 多尔脱，杜若城	1931年	上海商务印书馆
什么是表证农家		1931年	平教总会
重要庄稼的选种		1931年	平教总会
玉蜀黍摘穗表证说明		1931年	平教总会
最简要的养蜂法		1931年	平教总会
改良定县猪种		1931年	平教总会
蝼蛄的生活和驱除方法		1931年	平教总会
蝗虫驱除和利用法		1931年	平教总会
用碳酸铜防除谷类黑穗病的表证说明		1931年	平教总会
棉蚜的研究和用烟汁歼灭法的表证说明		1931年	平教总会
麦类黄疸病		1931年	平教总会
中国北部常见的植物病害及防除法		1931年	平教总会
改良定县鸡种		1931年	平教总会

续表

书名	著、译者	出版日期	出版机构
何伯尔氏动物学	A. 何伯尔，周太玄	1931年	上海商务印书馆
种稻浅说		1931年1月	中华书局
麦的栽培法		1931年1月	中华书局
种痘浅说		1931年1月	中华书局
植棉浅说		1931年1月	中华书局
果树栽培浅说		1931年1月	中华书局
土壤浅说		1931年1月	中华书局
肥料浅说		1931年1月	中华书局
农具浅说		1931年1月	中华书局
我们穿的	江苏教育学院研究实验部编	1931年1月	江苏省立教育学院
我们吃的	江苏教育学院研究实验部编	1931年1月	江苏省立教育学院
我们住的	江苏教育学院研究实验部编	1931年1月	江苏省立教育学院
流行性脊髓脑膜炎		1931年2月	江苏镇江民众教育馆
生物的误解与辨正		1931年2月	江苏镇江民众教育馆
鸟与文学	贾祖璋	1931年4月	开明书店
电灯	江苏教育学院研究实验部编	1931年4月	江苏省立教育学院
电报	江苏教育学院研究实验部编	1931年4月	江苏省立教育学院
电话	江苏教育学院研究实验部编	1931年4月	江苏省立教育学院
电影	江苏教育学院研究实验部编	1931年4月	江苏省立教育学院
照相	江苏教育学院研究实验部编	1931年4月	江苏省立教育学院
留声机	江苏教育学院研究实验部编	1931年4月	江苏省立教育学院
科学史	沙玉彦	1931年4月	世界书局
科学的生活		1931年6月	浙江省民众教育馆
文明的利器		1931年6月	浙江省民众教育馆
动物		1931年6月	浙江省民众教育馆

续表

书名	著、译者	出版日期	出版机构
少男少女		1931年6月	浙江省民众教育馆
火车	江苏教育学院研究实验部编	1931年6月	江苏省立教育学院
汽车	江苏教育学院研究实验部编	1931年6月	江苏省立教育学院
轮船	江苏教育学院研究实验部编	1931年6月	江苏省立教育学院
飞机	江苏教育学院研究实验部编	1931年6月	江苏省立教育学院
昆虫的生活	江苏教育学院研究实验部编	1931年6月	江苏省立教育学院
植物的生活	江苏教育学院研究实验部编	1931年6月	江苏省立教育学院
帮助眼力的东西	江苏教育学院研究实验部编	1931年6月	江苏省立教育学院
陆和水	江苏教育学院研究实验部编	1931年6月	江苏省立教育学院
煤炭	江苏教育学院研究实验部编	1931年6月	江苏省立教育学院
动的力	江苏教育学院研究实验部编	1931年6月	江苏省立教育学院
水的用途	江苏教育学院研究实验部编	1931年6月	江苏省立教育学院
热和冷	江苏教育学院研究实验部编	1931年6月	江苏省立教育学院
显微镜的动物学实验	鲍鉴清编译	1931年6月	中国科学社
中国数学大纲	李俨著	1931年6月	中国科学社
万能的人类	房龙，Van Loon，H，伍况甫	1931年8月	上海黎明书局
科学的故事	J. H. 法布尔，宋易	1931年12月	开明书店，神州国光社
家畜的故事	J. H. 法布尔，成绍宗		开明书店
科学界三杰	朱公振	1931年12月	世界书局
五年计划的故事	伊林，吴朗西	1931年12月	上海新生命书局

附录三：第三时期（1932～1949）科普读物书目①

书名	著、译者	出版时间	出版机构
天空的神秘	原田三夫，许达年	1932年	中华书局
我怎么来的	史威尼丝，徐锡龄	1932年	中华书局
奇异的光（1～5册）	董纯才编	1932年	上海儿童书局
来复式收音机	苏祖国	1932年	上海苏氏兄弟公司
军用毒气	孟心如	1932年	上海中国科学图书仪器公司
科学的南京	赵元任、竺可桢等10人合著	1932年1月	上海中国科学图书仪器公司
重心作用的把戏	吕镜楼	1932年3月	上海儿童书局
苏俄科学巡礼	克劳则尔，克劳瑟，Crowther, J. G.，潘谷神译	1932年4月	上海开明书店
惯性的把戏	吕镜楼编述	1932年6月	上海儿童书局
太阳的孩子	Mary Gardner，赵馀勋编译	1932年8月	上海儿童书局
五年计划的故事	张方文著	1932年9月	良友图书印刷公司
地球	原田三夫，许达年	1932年10月	中华书局
近代科学概论	汤姆森，Thomson, J. Arther，张达如译	1932年10月	上海民智书局
离心力的把戏	董纯才编	1932年11月	上海儿童书局
铁冶金学	胡庶华著	1932年11月	中华学艺社：商务印书馆印行：商务印书馆印行
人体的寄生虫	胡部蟾	1933年	上海新亚书店
心脏保健法	缪维水编	1933年	上海新亚书店
生物的目的是保种	薛德焙	1933年	上海新亚书店
细菌与人生	胡部蟾	1933年	上海新亚书店

① 《科学》杂志；《科学画报》杂志；商务印书馆：《商务印书馆图书目录（1897～1949）》，商务印书馆1981年版；北京图书馆编：《民国时期总书目》，书目文献出版社1987年版；上海图书馆编藏：《中国近代丛书目录》，上海图书馆1979年9月版；《高士其全集》，航空工业出版社2005年10月第1版；《科学》；《科学画报》；《科学教育》；《科学青年》；《科学世界》；《科学知识》；《科学的中国》；《教育通讯》；教育部（台湾省）：《民国教育年鉴》（第二次），宗青图书公司印行1991年版；《商务印书馆一百年》（1897～1997），商务印书馆1998年5月北京第1版。

续表

书名	著、译者	出版时间	出版机构
除虫菊与薄荷	杨志复	1933年	上海新亚书店
房龙地理：地球的故事	亨德里克·威廉·房龙，傅东华	1933年	新生命书局
房龙世界地理	陈瘦石		世界书局
学生世界地理	张其昀		钟山书局
科学概论	J. J. 汤姆生，邓均吾	1933年	上海新垦书店
细胞学概论	山羽仪兵，任一碧	1933年	上海商务印书馆
人和动物	W. M. 施慕胡，金漱六	1933年	上海商务印书馆
自然科学概论	石原纯，谷神	1933年	上海商务印书馆
几点钟	伊林，董纯才	1933年1月	上海，正午书局
我们的地球	福贝尔，法布雷，Fabre, J. H.，吕炯，竺可桢	1933年2月	商务印书馆
五年计划的故事	伊林，吴郎西	1933年2月	新生命书局
种树	方与严编	1933年2月	上海儿童书局
石油与石炭	张资平等著	1933年3月	中华学艺社：商务印书馆印行
原子构造概论	竹内洁，陆志鸿译	1933年3月	中华学艺社：商务印书馆印行
人类的来源	向璠编	1933年3月	天津市教育局民众读物编审处
生物地理概说	张资平等著	1933年3月	中华学艺社：商务印书馆印行：商务印书馆印行
近世生物学	王其澍	1933年4月	中华学艺社：商务印书馆印行：商务印书馆印行
白纸黑字又名书的故事	伊林，董纯才	1933年4月	上海，良友图书印刷公司
天空的现象	黎锦耀、许达年	1933年4月	上海中华书局
地球和月球	黎锦耀、许达年	1933年4月	上海中华书局
虫·鱼·鸟·兽	郑贞文、王修	1933年6月	商务印书馆
钟的故事	伊林，潘一之	1933年7月	上海，良友图书印刷公司

续表

书名	著、译者	出版时间	出版机构
植物解剖学与生理学	A. 毕宋，李亮恭	1933 年 7 月	上海商务印书馆
电报与电话	顾均正	1933 年 8 月	新生命书局
信不信由你：世界奇闻录	立泼莱，蔡真	1933 年 9 月	上海，良友图书印刷公司
夸阳历大鼓书	北观别墅	1933 年 9 月	天津市教育局编审处
生物界的奇特生活	郁负楠	1933 年 9 月	上海广益书局
进化论发现史	约翰杰德	1933 年 9 月	上海商务印书馆
生物进化的证据	薛德焴，严既澄	1933 年 10 月	上海新亚书店
斯氏科学丛谈	斯洛孙，尤佳章	1933 年 10 月	上海商务印书馆
威格那大陆浮动论	竹内时男，蔡源明译	1933 年 11 月	中华学艺社：商务印书馆印行：商务印书馆印行
科学迷信斗争史	宋桂煌	1933 年 11 月	华通书局
水族动物研究	绿荷编辑	1933 年 11 月	上海广益书局
植物小讲座	马天放编辑	1933 年 11 月	上海广益书局
马	徐应昶著	1933 年 11 月	上海商务印书馆
电话	徐应昶著	1933 年 11 月	上海商务印书馆
玻璃	徐应昶著	1933 年 11 月	上海商务印书馆
科学与方法	潘加勒，Poincare, Henri. ,郑太朴	1933 年 12 月	上海商务印书馆
昆虫记：动物类	法布尔等，王大文	1933 年 12 月	上海商务印书馆
化学奇谈	法布尔，顾均正	1933 年 12 月	开明书店
科学奇谈（上、下册）	王子编	1933 年 12 月	上海广益书局
科学上之新贡献		1933 年 12 月	商务印书馆
西洋科学史	莉比，李贝，Libby, W. ,尤佳章译	1933 年 12 月	上海商务印书馆
鸟类	贾祖璋	1933 年 12 月	商务印书馆
电灯	张延祥，余昌菊	1933 年 12 月	商务印书馆
电学浅说	Campbell, N. R，于树樟	1933 年 12 月	商务印书馆
宇宙观发达史	S. A. 阿勒里雅斯，危淑元	1934 年	上海辛垦书店
星与原子	A. S. 爱丁顿，张微夫	1934 年	上海辛垦书店

续表

书名	著、译者	出版时间	出版机构
科学与实在	P. 德尔柏，危淑元	1934 年	上海辛垦书店
科学到何处去	M. 蒲郎克，皮仲和	1934 年	上海辛垦书店
科学底新基础	J. 秦斯，谭辅之	1934 年	上海辛垦书店
优生学与遗传及其他	永井潜，任白涛	1934 年	上海商务印书馆
遗传与人性	H. S. 岑吟士，陈篎予	1934 年	上海商务印书馆
森林与社会	顾恒德编	1934 年	上海新亚书店
化学与工业	Gun ther Bugge，孟心如编译	1934 年	上海中国科学图书仪器公司
人类生物学	尼登	1934 年	上海中国科学图书仪器公司
实用昆虫采集法	刘淦芝	1934 年	上海中国科学图书仪器公司
空气湿度测定指南	顾世楫	1934 年	上海中国科学图书仪器公司
中国植物图谱	胡先骕，陈焕镛合编	1934 年	静生生物调查所出版
中国蕨类植物图谱	胡先骕，秦仁昌合编	1934 年	静生生物调查所出版
中国动物志	秉农山	1934 年	上海中国科学图书仪器公司
庞大的智星	卢邵静容，卢于道	1934 年	上海中国科学图书仪器公司
宇宙生物与人类之进化	顾钟骅	1934 年	上海中国科学图书仪器公司
数学的园地	刘薰宇	1934 年	上海中国科学图书仪器公司
神秘的宇宙	剑姆斯·琼斯，周煦良	1934 年	上海中国科学图书仪器公司
动物珍话	贾祖璋	1934 年	上海中国科学图书仪器公司
苏俄科学巡礼	克劳则尔，潘谷神	1934 年	上海中国科学图书仪器公司
民众科学	厦门大学理学院民众科学社	1934 年 2 月	厦门大学理学院
自然总览	杜自研	1934 年 2 月	上海东方书店
问题十万	伊林，陈少平	1934 年 3 月	新生命书局

续表

书名	著、译者	出版时间	出版机构
发明家与发明物	巴克曼，刘遂生译	1934年3月	上海新亚书店
气象学纲要	张钟健	1934年3月	中华书局
果树	田中长三郎，贾祖璋	1934年4月	商务印书馆
方法与结果	赫胥黎，谭辅之	1934年4月	辛垦书店
未来世界	威尔斯，章衣萍，陈若水	1934年7月	上海，天马书店
科学规范（上中下册）	K. 皮耳生，谭辅之、沈因明	1934年7月	上海辛垦书店
气象浅说	赵英若	1934年7月	中华书局
动物学纲要	费鸿年	1934年7月	中华书局
医学常识	陶炽孙	1934年9月	上海北新书局
日常气象学	原田三夫，许达年	1934年9月	中华书局
科学与历史	布劳，布朗，张徽夫	1934年9月	辛垦书店
风	韦息予、孙伯才	1934年10月	上海商务印书馆
昆虫世界	赵庸耕	1934年10月	上海新中国书局
室内旅行记	伊林，赵筱延	1934年11月	良友图书印刷公司
兰氏科学丛谈	兰克斯德，伍周甫	1934年11月	上海商务印书馆
天文常识	贺玉波	1934年11月	上海乐华图书公司
十万个为什么	伊林，董纯才	1934年12月	开明书店
生理学纲要	费鸿年	1934年12月	中华书局
无线电初步	俞子夷	1934年12月	中华书局
物理世界的漫游	顾均正	1934年12月	开明书店
一滴水	叶之华	1934年12月	上海新中国书局
生命之科学，三册	威尔斯等，郭沫若	1934－1949	商务印书馆
谈天	丁锡华	1935年	中华书局
谈地	史礼绶		中华书局
天空现象谈	丁锡华	1935年	中华书局
神奇的天地	周其昌	1935年	大东书局
人体的机构	周建人编		北新书局
星空的巡礼	E. A. Beet，王幼于		开明书店
日用科学	陈怀义编	1935年	商务印书馆
科学论 ABC	王刚森	1935年	世界书局

续表

书名	著、译者	出版时间	出版机构
海	鲍维汉	1935 年	上海中华书局
发掘与探险	中学生社编	1935 年	上海开明书店
动物漫话		1935 年	商务印书馆
进化论	P. 基德士，J. A. 汤姆生，张微夫	1935 年	上海辛垦书店
进化学说	Y. M. 德拉日，果尔德斯密斯，危淑元	1935 年	上海辛垦书店
环绕我们的宇宙	J. 秦斯，谭辅之	1935 年	上海辛垦书店
动物生态学	川村多实二，舒贻上	1935 年	上海商务印书馆
化学与电子	J. J. 汤姆生，孙慕萍	1935 年	上海辛垦书店
化学游戏	王常编	1935 年	上海中国科学图书仪器公司
营养的基本知识	照内丰原，薛德焙、缪维水编译	1935 年	上海新亚书店
苏联五年计划的故事	伊林，陆静山编	1935 年	儿童书局
玄秘的宇宙	J. H. Jeans，周熙良	1935 年	开明书店
神秘的宇宙	J. H. Jeans，张贻惠	1935 年	震亚书店
走兽的故事	董纯才译	1935 年 2 月	
化学故事	益田苦良，武弈	1935 年 2 月	上海中华书局
近代科学发明概观	华汝成	1935 年 2 月	中华书局
海洋学纲要	费鸿年	1935 年 2 月	中华书局
现代科学精华	Sherrington，C. S.，吕金录译	1935 年 3 月	上海商务印书馆
遗传学概论	王其澍著	1935 年 3 月	中华学艺社：商务印书馆印行：商务印书馆印行
植物学纲要	华汝成	1935 年 3 月	中华书局
孩子们的电报电话	白桃编著	1935 年 3 月	中华书局
昆虫通论	王启虞、张巨伯编	1935 年 4 月	上海中国科学图书仪器公司
物理学纲要（上下册）	陈润泉	1935 年 4 月	中华书局
微生物学纲要（上下册）	华阜熙	1935 年 4 月	中华书局
气象学讲话	王勤堉编	1935 年 4 月	开明书店

续表

书名	著、译者	出版时间	出版机构
化学与我们		1935年6月	开明书店
细菌之变异及菌解素	小林六造，魏岩寿	1935年6月	上海商务印书馆
宇宙之物理的本性	萨力凡，殷佩斯	1935年6月	上海商务印书馆
种菜浅说	秦翌	1935年6月	中华书局
科学总论	永井潜，黄其佺	1935年6月	上海商务印书馆
生物学与人类进步	汤姆生，陈德荣	1935年6月	上海商务印书馆
X射线	胡珍元	1935年6月	上海商务印书馆
大气中之光电现象	国富信一，沈懋德	1935年6月	上海商务印书馆
大气压力	国富信一，沈懋德	1935年6月	上海商务印书馆
大气温度	国富信一，沈懋德	1935年6月	上海商务印书馆
盖基传	张资平	1935年6月	上海商务印书馆
发生学	八田三郎，潘锡九	1935年6月	上海商务印书馆
动物之呼吸	小久保清治，舒贻上	1935年6月	上海商务印书馆
动物之雌雄性	内田亨，舒贻上	1935年6月	上海商务印书馆
组织学	合田绎辅，韩士淑	1935年6月	上海商务印书馆
物理学之新境界	海尔，高執可	1935年6月	上海商务印书馆
科学发见谈	Gibson, C. R，曹孚	1935年6月	商务印书馆
化学初步	沈鼎三	1935年6月	中华书局
心理学	阿维尔林，陈德荣	1935年6月	上海商务印书馆
天文浅说	塞尔韦士，许烺光	1935年6月	上海商务印书馆
植物与环境	吉田义次，周建侯	1935年6月	上海商务印书馆
湿度	国富信一，沈懋德	1935年6月	上海商务印书馆
微生物	竹内松次郎，魏岩寿	1935年6月	上海商务印书馆
人与生物		1935年6月	开明书店
宇宙壮观（1~5册）	山本一清，陈遵妫	1935年7月	上海商务印书馆
结晶体	渡边万次郎，张资平	1935年7月	上海商务印书馆
	野满隆治，张资平、蔡源明	1935年7月	上海商务印书馆
化石人类学（1~5册）	乌居龙藏，张资平	1935年7月	上海商务印书馆
法布尔传（上下册）	李格罗斯，林奄方	1935年7月	上海商务印书馆
地球之灭亡	石井重美，谭勤馀	1935年7月	上海商务印书馆

续表

书名	著、译者	出版时间	出版机构
物理学概论（1～4册）	石原纯，周昌寿	1935年8月	上海商务印书馆
越想越糊涂	顾均正	1935年8月	生活书店
化学的故事	益田苦良，任一碧	1935年9月	开明书店
秋之星	赵宰怀	1935年9月	开明书店
算学的故事	章克标	1935年9月	开明书店
化学纲要	陈润泉	1935年10月	中华书局
三种变化	李宗法编纂	1935年10月	上海商务印书馆
进化论初步	陈兼善	1935年10月	中华书局
航空概要	陶叔渊	1935年10月	中华书局
奇事	约翰·安得生，张佑珏	1935年11月	南京，正中书局
宇宙之大	琴斯，介恩斯，侯硕之	1935年12月	开明书店
肺病治疗法	陈其亮	1935年11月3版	香港真理学会
月亮	熊卿云	1935年11月3版	香港真理学会
有毒的植物	张伯康	1935年11月3版	香港真理学会
地球	吕金录	1935年11月3版	香港真理学会
生物物理化学	野村七郎，魏岩寿	1935年12月	上海商务印书馆
化学与近代生活	S. V. 阿立伟杰斯，朱任宏	1936年	上海商务印书馆
菌儿自传	高士其	1936年	开明书店
植病丛谈	崔伯棠、张巨伯编	1936年	上海中国科学图书仪器公司
法布尔科学故事	法布尔，向仲	1936年	中华书局
门德尔传	H. 伊尔狄斯，谭镇瑶	1936年	上海商务印书馆
毛之生物学	阿部余四男，胡哲齐	1936年	上海商务印书馆
化学发达史	黄素封编	1936年	上海商务印书馆
进化论之今昔	纽门，刘正训	1936年	上海商务印书馆
伽利略传	布莱安特，蔡实牟	1936年	上海商务印书馆
昆虫与人生	王启虞编	1936年	上海新亚书店
家常科学	杨孝述、胡元珍主编	1936年	上海中国科学社

续表

书名	著、译者	出版时间	出版机构
洗濯化学	A. Harvey，郭仲熙	1936年	上海中国科学图书仪器公司
彭胄氏实用水力学	彭胄氏，李仪祉	1936年	上海中国科学图书仪器公司
农业土木学	田中贞次，樊明初	1936年	上海中国科学图书仪器公司
内插法	裘宗尧	1936年	上海中国科学图书仪器公司
人造丝	W. D. Darby，张泽尧	1936年	上海中国科学图书仪器公司
宇冰本论	Otto Ebelt，李仪祉	1936年	上海中国科学图书仪器公司
生命之起源与性质	B. 姆尔，张麦森	1936年	上海辛垦书店
科学趣味	顾均正著	1936年	开明书店
昆虫漫话	陶秉珍	1936年1月	开明书店
中国上古天文	新城新藏，沈睿译	1936年1月	中华学艺社：商务印书馆印行：商务印书馆印行
微生物界的探险者	陈明齐	1936年2月	开明书店
植物之生殖	原田正人，高銛	1936年2月	上海商务印书馆
物理学之基础概念	Heyl，P. R.，潘谷神	1936年2月	商务印书馆
活机器	海尔，薛以恒	1936年2月	上海商务印书馆
空中的征服		1936年2月	良友图书公司
心理学名人传	高觉敷	1936年2月	上海商务印书馆
勤纳传	德路威特，邹禹烈	1936年2月	上海商务印书馆
天文家名人传（上下册）	鲍尔，陈遵妫	1936年2月	上海商务印书馆
马克士威	汤姆逊，周梦麟	1936年2月	上海商务印书馆
营养化学（上下册）	三浦政太郎，松冈登，周建侯	1936年2月	上海商务印书馆
植物的世界	许达年、许斌华译	1936年2月	中华书局
实用昆虫学	孙钺	1936年2月	中华书局
达尔文传	达尔文，全巨荪	1936年2月	商务印书馆
电的常识	俞子夷	1936年2月	中华书局

续表

书名	著、译者	出版时间	出版机构
应用电气概论（上下册）		1936 年 3 月	中华书局
细胞之生命	爱纳奇，朱洗	1936 年 3 月	上海商务印书馆
生物之相互关系	内田亨，梁希、沙俊	1936 年 3 月	上海商务印书馆
古生代前之地球历史	早坂一郎，黄士弘	1936 年 3 月	上海商务印书馆
中生代后之地球历史	早坂一郎，黄士弘	1936 年 3 月	上海商务印书馆
矿物与岩石	渡边万次郎，张资平	1936 年 3 月	上海商务印书馆
燃烧素学说史	怀德，黄素封	1936 年 3 月	上海商务印书馆
性与犯罪	周光琦	1936 年 3 月	南京正中书局
陨石	加濑勉，陈志鸿	1936 年 4 月	商务印书馆
神秘的宇宙	吉安斯，郇光谟	1936 年 4 月	上海商务印书馆
时空与原子	R. T. 考格斯，柳大维	1936 年 4 月	上海商务印书馆
航空的秘密	许幸之	1936 年 4 月	时代科学图画丛书社
从原子到银河	薛普莱，严鸿瑶	1936 年 4 月	上海商务印书馆
生物学与人生问题	内田昇三，肖百新	1936 年 4 月	上海商务印书馆
自然认识界限及宇宙七谜	都波亚勒蒙，潘谷神	1936 年 4 月	上海商务印书馆
自然之机构	安特莱德，何育杰	1936 年 4 月	上海商务印书馆
鱼类学	陈兼善、费鸿年	1936 年 4 月	上海商务印书馆
原子及宇宙	黎铿巴，陈岳生	1936 年 4 月	上海商务印书馆
青春生理谈	曹观来编译	1936 年 5 月	南京正中书局
爱丽思漫游奇境记	卡洛尔，何君莲	1936 年 5 月	上海，启明书局
不夜天	伊林，董纯才	1936 年 5 月	开明书店
自然界的四季（1～3册）	吕金录	1936 年 5 月	香港真理学会
微生物与人生	Bayne - Jones, S.，陈照熙	1936 年 6 月	商务印书馆
物理和化学	许达年	1936 年 6 月	中华书局
虫鱼鸟兽	许达年，许斌华译	1936 年 6 月	中华书局
书的故事	伊林，张允和	1936 年 6 月	上海，中华书局
宇宙观之发展	贝克尔，冯雄	1936 年 6 月	上海商务印书馆
昆虫生态学	矢野宗干，薛德焴	1936 年 6 月	上海商务印书馆

续表

书名	著、译者	出版时间	出版机构
性及生殖	户泽富寿，高銛	1936年6月	上海商务印书馆
我们的抗敌英雄	高士其等著	1936年6月	读书生活社
化石生物学	山次郎，毛文麟译	1936年6月	商务印书馆
植物分类	三好学，沙俊	1936年6月	上海商务印书馆
植物之组织及机能	郡场宽，于景让译	1936年6月	开明书店
地中宝库	渡边万次郎，陆志鸿	1936年6月	上海商务印书馆
内分泌与心理学	吴绍熙	1936年6月	上海商务印书馆
极性与侧性	冈田要，费鸿年	1936年6月	上海商务印书馆
科学与近代世界（上下册）	怀德海，王光煦	1936年7月	上海商务印书馆
湖沼	田中馆秀三，傅角今	1936年7月	上海商务印书馆
性与生殖	顾钟华编著	1936年7月	南京正中书局
医疗中的奇迹	E. 李克，周宗琦	1936年7月	上海中国科学社
细菌与人：高士其科学小品集	高士其	1936年8月	开明书店
科学与行动及信仰	赫胥黎，杨丹声	1936年8月	上海商务印书馆
地形学	花井重次郎，谌亚达	1936年8月	上海商务印书馆
化学史话	F. J. 摩尔，张汝训	1936年8月	南京正中书局
人和山	伊林，董纯才	1936年8月	开明书店
黑白	伊林，董纯才	1936年8月	开明书店
几点钟	伊林，董纯才	1936年8月	
少年科学大纲	G. R. Mitchison，胡伯恳译	1936年10月	开明书店
昆虫的生活	祝仲芳、卢冠六编	1936年10月	开明书店
鸣虫之话	楼后卿	1936年10月	开明书店
木偶游海记	雷巴地，宋易译	1936年10月	开明书店
科学在今日	茵菲乐，秦仲宝译	1936年10月	开明书店
无线电话收音术	黄幼雄著	1936年10月	开明书店
闲话星空	J. H. 吉安斯，李光荫	1936年10月	上海商务印书馆
物质与量子	L. 茵菲尔，何育杰	1936年10月	上海商务印书馆
世界地体构造	青山信雄，张资平	1936年10月	上海商务印书馆
自律神经系	吴健，肖百新	1936年10月	上海商务印书馆
植物与水分	缬缬理一郎，谢循贯	1936年10月	上海商务印书馆

续表

书名	著、译者	出版时间	出版机构
到自然界去	万以咸	1936年10月	中华书局
应用气象学	杨国藩	1936年10月	中华书局
人类性生活史	朱云影	1936年11月	南京正中书局
民族地理学	小牧实繁，郑震	1936年11月	上海商务印书馆
民族生物学	古屋芳雄，张资平	1936年11月	上海商务印书馆
地球化学	味那兹基，谭勤馀	1936年11月	上海商务印书馆
实验生命论	阿部余四男，周建侯	1936年11月	上海商务印书馆
养分之摄取与同化物质之利用	大规虎男，刘克济	1936年11月	上海商务印书馆
神经系统	高桥坚，潘钖九	1936年11月	上海商务印书馆
植物病理原论	草野俊助，陈铭石	1936年11月	上海商务印书馆
植物群落学小引	中野治房，于景让	1936年11月	上海商务印书馆
电	W. L. 布拉格，杨孝述	1936年12月	上海中国科学图书仪器公司
浴室和饭堂	杨孝述，胡珍元		上海中国科学图书仪器公司
煤柴间洗衣处	杨孝述，胡珍元		上海中国科学图书仪器公司
书室	杨孝述，胡珍元		上海中国科学图书仪器公司
坐室	杨孝述，胡珍元		上海中国科学图书仪器公司
家屋	杨孝述，胡珍元		上海中国科学图书仪器公司
缝衣室	杨孝述，胡珍元		上海中国科学图书仪器公司
衣服室	杨孝述，胡珍元		上海中国科学图书仪器公司
厨房	杨孝述，胡珍元		上海中国科学图书仪器公司
诺贝尔科学奖金	宋易编著	1936年12月	南京正中书局
婴孩养育法	陈崇龙	1936年12月	中华书局
科学进步谈	克洛忒，克劳瑟，Crowther，J. G.，伍况甫	1937年	上海商务印书馆

续表

书名	著、译者	出版时间	出版机构
化学幻术	刘遂生	1937年1月	中华书局
细菌大菜馆	高士其	1937年	通俗文化社
进化论	罗宗洛译	1937年	开明书店
中国科学二十年	刘咸	1937年	上海中国科学社
军事工程学	Mittchell，顾康乐	1937年	上海中国科学图书仪器公司
战事工程备要	沈怡	1937年	上海中国科学图书仪器公司
中国森林植物志	钱崇澍	1937年	上海中国科学图书仪器公司
原子	Jean Perrin，叶蕴理	1937年	上海中国科学图书仪器公司
生物学与人类的进步	彭光钦译	1937年	上海北新书局
世界科学新译	孟寿椿编	1937年	上海北新书局
动物的生殖	陈劳薪	1937年	上海北新书局
航空常识	王锡纶著	1937年	上海北新书局
少年科学家的故事	吴纳百著	1937年	上海北新书局
青年科学家	成绍宗著	1937年	上海北新书局
青年自然常识	许如谦著	1937年	上海北新书局
鸟类	鸾司信辅，舒贻上	1937年	开明书店
无线电原理及应用	丁曦编	1937年	开明书店
实用有机化学	黄素封、王祖荫编	1937年	开明书店
衣服与健康	薛德焴	1937年	上海新亚书店
家庭看护法	胡珍元	1937年	上海新亚书店
产儿调节之理论与实际	缪端生	1937年	上海新亚书店
养蜂法的新研究	王历农著	1937年	上海新亚书店
人类的飞行	沙玉彦	1937年	上海新亚书店
岩石学	徐康泰著	1937年	上海新亚书店
地震讲话	蔡源明著	1937年	上海新亚书店
生物丛谈	郑宝兹、顾仲超编	1937年	上海新亚书店
创造的化学	沙玉彦译	1937年	上海新亚书店
科学玩具制作法	缪超群译	1937年	上海新亚书店

续表

书名	著、译者	出版时间	出版机构
业余无线电	刘公穆著	1937 年	上海新亚书店
世界哺乳动物志	薛德焴	1937 年	上海新亚书店
相对律之由来及其观念	周昌寿著	1937 年	中华学艺社：商务印书馆印行
内燃机关	刘振华著	1937 年	中华学艺社：商务印书馆印行
自然科学之革命思潮	文元模等著	1937 年	中华学艺社：商务印书馆印行
蒸汽机	刘振华著	1937 年	中华学艺社：商务印书馆印行
普通地质学	张资平著	1937 年	中华学艺社：商务印书馆印行
化石生物学	山次郎，毛文麟译	1937 年	开明书店
书的故事	伊林，胡愈之译，张仲实校	1937 年 1 月	上海，生活书店
农学要义	陆费执	1937 年 1 月	中华书局
性的知识	李宝梁	1937 年 1 月	中华书局
天象谈话	法布尔，陶宏	1937 年 1 月	上海商务印书馆
家庭的化学家	余天希编译	1937 年 2 月	南京正中书局
人体的研究	陈雨苍	1937 年 2 月	南京正中书局
抗战与防疫	高士其著	1937 年 3 月	上海，读书生活出版社
科学随见录	薛德焴	1937 年 3 月	商务印书馆
女人之一生	桂质良	1937 年 3 月	南京正中书局
太阳的周旋	董志渊	1937 年 4 月	上海北新书局
细胞的不死精神	高士其	1937 年 4 月	
人类征服自然原名人和山	伊林，江明	1937 年 5 月	上海新知书店
居礼传	居礼夫人，黄人杰	1937 年 5 月	上海商务印书馆
科学的故事	Dietz，David，茅于越	1937 年 7 月	中国科学公司
鸟类珍话	C. J. Patten，董纯才	1937 年 9 月	上海中华书局
化学元素发现史	卫克斯，朱任宏	1937 年 10 月	中华书局
飞机翼下的世界	宾符，贝叶	1937 年 11 月	生活书店，上海

续表

书名	著、译者	出版时间	出版机构
未来的世界（上中下册）	威尔斯，杨懿熙	1937年12月	上海，商务印书馆
磁及静电	三枝彦雄，周斌	1938年	上海商务印书馆
医用昆虫学	吴希澄编	1938年2月	上海中国科学图书仪器公司
数论	吕竹人	1938年6月	上海中国科学社
少年电器制作法	杨孝述、王常编，	1938年6月	上海中国科学图书仪器公司
膨胀的宇宙	爱丁顿，曹大同	1938年7月	商务印书馆
增殖生物学	寺尾新，王梦淹	1938年7月	上海商务印书馆
活力说与机械说	霍波根，殷佩斯	1938年7月	上海商务印书馆
核学	桑田义备，于景让	1938年7月	上海商务印书馆
陆沉（上、下册）	塞尔维司（G. P. Serviss），安子介、艾维章	1938年7月	长沙，商务印书馆
世界预言	威尔斯，刘葆	1938年10月	上海，博文书店
优生学纲要	费鸿年	1938年10月	中华书局
天气的变化	瞿志远	1938年11月	上海民众书店
比较消化心理	筱田统，程瀚章	1939年	上海商务印书馆
普通解剖生理学	李赋京	1939年	上海中国科学图书仪器公司
生物学名人印象记	奥斯朋，黄镜渊	1939年	商务印书馆
食物及营养	永井潜，顾寿白	1939年	上海商务印书馆
紫外线	山田幸五郎，程思进编译	1939年	上海商务印书馆
自然界与人生	D. C. Andrade，阎振玉、王蔚华	1939年	昆明中华书局
城市科学	W. B. 李特尔，吴廉铭	1939年	昆明中华书局
科学与健康	W. B. 李特尔，吴廉铭	1939年	昆明中华书局
养蜂学	王启虞、顾玄编著	1939年	上海中国科学图书仪器公司
科学在家庭	W. B. 李特尔，吴廉铭	1939年	昆明中华书局

续表

书名	著、译者	出版时间	出版机构
气象的故事	李华	1939 年 1 月	上海民众书店
动物机构学	马莱，黄澹哉	1939 年 1 月	商务印书馆
医学史话	石川光昭，沐绍良	1939 年 2 月	上海商务印书馆
化学变化之途径	竹村贞二，杨著诚、郁仁贻	1939 年 2 月	上海商务印书馆
人及动物之表情（上下册）	达尔文，周建侯	1939 年 2 月	上海商务印书馆
科学之限度	苏丽芬，陈岳生	1939 年 2 月	上海商务印书馆
空间和时间的巡礼	J. 秦斯，王光煦	1939 年 2 月	昆明中华书局
少年化学实验	王常编	1939 年 3 月	上海中国科学图书仪器公司
原子趣话	邦哲明·郝乐，李泽彦	1939 年 4 月	上海商务印书馆
机械学浅说	王济仁	1939 年 4 月	中华书局
照相化学（上下册）	铃木庸生，高銛	1939 年 4 月再版	上海商务印书馆
植物地理学	鲍尔杰，王善佺	1939 年 5 月	上海商务印书馆
植物系统解剖学	小仓谦，舒贻上	1939 年 5 月	上海商务印书馆
原形质之物理化学	山羽仪兵，舒贻上	1939 年 5 月	商务印书馆
拉马克传	裴立尔，蒋丙然	939 年 7 月	上海商务印书馆
地球物理学	四天寅彦、坪井宗二，郝新吾	1939 年 8 月	上海商务印书馆
科学界的伟人	吉松虎畅，张建华	939 年 8 月	商务印书馆
天文学纲要	陈遵妫	1939 年 8 月	中华书局
洛治自传（上下册）	洛治，林昌恒	1939 年 8 月	上海商务印书馆
物质之新观念	达尔温，杨肇廉	1939 年 8 月	上海商务印书馆
动物分类	内田亨等，董功甫	1939 年 9 月	商务印书馆
太阳研究之新纪元	关口鲤吉，杨倬孙	1939 年 9 月	上海商务印书馆
生物与电	桥田邦彦，许善斋	1939 年 9 月	上海商务印书馆
地质学浅说	周太玄	1939 年 9 月	商务印书馆
爱迪生传	西门斯，西门兹，陈幼璞	1939 年 9 月	商务印书馆
化学名人传	Harrow，B，沈昭文	1939 年 9 月	商务印书馆
物理常数	莱宾牟编	1939 年 10 月	中国图书仪器出版公司

续表

书名	著、译者	出版时间	出版机构
船—它的起源和发展	太勒，于渊曾	1939年11月	上海中国科学图书仪器公司
军队渡河工程	王寿宝	1939年11月	上海中国科学图书仪器公司
中国药用植物志	裴鑑	1939年11月	上海中国科学图书仪器公司
动物地理学	川村多实二，蔡奔民	1939年12月	商务印书馆
法拉第传	Crowsher, J. A，周昌寿	1939年12月	商务印书馆
科学魔术	王常编	1940年	上海中国科学图书仪器公司
药学	伊藤靖，舒贻上	1940年	上海商务印书馆
动物与环境	田中义麿，肖百新	1940年	商务印书馆
化学元素发见史	韦刻思玛丽，黄素封、俞人骏	1940年	商务印书馆
机械构造概要	王济仁编著	1940年	昆明中华书局
牛乳研究	顾学裘编著	1940年	昆明中华书局
景观地理学	迁村太郎，曹沉思	1940年3月	上海商务印书馆
生命之征服	科柏叶，高銛	1940年3月	商务印书馆
生体化学	甲克杜克劳，高銛	1940年3月	上海商务印书馆
简单的科学	J. 赫胥黎，安特莱德，严希纯、曹慧群、杨孝述	1940年4月	上海中国科学图书仪器公司
科学家列传	Wilson，Grove，金则人	1940年4月	世界书局
潮汐概说	李新雨编译	1940年6月	中华书局
宇宙奇观	曹友诚、曹友信编	1940年7月	上海中国科学图书仪器公司
农村科学	W. B. 李特尔，费一民	1940年8月	昆明中华书局
普通测量术	卢鑫之	1940年9月	中华书局
原子物理学概论	菊池正士，夏隆坚	1940年9月	上海商务印书馆
数学趣味	刘薰宇	1940年9月	开明书店
数学的园地	刘薰宇	1940年9月	开明书店

续表

书名	著、译者	出版时间	出版机构
现代棉纺织图说	何达编	1940 年 10 月	上海中国科学图书仪器公司
往古来今	朱彦頫	1940 年 10 月	中华书局
蚁群	爱活斯，朱彦頫	1940 年 10 月	上海中华书局
燃料	大岛义清，香坂要三郎，黄开绳	1940 年 11 月	商务印书馆
农艺化学泛论	后藤格次，周建侯	1940 年 12 月	上海商务印书馆
中国地质学发展小史	章鸿钊	1940 年 12 月	上海商务印书馆
兽学	青木文一郎，杨子奉	1940 年 12 月	上海商务印书馆
科学的世界	雷威，严鸿瑶	1941 年	上海商务印书馆
科学的趣味	俞遥编	1941 年	上海言行社
废物利用	王常编	1941 年	上海中国科学图书仪器公司
书的故事	伊林，董纯才	1941 年	新华书店
灯的故事	伊林，董纯才	1941 年	新华书店
人和山	伊林，董纯才	1941 年	新华书店
十万个为什么	伊林，董纯才	1941 年	新华书店
最近的新发明	林英编	1941 年 3 月	上海言行社
流转的星辰.	J. 秦斯，金克木	1941 年 3 月	中华书局
科学的秘密	达生	1941 年 3 月	上海言行社
有用植物	张果	1941 年 3 月	文化生活出版社
科学之惊异	顾均正	1941 年 4 月	开明书店
新实用化学	郁树锟	1941 年 4 月	中华书局
气象学浅释	David. Brunt，周梦麟	1941 年 4 月	上海商务印书馆
奇异的生命	沈志坚	1941 年 4 月	上海言行社
生物素描	贾祖璋	1941 年 5 月	开明书店，1950 年 5 版。
海洋的奇观	管瑞芝编	1941 年 6 月	上海言行社
高山与荒野的探险	林英编	1941 年 6 月	上海言行社
科学先生活捉小魔王的故事	高士其著	1941 年 6 月	上海读书生活出版社
最新航空奇观	沙羽编	1941 年 6 月	上海言行社
新机械的惊人工作	俞遥编	1941 年 6 月	上海言行社

续表

书名	著、译者	出版时间	出版机构
世界著名大工程	沈志坚编	1941年6月	上海言行社
科学的奇迹	钱亦石	1941年6月	上海言行社
现代中国与科学	林英编	1941年6月再版	上海言行社
造纸	刘咸选辑	1941年7月	上海中国科学社
城市防空	J. T. Meirhead,黄立之	1941年7月	上海中国科学图书仪器公司
乌拉波拉故事集	柏吉尔(B. H. Burgel)顾均正	1941年10月	开明书店
实验物理学小史	Chase, C. T. ,杨肇燫	1941年10月	商务印书馆
生物的进化	司各脱，冯景兰	1941年10月再版	上海言行社
老朱梦游物理世界	G. 葛莫孚，王普	1942年	上海中国科学社
科学发明的新阶段	H. S. 何非，王达新	1942年	正中书局
玩具制造	杨孝述、王常编	1942年	上海中国科学图书仪器公司
化学战	孟心如	1942年	上海中国科学图书仪器公司
实用真空管		1942年	上海中国科学图书仪器公司
人怎样变成巨人（上册）	伊林，谢加尔合著，什之	1942年1月	重庆，读书出版社
简单的科学续编（地球和人）	J. 赫胥黎，安特莱德，曹友琴，曹友芳，曹惠群，杨孝述	1942年5月	上海中国科学图书仪器公司
宇宙与天体	陈雨旸	1942年8月	南京正中书局
书（关于书的话）	张孟闻	1942年9月	上海中国科学图书仪器公司
大众天气学	D. 布朗德，于星海	1942年11月	上海中国科学图书仪器公司
世界工程奇迹	杨臣勋编	1942年12月	上海中国科学图书仪器公司
声音的研究	程文彬编	1942年12月	上海世界书局
动物奇观	林化贤	1943年	上海中国科学图书仪器公司

续表

书名	著、译者	出版时间	出版机构
圆理奇谈	周达	1943 年	上海中国科学图书仪器公司
科学趣味	赵一行	1943 年	上海中央书店
人怎样变成巨人（新善本）	伊林，谢加尔合著，什之	1943 年 1 月	左权，华北书店
书的故事	伊林，胡愈之	1943 年 4 月	桂林，新少年出版社
谈光	胡珍元编著	1943 年 6 月	南京正中书局
风雨雷电（新善本）	黄寿慈	1943 年 7 月	左权，华北书店
科学知识	沈渭琛	1943 年 10 月	上海世界书局
太阳	郑贞文	1943 年 12 月	重庆商务印书馆
日蚀和月蚀	郑贞文	1943 年 12 月	重庆商务印书馆
星	郑贞文	1943 年 12 月	重庆商务印书馆
地球与化石	郑贞文等	1943 年 12 月	重庆商务印书馆
地表和山川	郑贞文	1943 年 12 月	重庆商务印书馆
湖和海	郑贞文	1943 年 12 月	重庆商务印书馆
火山和地震	郑贞文	1943 年 12 月	重庆商务印书馆
天气和湿度	郑贞文	1943 年 12 月	重庆商务印书馆
云和雨	郑贞文	1943 年 12 月	重庆商务印书馆
风和气候	郑贞文	1943 年 12 月	重庆商务印书馆
大气和航空	郑贞文	1943 年 12 月	重庆商务印书馆
水和潜艇	郑贞文	1943 年 12 月	重庆商务印书馆
火和爆发	郑贞文	1943 年 12 月	重庆商务印书馆
自然界和生物	郑贞文	1943 年 12 月	重庆商务印书馆
人	郑贞文	1943 年 12 月	重庆商务印书馆
植物和叶	郑贞文	1943 年 12 月	重庆商务印书馆
植物的根和茎	郑贞文	1943 年 12 月	重庆商务印书馆
植物的花和种子	郑贞文	1943 年 12 月	重庆商务印书馆
动物和虫	郑贞文	1943 年 12 月	重庆商务印书馆
鱼和鸟	郑贞文	1943 年 12 月	重庆商务印书馆
兽类	郑贞文	1943 年 12 月	重庆商务印书馆
物性	郑贞文	1943 年 12 月	重庆商务印书馆
力和运动	郑贞文	1943 年 12 月	重庆商务印书馆

续表

书名	著、译者	出版时间	出版机构
声热电	郑贞文	1943 年 12 月	重庆商务印书馆
电磁电机无线电	郑贞文	1943 年 12 月	重庆商务印书馆
光	郑贞文	1943 年 12 月	重庆商务印书馆
物质	郑贞文	1943 年 12 月	重庆商务印书馆
化学变化	郑贞文	1943 年 12 月	重庆商务印书馆
燃烧和碳素	郑贞文	1943 年 12 月	重庆商务印书馆
燃料和食物	郑贞文等	1943 年 12 月	重庆商务印书馆
人类生活的衣和食	郑贞文	1943 年 12 月	重庆商务印书馆
人类生活的住和行	郑贞文	1943 年 12 月	重庆商务印书馆
电工学	Chester L . Dawes	1944 年	上海中国科学图书仪器公司
科学新话	杂志社编辑部	1944 年 4 月	杂志社
人体知识	Logan Clendenin	1944 年 4 月	上海中国科学图书仪器公司
动物珍话	H. M. 富克斯	1944 年 5 月	桂林实学书局
无线电初步	E. E. Burns	1944 年 9 月	上海中国科学图书仪器公司
家常科学谈	J. H. 法布尔	1945 年	重庆开明书店
我们的日常科学	石原纯	1945 年 1 月	上海东方文化编译馆
化学与人生	恽福森编	1945 年	上海中华书局
军用原子能	Henry D. Smyt	1945 年	上海中国科学图书仪器公司
食品检验及分析法	李颖川编著	1945 年	上海中国科学图书仪器公司
生物学小史	谷津直秀	1945 年 4 月	商务印书馆
宇宙奇观		1945 年 10 月	上海中华书局
凤蝶外传	董纯才	1946 年	晋察冀新华书店
趣味的物理学	崔尚辛	1946 年	开明书店
物理游戏	杨孝述编	1946 年	上海中国科学图书仪器公司
实用化学：在生活方面之应用：最新	布莱克，柯南特	1946 年	上海中国科学图书仪器公司

续表

书名	著、译者	出版时间	出版机构
生物进化浅说	周建人著	1946 年 1 月	上海生活书店
献给你一个健美的婴儿	俞竹贞、胡寄南	1946 年 2 月	南京正中书局
海底三杰	普灵西（G. Prince）	1946 年 3 月	澳门，慈幼印书馆
五年计划的故事：苏联初阶	伊林	1946 年 3 月	开明书店
书的故事	伊林	1946 年 3 月	上海，新少年书局
电子姑娘	顾均正	1946 年 4 月	开明书店
百年见闻记	M. Elack	1946 年 6 月	上海，中华书局
十万个为什么	伊林	1946 年 6 月	大连大众书店
和平的梦	顾均正	1946 年 8 月	文化生活出版社
马先生谈算学	刘薰宇	1946 年 9 月	开明书店
昆虫记	法布尔	1946 年 12 月	商务印书馆
实用自然科学辑要	韩轶南	1946 年 12 月	［威县］：冀南书店，1946 年 12 月
科学新话	海登	1947 年 1 月	新知书店出版，上海，重庆
先有天？先有地？	彭庆昭	1947 年	新华书店
自然科学讲话	罗克汀著	1947 年	新知书店
人怎样开始讲话的	尼柯尔斯基、雅柯夫列夫	1947 年	上海天下图书公司
人怎样征服自然	华尔德加德	1947 年	上海天下图书公司
生命的起源	凯勒尔	1947 年	上海天下图书公司
地球的历史	苏波丁	1947 年	上海天下图书公司
宇宙的构造	波拉克	1947 年	上海天下图书公司
地球在宇宙间	龙盖维奇	1947 年	上海天下图书公司
植物的绿色	史托列多夫	1947 年	上海天下图书公司
水底世界	鲍戈罗夫	1947 年	上海天下图书公司
人体的故事	卡巴诺夫	1947 年	上海天下图书公司
空中世界	节尔即夫斯基	1947 年	上海天下图书公司
物质的变化	甘堡	1947 年	上海天下图书公司
光的世界	布拉格	1947 年	上海商务印书馆
原子核论丛	吴有训等	1947 年	中华自然科学社

续表

书名	著、译者	出版时间	出版机构
小工艺化学方剂	科学画报部编	1947 年	上海中国科学图书仪器公司
科学常识	夏川	1947 年 1 月	［沁源］：太岳新华书店
地质力学之基础与方法	李四光	1947 年 1 月	上海中华书局
遗传	哥希密德	1947 年 2 月再版	上海商务印书馆
科学家的天才	叶蕴理	1947 年 3 月	正中书局
生活与生理	陈雨苍编著	1947 年 4 月	南京，正中书局
狗的故事—动物·植物·物理杂话	L. 托尔斯泰，陈原译	1947 年 4 月	生活书店
科学家奋斗史话	Wilson, Grove, 曾宝施	1947 年 4 月	生活书店
昆虫世界漫游记	扬·拉丽，黄幼雄	1947 年 4 月	上海，开明书店
科学与日常生活	海登，陈原	1947 年 5 月	光华书店
怎样带小孩	彭庆昭	1947 年 6 月	［涉县］：华北新华书店
任何人之科学	Clarke, B. L, 顾均正	1947 年 6 月	开明书店，上海
地球末日记	E. Balmer, P. Wylie, 周熙良	1947 年 6 月	上海，龙门联合书局
遗传与结婚	三宅骥一，今井喜孝，史良元	1947 年 7 月	正中书局
五年计划故事	伊林，董纯才	1947 年 8 月	华北新华书店
做母亲的指南	斯比薗斯基，孟昌	1947 年 8 月	上海天下佥书公司
科学故事	法布尔，守一等	1947 年 10 月	商务印书馆
人体旅行记	索非	1947 年 10 月	文化生活出版社
月球旅行	李林选	1947 年 10 月	文化生活出版社
伟大的电	周沫华编	1947 年 11 月	上海民众书店
器用	王人路编	1947 年 12 月	上海中华书局
化学工艺	科学画报编辑部编	1947 年 12 月	上海中国科学图书仪器公司
遗传学浅说	陈兼善	1947 年 12 月	中华书局
生物学要览	王儒林	1947 年 12 月	中华书局
微生物浅说	童致棱	1947 年 12 月	中华书局
无线电浅说	华汝成	1947 年 12 月	中华书局
化学工业之进步	许达年、许斌华译	1947 年 12 月	中华书局
电气及其应用	许达年译	1947 年 12 月	中华书局

续表

书名	著、译者	出版时间	出版机构
生命之奇迹	许达年译	1947 年 12 月	中华书局
传染病预防消毒及救急疗法	郭人骥	1947 年 12 月	中华书局
医学概说	许达年、许斌华	1947 年 12 月	中华书局
进化论浅说	陈兼善	1947 年 12 月	中华书局
植物病理学的基本知识	孙少轩	1947 年 12 月	中华书局
古器时代	方白	1948 年	上海，文通书局
苍蝇	薛德焴	1948 年	上海民本出版公司
蚊子	薛德焴	1948 年	上海民本出版公司
家常巧作	科学画报部编	1948 年	上海中国科学图书仪器公司
儿童科学实验	科学画报部编	1948 年	上海中国科学图书仪器公司
从猿到人：人怎样变成巨人之一	伊林，谢加尔合著，什之	1948 年 1 月	[重庆]：读书生活出版社
化学小史	吴瑞年，徐子威	1948 年 1 月	中华书局
大众科学常识	夏川、海凤	1948 年 1 月	[石家庄]：冀中新华书店
日用化学常识	刘遂生	1948 年 1 月	中华书局
生物学小史	于珩	1948 年 1 月	中华书局
植物常识	徐琨	1948 年 1 月	中华书局
昆虫研究法	邹盛文	1948 年 1 月	中华书局
我们的地球	莫伟夫著	1948 年 2 月	生活书店出版，光华书店发行
生活书店出版，光华书店发行	吴蔚	1918 年 2 月	中华书局
实验无线电收音机装置法	舒泽宁	1948 年 2 月	中华书局
新药浅说	吴蔚	1948 年 2 月	中华书局
近代的灯	徐天游	1948 年 2 月	中华书局
动物常识	徐琨	1948 年 2 月	中华书局
火山与地震	顾仲超	1948 年 2 月	中华书局
塑胶浅说	恽福森	1948 年 2 月	中华书局
天文常识	顾仲超编	1948 年 2 月	中华书局

续表

书名	著、译者	出版时间	出版机构
数学小史	张鹏飞	1948年2月	中华书局
物理学初步	徐天游	1948年2月	中华书局
物理学小史	方金涛	1948年2月	中华书局
日常物理常识	朱彦頫	1948年2月	中华书局
原子能是怎样来的	梁明致	1948年2月	中华书局
科学的故事	法布尔，宋易	1948年3月	开明书店
科学娱乐与实验：化学娱乐与实验的姐妹篇	刘遂生	1948年3月	上海商务印书馆
自然界与人生（续编）	赫胥黎，王蔚华	1948年3月	中华书局
生物趣味	姚毓缪	1948年3月	开明书店
奇异的动物	鲍维湘	1948年4月	中华书局
爱丽思梦游奇境记	L. 加乐尔，范泉缩写	1948年4月	上海，永祥印书馆
火柴和火药	唐廷仁编著	1948年4月	上海正中书局
发电机	江芷千编著	1948年4月	上海正中书局
土木工艺	科学画报编辑部编	1948年4月	上海中国科学图书仪器公司
原子弹	王中一著	1948年4月	光华书店
地球	黄衣青	1948年5月	中华书局
土壤·肥料	周惟诚	1948年5月	中华书局
汽车	陈浩雄	1948年5月	中华书局
改良耕种，防治害虫	陈醉云	1948年5月	中华书局
种稻·种麦	褚黎照	1948年5月	中华书局
植棉·养蚕	周惟诚、陈醉云	1948年5月	中华书局
数学发达史	张鹏飞，徐天游	1948年5月	中华书局
食物是怎样消化的	凌云著	1948年6月	光华书店
原子弹	姚启铎	1948年6月	中华书局
水	赵琪	1948年6月	中华书局
云雨霜雪	华汝成	1948年6月	中华书局
DDT盘尼西林	赵琪	1948年6月	中华书局
小儿病	刘济群	1948年6月	中华书局
电动机	沈惠龙	1948年6月	中华书局
花鸟虫鱼的传说	鲍维湘	1948年6月	中华书局

续表

书名	著、译者	出版时间	出版机构
钟表	殷大敏	1948 年 6 月	中华书局
痨病	刘济群	1948 年 6 月	中华书局
蔬菜・果树	邹盛文、朱黎照	1948 年 6 月	中华书局
化学发达史	吴瑞年	1948 年 6 月	中华书局
有声电影和电视	温太辉编著	1948 年 6 月	上海正中书局
化学发达史	吴瑞年	1948 年 6 月	中华书局
鲁宾逊漂流记	狄福，顾均正，唐锡光	1948 年 6 月	开明书店
鲁宾逊漂流记	狄福，彭兆良		世界书局
鲁宾逊漂流记	狄福，李嫘		中华书局
鲁宾逊漂流记	狄福，高希圣编译		商务印书馆
风	华汝成	1948 年 7 月	中华书局
数学列车	王峻岑	1948 年 7 月	开明书店
骨肉气血	华汝成	1948 年 7 月	中华书局
万能的电	舒泽宁、赵琪	1948 年 7 月	中华书局
飞机	罗贤棻	1948 年 7 月	中华书局
火	恽福森	1948 年 7 月	中华书局
火车	汤树屏、陈祖裕	1948 年 7 月	中华书局
轮船	葛正惠、朱荣桢	1948 年 7 月	中华书局
金属	恽福森	1948 年 7 月	中华书局
疟疾・黑热病・鼠疫	华汝成	1948 年 7 月	中华书局
酸・碱・盐	恽福森	1948 年 7 月	中华书局
怎样战胜天灾	席凤洲	1948 年 7 月	［平山］：华北新华书店
日月星	许达午、鲍维湘	1948 年 7 月	中华书局
化学的神秘	刘遂生	1948 年 8 月	中华书局
英洛博士岛	威尔斯，李林，黄裳	1948 年 8 月	上海，文化生活出版社
鸟类	骞司信辅，舒贻上	1948 年 8 月	上海商务印书馆
近代物质文明	吴沧	1948 年 10 月	上海永祥印书馆
谈天说地	舒泽湖编译	1948 年 10 月	
不夜天	伊林，董纯才	1948 年 10 月	哈尔滨，东北书店
原子世界旅行记	伊林	1948 年 11 月光华书店	
天、地、人	路汀遗	1948 年 11 月	盐阜：华中新华书店盐阜分店

续表

书名	著、译者	出版时间	出版机构
怎样才能够健康	逸人编	1948 年 11 月	大连大众书店
凤蝶外传	董纯才	1948 年 11 月	佳木斯：东北书店
农艺	科学画报编辑部编	1948 年 12 月	上海中国科学图书仪器公司
绘画与照相	科学画报编辑部编	1948 年 12 月	上海中国科学图书仪器公司
怎样战胜“天”灾	席凤洲	1949 年	东北书店
进化遗传与优生	陆新球编	1949 年	上海中国科学图书仪器公司
海绵	秉志	1949 年	上海中国科学图书仪器公司
科学消遣	姜长英编译	1949 年	上海中国科学图书仪器公司
人与自然力	瓦里特赫，S，青山	1949 年	光华书店，大连
力学图说	杨孝述、杨逢挺编	1949 年	上海中国科学图书仪器公司
生命的韧性	贾祖璋	1949 年	开明书店
狗的故事	邵容	1949 年	上海中国科学图书仪器公司
人和水	方白	1949 年	开明书店
人怎样变成巨人	伊林，谢加尔合著，什之	1949 年	山东，新华出版社
助产常识	王德一编	1949 年 1 月	大连大众书店
家畜的故事	法布尔，成绍宗	1949 年 1 月	开明书店
黑白	伊林，董纯才	1949 年 2 月	长春：东北书店
机械工艺	科学画报编辑部编	1949 年 2 月	上海中国科学图书仪器公司
从原子时代到海洋时代	顾均正	1949 年 3 月	开明书店
太阳月亮和地球	于光远，孙敬之	1949 年 3 月	[威县]：冀南新华书店
为什么	韩群编辑	1949 年 3 月	上海中国科学图书仪器公司
原子能	伏洛格琴，毕黎	1949 年 3 月	中华书局
电机工艺	科学画报编辑部编	1949 年 3 月	上海中国科学图书仪器公司
庄稼的祖先	李俊	1949 年 4 月	长春东北书店

续表

书名	著、译者	出版时间	出版机构
人类征服自然	伊林，诸琦真	1949 年 5 月	新中国书局（东北即光华书店）
人类征服自然（新善本）	伊林，江明		新华书店
不夜天	伊林，董纯才	1949 年 5 月	中原新华书店
自然的改造者	沙福诺夫、鲁瑟斯基合著，愚农等	1949 年 5 月	长春：东北书店
伤脑筋故事	M. 盖尔生松，符其珣	1949 年 5 月	上海，永年书局
天空的秘密	坚白	1949 年 6 月	[唐山]：冀东新华书店
巨人的少年时代（人怎样变成巨人之二）	伊林，谢加尔合著，什之	1949 年 6 月	菏泽，冀鲁豫新华书店
大众物理学图说	杨孝述，杨逢挺	1949 年 8 月	中国科学图书仪器公司
自然现象十二讲	夏川原	1949 年 8 月	[威县]：冀南新华书店
人体的奇妙	钱耕莘	1949 年 9 月	北平文光书店
儿童的自然界（上下册）	朱彦頫	1949 年 9 月	中华书局
日月星辰（新善本）	何澄	未署出版时间	韬奋书店
月球巡礼（新善本）			冀南书店
原子与原子能浅释	塞利·黑希特，陈忠杰	1950 年再版	上海商务印书馆
吹管分析	G. M. Butler，陈善晃	1950 年 3 版	上海商务印书馆
感应及真空放电	三枝彦雄，周斌	1950 年 11 月再版	上海商务印书馆
河川	野满隆治，盛叙功	1951 年再版	上海商务印书馆
同温层之探险	菲力普，郑太朴	1951 年 5 月 3 版	上海商务印书馆
农业常识	冯锐等编		商务印书馆
儿童实用科学大纲	胡懿风		上海商务印书馆
世界之成因	石井重美，林寿康		商务印书馆
水火奇谈			教育部民众读物编审委员会
打破迷信			东北卫生部
科学与经验	Dingle. H，萧立刊	上海商务印书馆	
害虫及益虫	矢野宗干，褚乙然		上海商务印书馆

主要参考文献

一、史料文献

1. 教育类杂志:《中华教育界》、《教育世界》、《民众教育》、《新教育》、《教育通讯》。

2. 科学类杂志:《科学》、《科学画报》、《科学月刊》、《科学教育》、《科学世界》、《科学的中国》、中国青年科学协会编辑《科学青年》、《科学知识》。

3. 其他类杂志期刊:《说文月刊》、《格致汇编》、《民国日报》、《大自然探索》。

4. 教育部主编．第一次中国教育年鉴．开明书店，1934

5. 平心．全国总书目：1935. 生活书店，1935

6. 邰爽秋，等编．历届教育会议议决案汇编．教育编译馆印行，1935

7. 教育部编．教育播音讲演集．中等教育第一辑．商务印书馆，1936

8. 郑鹤声．八十年来官办编译事业之检讨．载说文月刊（第 4 卷）．吴稚晖八十大庆纪念专号 1944

9. 教育部编．教育法令．中华书局，1947

10. 教育部教育年鉴编撰委员会编．第二次中国教育年鉴．商务印书馆，1948

11. 张静庐．中国近代出版史料：初编．中华书局，1957

12. 张静庐．中国近代出版史料：二编．中华书局，1957

13. 国立中央图书馆编．近百年来中译西书目录．中华文化出版事业委员会，1958

14.《文史资料选辑》第 34、92 辑．文史资料出版社，1963

15. 上海图书馆编．中国近代期刊篇目汇录．上海：上海人民出版社，1979

16. 上海图书馆编藏．中国近代丛书目录．上海图书馆，1979

17. 商务印书馆编．商务印书馆图书目录（1897 ~ 1949）．北京：商务印书馆，1981

18. 舒新城编．中国近代教育史资料（下册）．北京：人民教育出版社，

1981

19. 孔令境编辑．中国小说史料．上海：上海古籍出版社，1982

20. 朱有瓛主编．中国近代学制史料（共四辑）．华东师范大学出版社，第一辑 1983，第二辑 1989，第三辑 1992，第四辑 1993

21. 陈学恂主编．中国近代教育史教学参考资料（上、中、下）．北京：人民教育出版社，上册 1986 年，中、下两册 1987

22. 上海市出版工作者协会《出版史料》编辑组．出版史料．上海：学林出版社，1986

23. 北京图书馆编．民国时期总书目．书目文献出版社，1987

24. 中华书局编辑部编．中华书局图书总目．中华书局，1987

25. 宋恩荣，章咸主编，中央教育科学研究所教育史教研室编．中华民国教育法规选编（1912～1949）．南京：江苏教育出版社，1990

26. 民国丛书编辑委员会编．民国丛书（第二篇 98）．上海书店，1990

27. 周昌寿．译刊科学书笈考略．见胡适编．张菊生先生七十生日纪念论文集．民国丛书·第二篇 98. 上海书店，1992

28. 高时良编．中国近代教育史资料汇编·洋务运动时期教育．上海：上海教育出版社，1992

29. 汤志钧，陈祖恩编．中国近代教育史资料汇编·戊戌时期教育．上海教育出版社，1993

30. 朱有瓛，等主编．中国近代教育史资料汇编·教育行政机构及教育团体．上海：上海教育出版社，1993

31. 曹鹤龙，李雪映．生活·读书·新知三联书店图书总目：1932～1994. 生活·读书·新知三联书店，1995

32. 任南衡，张友余编．中国数学会史料．南京：江苏教育出版社，1995

33. 中国人民大学图书馆编．解放区根据地图书目录．北京：中国人民大学出版社，1998

34. 宋原放．中国出版史料（现代部分）．湖北教育出版社、山东教育出版社，2001

35. 张静庐辑注．中国近现代出版史料．上海：上海书店出版社，2003

二、论著

1. 胡明复，等．汉译科学大纲．商务印书馆，1924

2. 舒新城编．近代中国教育思想史．中华书局，1928

3. 甘豫源．民众教育．上海中华印书局印行，1930

4. 傅葆琛．乡村生活与乡村教育（论文集）．江苏省立教育学院研究实

验部发行，无锡中华印刷局印，1930

5. 商务印书馆创立 35 年纪念刊．最近 35 年之中国教育．商务印书馆，1931

6. 上海新闻社编．1933 年之上海教育．上海新闻社，1933

7. 刘炳藜编．乡村教育．中华书局，1935

8. 刘百川编著．乡村教育的经验．商务印书馆，1937

9. 陈礼江．社会教育的意义及事业．正中书局，1937

10. 吴学信．社会教育史．商务印书馆，1939

11. 骆庆珍．巡回教学．中华书局，1939

12. 陈润泉．科学教育．文化供应社，1948

13. 赵光涛编著．电化教育概论．商务印书馆，1948

14. 武可桓．民众科学教育．商务印书馆，1948

15. 寿子野．民众科学教育．中华书局，1948

16. 寿子野．民众科学教育．商务印书馆，1948

17. 王泽民．民众读物研究．中华书局，1948

18. 赵曾钰．科学与技术．中华书局，1948

19. ［英］贝尔纳著，伍况甫译．历史上的科学．北京：科学出版社，1959

20. 王韬．弢园文录外编．北京：中华书局，1959

21. 马建忠．适可斋记言．北京：中华书局，1960

22. 山东师范学院聊城分院中文系、图书馆编．鲁迅在日本．1978

23. 张允候，等．五四时期的社团．上海：三联书店，1979

24. 刘再复，金秋鹏，汪子春．鲁迅和自然科学．北京：科学出版社，1979

25. 鲁迅著．华盖集．北京：人民文学出版社，1980

26. 王尔敏．上海格致书院志略．香港中文大学出版社，1980

27. 北京科普创作协会编．智慧的花朵——中外科学普及作品选．北京：北京出版社，1980

28. 高士其．高士其科普创作选集．北京：科学普及出版社，1980

29. 叶圣陶，等著．我和儿童文学．北京：少年儿童出版社，1980

30. 方汉奇．中国近代报刊史．太原：山西人民出版社，1981

31. 杜石然，等编著．中国科学技术史稿（下册）．北京：科学出版社，1982

32. 王樵裕，等．中国当代科学家传（第一辑）．知识出版社，1983

33. 新蕾出版社编辑．科学家的童年（三）．新蕾出版社，1983

34. [日] 实藤惠秀著，谭汝谦，林启彦译．中国人留学日本史．上海：生活·读书·新知三联书店，1983

35. 陈群，等．李四光传．北京：人民出版社，1984

36. 陈邦贤．中国医学史．上海书店，1984

37. [英] 亚·沃尔夫著，周昌忠，等译．十六、十七世纪科学技术和哲学史．北京：商务印书馆，1985

38. 桑健编著．图书馆学概论．沈阳：辽宁教育出版社，1985

39. 文化部文物局主编．中国博物馆概论．北京：文物出版社，1985

40. [美] 费正清编，中国社会科学院历史研究所编译室译．剑桥中国晚清史：1800～1911 年（下卷）．北京：中国社会科学出版社，1985

41. 顾长声．从马礼逊到司徒雷登．上海：上海人民出版社，1985

42. 高平叔编．蔡元培论科学与技术．保定：河北科学技术出版社，1985

43. 高士其．我的第一本书．长沙：湖南人民出版社，1985

44. 郑公盾．科普述林．西安：陕西科学技术出版社，1985

45. 丁守和主编．辛亥革命时期期刊介绍．北京：人民出版社，1986

46. 杨根编．徐寿和中国近代化学史．科学技术文献出版社，1986

47. 杨光辉，等编．中国近代报刊发展概况．北京：新华出版社，1986

48. 毛礼锐，沈灌群主编．中国教育通史．济南：山东教育出版社，1986

49. [美] 夏绿蒂·弗思著，丁子霖，等译．丁文江——科学与中国新文化．长沙：湖南科学技术出版社，1987

50. 商务印书馆九十年——我和商务印书馆（1897～1987）．北京：商务印书馆，1987

51. 九三学社中央研究室编．中国科学家回忆录（第一辑）．北京：光明日报出版社，1988

52. 沈渭滨主编，蒲溪生，杨勇刚编．近代中国科学家．上海：上海人民出版社，1988

53. 北京师范大学科学史研究中心编著．中国科学史讲义．北京：北京师范大学，1989

54. 翟忠义．中国地理学家．济南：山东教育出版社，1989

55. 袁清林．科普学引论．北京：学术期刊出版社，1989

56. 何志平，等主编．中国科学技术团体．上海：上海科学普及出版社，1990

57. 丁钢主编．文化的传递与嬗变．上海：上海教育出版社，1990

58. [美] 郭颖颐著，雷颐译．中国现代思想中的唯科学主义（1900～1950）．南京：江苏人民出版社，1990

59. 钱三强．钱三强科普著作选集．上海：上海教育出版社，1990

60. 郭金彬，等著．中国科学百年风云．福州：福建教育出版社，1991

61. 《科学家传记大辞典》编辑组编辑．中国现代科学家传记（第二集）．北京：科学出版社，1991

62. ［英］罗德里克·弗拉德著，王小宽译．计量史学方法导论．上海：上海译文出版社，1991

63. 王德胜著．科学史．沈阳：沈阳出版社，1992

64. 陈鹤琴．陈鹤琴全集（六）．南京：江苏教育出版社，1992

65. 陈旭麓．近代中国社会的新陈代谢．上海：上海人民出版社，1992

66. 王晓秋．近代中日文化交流史．北京：中华书局，1992

67. 秦绍德著．上海近代报刊史论．上海：复旦大学出版社，1993

68. 叶再生主编．出版史研究（第一辑）．北京：中国书籍出版社，1993

69. 严搏非编．中国当代科学思潮（1949～1991）．三联书店上海分店出版，1993

70. ［美］费正清，费维恺编，杨品泉，等译．剑桥中华民国史：1912～1949 年．北京：中国社会科学出版社，1994

71. 熊月之著．西学东渐与晚清社会．上海：上海人民出版社，1994

72. ［美］郭颖颐著，雷颐译．中国现代思想中的唯科学主义（1900～1950）．南京：江苏人民出版社，1995

73. 胡星亮，张瑞麟主编．中国电影史．北京：中国广播电视大学出版社，1995

74. 吴晓明．科学与社会．上海：上海远东出版社，1995

75. 丁钢．中国教育的国际研究．上海：上海教育出版社，1996

76. 何晓夏，史静寰．教会学校与中国教育近代化．广州：广东教育出版社，1996

77. 田正平．留学生与中国教育近代化．广州：广东教育出版社，1996

78. 黎难秋．中国科学翻译史料．合肥：中国科学技术大学出版社，1996

79. 许力以主编．中国出版百科全书．书海出版社，1997

80. 董宝良，周洪宇主编．中国近现代教育思潮与流派．北京：人民教育出版社，1997

81. 张君劢，等著．科学与人生观．沈阳：辽宁教育出版社，1998

82. 梁启超．清代学术概论．上海：上海古籍出版社，1998

83. 商务印书馆一百年．商务印书馆出版，1998

84. 钟叔河编．周作人文类编·上下册．长沙：湖南文艺出版社，1998

85. 王元著．华罗庚．南昌：江西教育出版社，1999

86. 熊月之主编．上海通史（第六卷晚清文化）．上海：上海人民出版社，1999

87. 曹增友．传教士与中国科学．宗教文化出版社，1999

88. 维·比安基著，王汶译．世界科普名著精选．长沙：湖南教育出版社，1999

89. 宗介华主编，余俊雄，叶小沐选编．中国科学文艺大系（科学童话卷）．长沙：湖南教育出版社，1999

90. 来新夏．中国近代图书事业史．上海：上海人民出版社，2000

91. 祁淑英，魏根发著．钱学森．保定：河北教育出版社，2000

92. 虞美昊，黄延复著．中国科技的基石——叶企孙和科学大师们．上海：复旦大学出版社，2000

93. 樊洪业，王扬宗．西学东渐——科学在中国的传播．长沙：湖南科学技术出版社，2000

94. 米荐戈．中华近世通鉴·教育专卷．北京：中国广播电视出版社，2000

95. 鞠曦．中国之科学精神．成都：四川人民出版社，2000

96. 王扬宗．傅兰雅与近代中国的科学启蒙．北京：科学出版社，2000

97. 路甬祥主编．科学改变人类生活的100个瞬间．杭州：浙江少年儿童出版社，2000

98. 路甬祥，等．科学之旅．沈阳：辽宁教育出版社，2001

99. 段治文．中国现代科学文化的兴起．上海：上海人民出版社，2001

100. 王文华编著．钱学森实录．成都：四川文艺出版社，2001

101. 张建华主编．科学的力量：科学家推荐的二十世纪科普佳作．北京：团结出版社，2001

102. 张剑．民国科学社团与社会变迁——中国科学社科学社会学个案研究．上海：华东师范大学出版社，2002

103. 冒荣．科学的播火者——中国科学社述评．南京：南京大学出版社，2002

104.《科学技术普及概论》编写组．科学技术普及概论．北京：科学普及出版社，2002

105. 周黎明．徐志摩．武汉：湖北人民出版社，2002

106. 本书编写组．科学技术普及概论．北京：科学普及出版社，2002

107. 刘兵总主编，刘华杰主编．“无用”的科学．福州：福建教育出版社，2002

108. 王洪波，马建波主编．跨越鸿沟——文化视野里的科学．福州：福

建教育出版社，2002

109. 中国科学技术协会、中国公众科学素养调查课题组编．中国公众科学素养调查报告．北京：科学普及出版社，2002

110. 王雷．中国近代社会教育史．北京：人民教育出版社，2003

111. 戈公振著．中国报学史（插图整理本）．上海：上海古籍出版社，2003

112. 许纪霖，田建业编．杜亚泉文存．上海：上海教育出版社，2003

113. 龚育之，逄先知，石仲泉．毛泽东的读书生活．北京：中央文献出版社，2003

114. 饶忠华，贺锡廉，李立波主编，他们解答了十万个为什么．上海：上海人民出版社，2003

115. 赵玉明主编．中国广播电视通史．北京：北京广播学院出版社，2004

116. 戴光中著．书生本色——翁文灏传．杭州：杭州出版社，2004

117. 韩石山著．徐志摩传．北京：北京十月文艺出版社，2004

118. 李华川著．晚清一个外交官的文化历程．北京：北京大学出版社，2004

119. 吴洪成．生斯长斯吾爱吾庐——清华大学校长梅贻琦．济南：山东教育出版社，2004

120. 张彬著．倡言求是培育英才——浙江大学校长竺可桢．济南：山东教育出版社，2004

121. 郭建中．科普与科幻翻译．北京：中国对外翻译出版公司，2004

122. 刘兵．像风一样——科学史与科学文化论．上海：上海科技教育出版社，2004

123. 马祖毅．中国翻译简史（五四以前部分）．北京：中国出版集团中国对外翻译出版公司，2004

124. 胡宗刚著．不该遗忘的胡先骕．武汉：长江文艺出版社，2005

125. 韦钰，［加］P. Rowell 著．探究式科学教育教学指导．北京：教育科学出版社，2005

126. 易竹贤著．胡适传．武汉：湖北人民出版社，2005

127. 高丽红编著．影响世界的 62 部科学名著．当代世界出版社，2005

128. 高士其．高士其全集·4. 北京：航空工业出版社，2005

129. 梁启超．中国近三百年学术史．上海：上海三联书店，2006

130. 玛丽娜·弗拉斯卡—斯帕达，尼克·贾丁主编，苏贤贵等译．历史上的书籍与科学．上海：上海科技教育出版社，2006

131. 史春风．商务印书馆与中国近代文化．北京：北京大学出版社，2006

三、论文

1. 叶鏊生．中国科学教育的回顾与展望．大夏年刊，1933

2. 卢莳白．一年来之电影教育（选自《1933 年之上海教育》）．上海：上海新闻社，1934

3. 宗秉新．中国电影教育的“昨”、“今”、“明”．教育杂志，1934；24（3）

4. 丁文江．我国的科学研究事业（1935 年 11 月 26 日播音稿）．教育播音讲演集·中等教育（第一辑）．商务印书馆，1936

5. 杜维涛．抗战十年来中国的电化教育．中华教育界，1947；1（1）

6. 董渭川．我从事电化教育所感受的困惑．中华教育界，1947；1（1）

7. 舒新城．电化教育的实际问题．中华教育界，1947；1（1）

8. 舒新城．电影放映问题（一）．中华教育界，1947；1（2）

9. 舒新城．教育电影制片问题．中华教育界，1947；1（5）

10. 舒新城．教育电影制片问题（二）．中华教育界，1947；1（6）

11. 汪畏之．从推行电化教育说到训练人才问题．中华教育界，1947；1（7）

12. 舒新城．电化教育与中国建设．中华教育界，1947；1（7）

13. 沈吉苍．中国推行电化教育的现实问题．中华教育界，1947；1（7）

14. 孙明经．我国影音事业中之人才训练问题．中华教育界，1947；1（7）

15. 孙明经．“电化教育”正名为“影音教育”问题．中华教育界，1947；1（7）

16. 李清悚．中国教育电影制片工作回顾与前瞻．中华教育界，1947；1（7）

17. 生民．民教馆的电教工作—本市民教馆访问记．中华教育界，1947；1（9）

18. 向达．战后两年来的国立图书馆与博物院．中华教育界，1948（2）

19. 张子高，杨根．介绍有关中国近代化学史的一项参考资料——〈亚泉杂志〉．化学通报，1965（1）

20. 吕世勤．无线电何时引进中国．中国科技史料，1983（1）

21. 胡思庸．西方传教士与晚清的格致学．近代史研究，1985（6）

22. 丁守和．再论五四以来的民主与科学．近代史研究，1986（6）

23. 尤文科．二十年代科学与人生观的论战述评．南京师大学报（社会科学版），1987（4）

24. 李光．科学在中国的命运．江汉论坛，1989（6）

25. 谢振声．上海科学仪器馆与《科学世界》．中国科技史料，1989（2）

26. 黄新宪．论近代留学生对中国科学事业的贡献．齐齐哈尔师范学院学报，1990（2）

27. 徐克敏．我国最早的科技期刊《亚泉杂志》．中国科技期刊研究，1990（3）

28. 朱联营．中国科技期刊产生初探．延安大学学报（社会科学版），1991（3）

29. 周金保．《格致汇编》与中国早期电镀．电镀与精饰，1991（4）

30. 朱联营．简析中国科技期刊初创时期对科学技术的传播．延安大学学报（社会科学版），1992（1）

31. 彭光华．中国科学化运动协会的创建、活动及其历史地位．中国科技史料，1992（1）

32. 董光璧．论中国科学的近代化．引自陈美东等主编．中国科学技术史国际学术讨论会论文集．北京：中国科学技术出版社，1992

33. 潘友星．传播科学80年．中国科技期刊研究，1995（4）

34. 王扬宗．《格致汇编》与西方近代科技知识在清末的传播．中国科技史料，1996（1）

35. 陈平原．从科普读物到科学小说——以飞车为中心的考察．中国文化，1996（13）

36. 王扬宗．《六合丛谈》中的近代科学知识及其在清末的影响．中国科技史料，1999（3）

37. 叶永烈．《十万个为什么》的影响．中文自修，2002（9）

38. 张剑．清末民初留美学生社团组织分析．学术月刊，2003（5）

39. ［日］山田敬三．鲁迅与儒勒·凡尔纳之间．鲁迅研究月刊，2003（6）

40. 朱丽双．70年前用镜头写游记的“徐霞客”．中国国家地理，2003（10）

41. 陈天昌．少年科普读物的特殊功能．科技与出版，2004（2）

42. 徐善衍．全面建设小康社会，必须大力加强公民科学素质建设．中国青年科技，2004（3）

43. 尹兆鹏．科学传播理论的概念辨析．自然辩证法研究，2004（6）

44. 周晔．教育近代化的积极推动力——中国近代教育学术团体之研究．

教育史研究，2005（1）

45. 周宁．蓦然回首：废除科举百年祭．书屋，2005（5）

46. 张美英．多识鸟兽草木之名——南通博物苑的自然藏品综述．选自李让，李文昌主编．博物馆的记忆与想象．北京：学苑出版社，2005

47. 钟蓓．济南广智院．选自李让，李文昌主编．博物馆的记忆与想象．北京：学苑出版社，2005

48. 张于牧．抗战时期湖北国统区农业技术概况．中国科技史料，2004年；25（2）

四、其他参考资料

1. 上海教育局编：《上海市教育局业务报告（二十年七月～二十一年六月）》，华东师大教育信息资料中心特藏资料。

2. 浙江省立杭州民众教育馆研究辅导部编：《浙江省立杭州民众教育馆概况》（非卖品），杭州，正则印书馆，1947 年 8 月刊印，华东师大教育信息资料中心特藏资料。

3. 《上海地方志》网站，链接地址：http://www. shtong. gov. cn.

4. 福建省情资料库：《地方志之窗·大事记》。

链接地址：http://www. fjsq. gov. cn/showtext. asp? ToBook = 22&index = 11470

5. 中国公众科技网：《中国科学技术专家传略》。

链接地址：http://www. cpst. net. cn/kx j/ckjzjwz. htm

6. 魏永康：《我国电影教育之先驱—环念教育家魏学仁博士》。

链接地址：http://202. 116. 32. 242/fercc/article_view. asp? id =58

7. 李金萍：《“电化教育” 在南大》。链接地址：http://www. nju. edu. cn/cps

8. 黄笃文：《宏琳厝子弟与郭沫若的友情》，载《福州晚报》2006 年 2 月 20 日。

http://http://www. fzen. com. cn/fzwb/20060220/GB/fzwb ^ 8969 ^ 24 ^ wba24001. htm

9. 中央电视台纪录片《孙明经：带摄影机的旅人》（2004 年 9 月 2 日 ~4 日播出）。

链接地址：http://202. 108. 249. 200/program/witness/topic/geography/C12888/01/index. shtml

后 记

2003 级研究生入学后，霍益萍老师、金忠明老师和我承担了该级中国教育史专业研究生的指导任务。记得是 2004 年早春的一次系务会议之后，霍老师向金老师和我建议，能否将 2003 级的研究生集中起来，以分工合作的方式从事某项课题的研究，并且与研究生的学位论文选题结合起来。这样，不仅可以较早引导研究生进入研究领域，也可以克服以往研究生学位论文选题过于分散，难以形成综合性成果的现象。我们欣然同意了。

同样是在霍老师的建议下，我们选定了“近代中国科学教育”这一当前研究成果还不够丰硕的领域，经过初步的酝酿、讨论之后，拟定了总课题的子项目。2003 级的 10 位同学聚首在这一课题下，查阅资料，切磋内容，交流观点，最后，他们都按当初的计划如期完成了自己的学位论文。其中，我所指导的研究生陈洪杰同学的学位论文《中国近代科普教育：社团、场馆和技术》，唐颖同学的学位论文《中国近代科技期刊与科技传播》，即是本书第一编和第二编的原稿。后来，霍益萍老师指导的 2004 级研究生王春秋同学也加入到这一课题的研究中来，完成了《中国近代科普读物发展史》的学位论文，这即是本书第三编的原稿。

从事本书主体写作的，都是初次踏入科普史研究领域的新人，本书与其说是一项研究成果，还不如说是他们呈现给大家的一份学习“研究”的作业。我受霍老师之托忝列本书主编，编撰了本书的“绪论”部分。但因受困于教学和其他一些项目，同时也限于本人水平，统稿中除做了一些基本的文字疏通、个别史实的甄别增补和内容的删节外，对原稿良少增益。因此，本书肯定存在许多疏漏甚至错误，敬请读者体谅和指正。

除霍老师、金老师外，杜成宪老师也对本书各编的写作提出了许多深入的建议。本书在撰写中吸取和参考了大量学术同行的研究成果，已尽力在书中注明，但也难免遗漏，谨此诚致深深的谢意！

王伦信

2007 年 6 月